21世纪 **大学计算机** 系列教材

AutoCAD 2008 中文版应用教程

曾令宜　华顺刚　主编

电子工业出版社

Publishing House of Electronics Industry

北京·BEIJING

内 容 简 介

本书通过专业的工程制图知识结合典型的应用实例，循序渐进地介绍了使用中文版 AutoCAD 2008 绘制工程图的方法和技巧。

本书共分 9 章，按教学单元编写，内容主要包括：绘图环境的设置、常用的绘图和编辑命令、绘制视图的相关技术与方法、绘制剖视图和断面图的相关技术与方法、绘制专业图的相关技术与方法、绘制三维实体的相关技术与方法。每个教学单元后都有基本操作训练和工程绘图训练的上机练习内容，每个工程绘图训练题目都有详细的练习指导。

本书可作为工科类高等院校机械、房屋建筑、水利及相近专业的计算机绘图课程教材，也可作为工程技术人员的参考书和"计算机绘图"培训课程的速成教材。

未经许可，不得以任何方式复制或抄袭本书之部分或全部内容。
版权所有，侵权必究。

图书在版编目（CIP）数据

AutoCAD 2008 中文版应用教程 / 曾令宜，华顺刚主编. —北京：电子工业出版社，2008.10
（21 世纪大学计算机系列教材）
ISBN 978-7-121-07477-6

Ⅰ. A… Ⅱ. ①曾…②华… Ⅲ. 计算机辅助设计－应用软件，AutoCAD 2008－高等学校－教材 Ⅳ.TP391.72

中国版本图书馆 CIP 数据核字（2008）第 152209 号

责任编辑：冉　哲
印　　刷：北京京师印务有限公司
装　　订：北京京师印务有限公司
出版发行：电子工业出版社
　　　　　北京市海淀区万寿路 173 信箱　邮编　100036
开　　本：787×1092　1/16　印张：18.75　字数：470 千字
版　　次：2008 年 10 月第 1 版
印　　次：2016 年 2 月第 10 次印刷
定　　价：34.00 元

凡所购买电子工业出版社图书有缺损问题，请向购买书店调换。若书店售缺，请与本社发行部联系，联系及邮购电话：（010）88254888。
质量投诉请发邮件至 zlts@phei.com.cn，盗版侵权举报请发邮件至 dbqq@phei.com.cn。
服务热线：（010）88258888。

总　序

　　进入 21 世纪，信息社会发展的脚步越来越快，对人才的需求也呈现出新的变化趋势。计算机与外语成为新世纪高素质人才必须熟练掌握的工具。大学计算机公共课程也面临新的机遇和挑战，首先是来自社会和就业市场对人才"知识—能力—素质"要求的挑战；其次是计算机和相关领域技术及应用快速发展带来的冲击；最后是普及计算机教育后要求高等计算机教育在教学的"难度—深度—强度"三维同步提高。在这样的大背景下，大学计算机公共课程在"基础—技术—应用"方面呈现出层次性、通用性和专业需求多样化的特点。我们一直追踪、关注一线教师和专家的卓有成效的课程和教材改革与发展研究，适时推出了"21 世纪大学计算机系列教材"。

　　该系列教材在知识结构方面力求覆盖"计算机系统与平台、程序设计与算法、数据分析与信息处理、信息系统开发"四个领域，内容强调"概念性基础、技术与方法基础、应用技能"三个层次，第一批教材涉及《大学计算机基础》、《程序设计与算法》、《计算机硬件技术基础》（或《计算机组成与接口技术》）、《数据库技术与应用》、《多媒体技术与应用》和《网络技术与应用》等六门核心课程。同时，我们也在挖掘其他通用的应用课程教材，并将陆续推出。我们特别注意到，高校工科电类专业、理科和工科非电类专业、经管类专业和文史类专业有各自不同的特点，可以采用"1+X"的课程解决方案，"1"指第一门计算机课程"大学计算机基础"，"X"指适合不同学校和专业特点的其他课程及其组合，我们的系列教材为此提供了选择的灵活性。

　　"21 世纪大学计算机系列教材"立足体系创新、知识创新、教学设计和教学模式创新，全面考虑读者的需求，努力提升教材的可读性和可用性，为教学提供尽可能完善的服务。如提供同步的"习题与实验指导"书，一些教材还为教师提供可修改的电子教案、源程序包、教学指导手册或阶段自测题等多种类型的教学服务，即提供"教材—教辅—课件"教学支持。读者可以通过电子工业出版社的教育资源网站（http://www.huaxin.edu.cn）了解该系列教材的出版和服务的动态信息。

　　"21 世纪大学计算机系列教材"的建设得到了很多专家和老师的热情支持，教材作者来自哈尔滨工业大学、浙江大学、吉林大学、华中科技大学、中国科技大学、中山大学、北京邮电大学、浙江工业大学等高校，这些课程都是各高校的教改优质课程和精品课程，体现了作者对课程和教学的探索与创新。希望这套教材的出版能有力地推动大学计算机新课程体系的建立与发展，同时也能为高等计算机教育带来与时俱进的活力和生机。

　　由于我们的水平和经验所限，加之计算机和相关领域技术及应用的发展迅速，该系列教材一定还存在不少缺点和不足，欢迎领域专家和广大读者批评指正。我们会继续努力，力求不断完善和提高，以便更好地满足高等计算机教育不断变化的需求。

"21 世纪大学计算机系列教材"编委会

前　言

使用 AutoCAD 绘制工程图样是工程技术人员必须具备的一项基本技能。本书是一本讲述如何使用中文版 AutoCAD 2008 绘制工程图样的基础教材,通过专业的工程制图知识结合典型的应用实例传授工程图样绘制的方法和技巧。

本书贯彻最新颁布的《技术制图》、《机械制图》国家标准和相关的行业标准。

本书的突出特点如下。

1．按教学单元编写

本书就相当于一本详细的讲稿,既便于教师备课,又便于学生自学。

每个教学单元后都有上机练习内容,上机练习内容包括基本操作训练和工程绘图训练,工程绘图的每个训练题目都有详细的练习指导。学生可以通过练习将所学内容融会贯通到绘制工程图样的实际应用之中。

2．按工程制图的教学框架编写

本书以绘制工程图样为主线,采用"工程制图"课程的教学框架,按绘制视图、绘制剖视图和断面图、绘制专业图的顺序,用通俗易懂的语言,由浅入深、循序渐进地介绍了 AutoCAD 2008 关于绘制工程图样的基本功能及相关技术。

3．以绘制标准的工程图样为目的编写

编写本书的目的是,使读者掌握精确、快速绘制工程图样的技能和技巧,并使所绘制的图样各方面都符合制图标准。本书重点讲述绘制工程图样以下 8 个方面的相关技术:

① 如何依据现行的国家和行业的制图标准,设置绘图环境中各项内容;
② 如何针对不同的视图形状,采用恰当的绘图和编辑命令来实现快速绘图;
③ 如何对不同的尺寸数值,不经计算,实现快速精确绘图;
④ 如何按制图标准正确注写工程图样中的各类文字;
⑤ 如何按制图标准快速标注工程图样中的各类尺寸;
⑥ 如何按制图标准正确绘制剖面线(剖面材料符号);
⑦ 如何按形体的真实大小快速地绘制专业图;
⑧ 如何根据工程形体的特点,准确、快速地绘制工程三维实体。

本书所绘插图均以工程图样的内容为实例,插图中的各项内容(如表达方法、图线的粗细、虚线与点画线的长短和间隔、字体、剖面符号和尺寸标注等)均符合最新制图标准。

4．以适用面宽、实用性强编写

在 AutoCAD 中,无论绘制什么样的工程图样,其基本方法和技巧都是相同的,区别主要在于行业制图标准和绘制专业图思路的某些不同。本书所举实例涉及机械、房建、水利类专业,对于各专业制图标准中不同之处的设置方法和绘制专业图的思路分别做了叙述。使用本书不仅可以学习本专业工程图样的绘制方法,同时对 AutoCAD 是通用的绘图软件这一内涵会有更深层次的了解,使读者触类旁通,能抄绘各类工程图样或其他图形。

教学安排建议：

教学课程内容	讲课/学时	课内上机/学时	课外上机/学时
第 1 章	2	2	
第 2 章	2	2	
第 3 章	2	2	2
第 4 章	2	2	2
第 5 章	2	2	2
第 6 章	2	2	2
第 7 章	2	2	2
第 8 章	2	4	4
第 9 章	2	4	4
合 计	40		

本书由曾令宜、华顺刚主编，参加编写工作的有（按章节顺序）：第 1 章由刘峥编写，第 2 章由庞子瑞编写，第 3 章由金嵩涛编写，第 4 章由刘小军编写，第 5～6 章由华顺刚编写，第 7 章由王丽编写，第 8～9 章由曾令宜编写，附录由王磊编写。

本书可作为工科类高等院校机械、房屋建筑、水利及相近专业的计算机绘图课程教材，也可作为工程技术人员的参考书和"计算机绘图"培训课程的速成教材。

编　者
2008 年 8 月

目 录

第 1 章 绘图的基础知识 1
1.1 AutoCAD 2008 的主要功能 2
1.2 AutoCAD 2008 对计算机系统的要求 3
1.3 AutoCAD 2008 的工作界面 3
1.3.1 二维草图与注释工作界面 4
1.3.2 AutoCAD 经典工作界面 7
1.3.3 三维建模工作界面 7
1.3.4 自定义工作界面 8
1.4 AutoCAD 的命令输入及终止方式 8
1.5 修改系统配置选项 8
1.5.1 常用的 4 项修改 9
1.5.2 "选项"对话框中各选项卡简介 12
1.6 新建一张图 14
1.7 保存图 15
1.7.1 保存 15
1.7.2 另存为 17
1.8 打开图 17
1.9 坐标系和点的基本输入方式 18
1.9.1 坐标系 18
1.9.2 点的基本输入方式 18
1.10 画直线 19
1.11 注写文字 20
1.11.1 创建文字样式 20
1.11.2 注写简单文字 24
1.11.3 注写复杂文字 26
1.11.4 修改文字内容 28
1.12 删除命令 29
1.12.1 擦除实体 29
1.12.2 撤销上次操作 30
1.13 退出 AutoCAD 30
上机练习与指导 30

第 2 章 绘图环境的初步设置 33
2.1 修改系统配置 34
2.2 确定绘图单位 34

2.3	选图幅	35
2.4	设置辅助绘图工具模式	35
	2.4.1 栅格与捕捉	35
	2.4.2 正交	37
	2.4.3 线宽	37
	2.4.4 模型	37
2.5	按指定方式显示图形	37
2.6	设置线型	39
2.7	创建和管理图层	42
	2.7.1 用 LAYER 命令创建与管理图层	42
	2.7.2 用"图层"控制台管理图层	46
2.8	创建文字样式	46
2.9	绘制图框和标题栏	47
	上机练习与指导	47

第3章 常用的绘图命令 51

3.1	绘制无穷长直线	52
3.2	绘制圆	54
3.3	绘制圆弧	56
3.4	绘制多段线	60
3.5	绘制正多边形	62
3.6	绘制矩形	63
3.7	绘制椭圆	65
3.8	绘制样条曲线	67
3.9	绘制云线和徒手画线	68
3.10	绘制点和等分线段	69
3.11	绘制多重平行线	71
3.12	绘制表格	75
3.13	绘制多重引线	79
	上机练习与指导	82

第4章 高效的图形编辑命令 84

4.1	图形编辑命令中选择实体的方式	85
4.2	复制	86
	4.2.1 复制图形中任意分布的实体	86
	4.2.2 复制图形中对称的实体	87
	4.2.3 复制图形中规律分布的实体	88
	4.2.4 复制生成图形中的类似实体	91
4.3	移动	92
4.4	旋转	93

4.5 改变大小 ··· 94
　　4.5.1 缩放图形中的实体 ··· 95
　　4.5.2 拉压图形中的实体 ··· 96
4.6 延伸与修剪到边界 ·· 97
　　4.6.1 延伸图形中实体到边界 ··· 98
　　4.6.2 修剪图形中实体到边界 ··· 99
4.7 打断 ·· 100
4.8 合并 ·· 102
4.9 倒角 ·· 103
　　4.9.1 对图形中实体倒斜角 ·· 103
　　4.9.2 对图形中实体倒圆角 ·· 106
4.10 分解 ··· 107
4.11 编辑多段线 ··· 107
4.12 用特性选项板进行查看和编辑 ··· 108
4.13 用特性匹配功能进行特别编辑 ··· 110
4.14 用夹点功能进行快速编辑 ··· 111
上机练习与指导 ··· 114

第 5 章 按尺寸绘图的方式 ·· 118
5.1 直接给距离方式 ·· 119
5.2 给坐标方式 ·· 119
5.3 单一对象捕捉方式 ·· 121
5.4 固定对象捕捉方式 ·· 125
5.5 自动追踪方式 ··· 127
5.6 参考追踪方式 ··· 131
5.7 测量距离 ··· 133
5.8 按尺寸绘图实例 ·· 133
上机练习与指导 ··· 139

第 6 章 尺寸标注 ··· 142
6.1 尺寸标注基础 ··· 143
6.2 标注样式管理器 ·· 143
6.3 创建新的标注样式 ·· 144
　　6.3.1 "新建标注样式"对话框 ··· 144
　　6.3.2 创建新标注样式实例 ·· 156
6.4 设置当前标注样式 ·· 159
6.5 修改标注样式 ··· 160
6.6 标注样式的替代和比较 ·· 160
　　6.6.1 标注样式的替代 ·· 160
　　6.6.2 两种标注样式的比较 ·· 161

- 6.7 标注尺寸的方式 · 161
  - 6.7.1 标注水平或铅垂方向的线性尺寸 · 161
  - 6.7.2 标注倾斜方向的线性尺寸 · 162
  - 6.7.3 标注弧长尺寸 · 163
  - 6.7.4 标注坐标尺寸 · 164
  - 6.7.5 标注半径尺寸 · 165
  - 6.7.6 标注折弯半径尺寸 · 166
  - 6.7.7 标注直径尺寸 · 167
  - 6.7.8 标注角度尺寸 · 167
  - 6.7.9 标注基线尺寸 · 169
  - 6.7.10 标注连续尺寸 · 170
  - 6.7.11 注写形位公差 · 171
  - 6.7.12 快速标注 · 173
- 6.8 尺寸标注的修改 · 174
  - 6.8.1 用控制台中的命令修改尺寸标注 · 174
  - 6.8.2 用右键菜单中的命令修改尺寸标注 · 177
  - 6.8.3 用"特性"选项板全方位修改尺寸标注 · 177
- 上机练习与指导 · 178

第7章 图案与图块的应用 · 180
- 7.1 应用图案绘制剖面线 · 181
  - 7.1.1 "图案填充和渐变色"对话框 · 181
  - 7.1.2 绘制图案剖面线实例 · 186
  - 7.1.3 修改图案剖面线 · 187
- 7.2 应用图块创建符号库 · 188
  - 7.2.1 图块的基础知识 · 188
  - 7.2.2 创建图块 · 188
  - 7.2.3 使用图块 · 190
  - 7.2.4 创建和使用属性图块 · 192
  - 7.2.5 修改图块 · 193
- 上机练习与指导 · 194

第8章 绘制专业图 · 198
- 8.1 AutoCAD 设计中心 · 199
  - 8.1.1 AutoCAD 设计中心的启动和窗口 · 199
  - 8.1.2 用 AutoCAD 设计中心查找 · 201
  - 8.1.3 用 AutoCAD 设计中心复制 · 203
  - 8.1.4 用 AutoCAD 设计中心创建工具选项板 · 203
- 8.2 创建样图 · 204
  - 8.2.1 样图的内容 · 205

	8.2.2 创建样图的方法	205
8.3	按形体的真实大小绘图	207
8.4	使用剪贴板功能	208
8.5	查询绘图信息	208
8.6	清理图形文件	210
8.7	设置密码保护图形文件	211
8.8	绘制专业图实例	211
	8.8.1 绘制机械专业图实例	211
	8.8.2 绘制房屋建筑施工图实例	218
	8.8.3 绘制水工专业图实例	223
上机练习与指导		225

第9章 绘制三维实体 … 226

- 9.1 三维建模工作界面 … 227
  - 9.1.1 进入三维建模工作空间 … 227
  - 9.1.2 三维工作界面中的面板 … 227
  - 9.1.3 设置三维建模工作界面 … 230
- 9.2 绘制基本三维实体 … 232
  - 9.2.1 用实体命令绘制基本实体 … 232
  - 9.2.2 用拉伸的方法绘制直柱体和台体 … 237
  - 9.2.3 用扫掠的方法绘制特殊实体 … 239
  - 9.2.4 用放样的方法绘制沿横截面生成的特殊实体 … 240
  - 9.2.5 用旋转的方法绘制回转体 … 241
- 9.3 绘制组合体 … 244
  - 9.3.1 绘制叠加类组合体 … 245
  - 9.3.2 绘制切割类组合体 … 246
  - 9.3.3 绘制综合类组合体 … 247
- 9.4 用多视口绘制三维实体 … 249
  - 9.4.1 创建多视口 … 249
  - 9.4.2 用多视口绘制三维实体示例 … 250
- 9.5 编辑三维实体 … 251
  - 9.5.1 三维移动和三维旋转 … 251
  - 9.5.2 三维实体的拉压 … 252
  - 9.5.3 三维实体的剖切 … 253
  - 9.5.4 用三维夹点改变基本实体的大小和形状 … 253
- 9.6 动态观察三维实体 … 254
  - 9.6.1 实时手动观察三维实体 … 255
  - 9.6.2 用三维轨道手动观察三维实体 … 255
  - 9.6.3 连续动态观察三维实体 … 257

上机练习与指导 ··· 257
附录 A　打印图样 ··· 264
附录 B　AutoCAD 2008 命令检索 ······································· 270
参考文献 ··· 286

第 1 章

绘图的基础知识

📖 **本章导读**

掌握 AutoCAD 2008 中基本工具命令的操作方法、点的输入方式、基本绘图命令和删除命令的使用方法是绘图的基础。本章介绍 AutoCAD 绘图的基础知识。

应掌握的知识要点：
- AutoCAD 2008 工作界面中的各项内容。
- AutoCAD 2008 命令的输入与终止方式。
- 绘制工程图样系统配置时常用的 4 项修改。
- 用 NEW 命令新建一张图。
- 用 QSAVE 命令保存工程图和用 SAVEAS 命令将图另存。
- 用 OPEN 命令打开图形。
- 点的 4 种基本输入方式。
- 用 LINE 命令画直线。
- 用 DTEXT 命令和 MTEXT 命令注写文字。
- 用 DDEDIT 命令修改文字的内容。
- 用 U 命令撤销上一条命令。
- 选择实体的 3 种默认方式。
- 用 ERASE 命令擦除指定的实体。

1.1 AutoCAD 2008 的主要功能

AutoCAD 是美国 Autodesk 公司推出的一个通用的计算机辅助设计软件包。它广泛应用于机械、建筑、水利、电子和航天等诸多工程领域，以及广告设计、美术制作等专业设计领域。AutoCAD 从 1982 年问世至今的 20 多年中，版本已更新了十几次。AutoCAD 2008 版本以它能在 Windows 平台下更方便、更快捷地进行绘图和设计工作，以及更高质量与更高速度的超强图形功能、三维功能和共享功能，而广泛流行。本节介绍 AutoCAD 2008 的主要功能。

1．绘图功能

使用者可以通过单击图标按钮、执行菜单命令及从键盘输入参数的方法方便地绘制出各种基本图形，如直线、多边形、圆、圆弧、文字、尺寸等，在 AutoCAD 中称它们为"实体"或"对象"。在 AutoCAD 2008 中，可用不同的条件来绘制同一实体，并可按尺寸直接绘制，不需要换算。

2．编辑功能

AutoCAD 2008 可以让使用者以各种方式对单一或一组实体进行修改，实体可以移动、复制、改变大小、删除局部或整体。熟练掌握编辑技巧会使绘图效率成倍提高。

3．符号库和工具选项板

AutoCAD 2008 具有比以前版本更强大的符号库，主要包括机械、建筑、土木工程、电力等专业常用的规定符号和标准件。在 AutoCAD 2008 中，使用者可以方便地创建工具选项板，可将常用的符号、命令等放置在工具选项板上，使用时只需轻轻拖曳即可将所需的符号放入图形中，使绘图效率大大提高。

4．三维功能

AutoCAD 2008 具有比以前版本更强大的三维功能，在 AutoCAD 2008 中可方便地按尺寸进行三维建模，生成三维真实感图形，并可实现三维动态观察。

5．共享功能

AutoCAD 2008 具有比以前版本更强大的共享功能，它不仅具有在任何时间、任何地点与任何人都可以保持沟通的桌面交互式访问的 Internet 功能，还具有项目团队共享设计数据的工作组数据管理系统，还可以与任何可能未在其计算机上安装 AutoCAD 的使用者共享图形。

6．图形显示及输出功能

AutoCAD 可以任意调整显示比例以方便观察图纸的全貌或局部。计算机绘图的最终目的是将图形画在图纸上，AutoCAD 支持所有常见的绘图仪和打印机，并具有极好的打印效果。

7. 高级扩展功能

AutoCAD 提供了一种内部编程语言——Auto LISP，使用它可以完成计算与自动绘图的功能。在 AutoCAD 平台上，使用者还可以使用功能更强大的编程语言（如 C，C++，VB 等）来处理较复杂的问题或进行二次开发。

1.2 AutoCAD 2008 对计算机系统的要求

1. 硬件和软件需求

操作系统：Windows XP Professional Service Pack 2
　　　　　Windows XP Home Service Pack 2
　　　　　Windows 2000 Service Pack 4
　　　　　Windows Vista Enterprise
　　　　　Windows Vista Business
　　　　　Windows Vista Ultimate
　　　　　Windows Vista Home Premium
　　　　　Windows Vista Home Basic
　　　　　Windows Vista Starter

Web 浏览器：Microsoft Internet Explorer 6.0 Service Pack 1（或更高版本）
处理器：Pentium III 800 或更高主频的处理器（或兼容处理器）
内存：512 MB（建议）
硬盘：安装 750 MB
读入设备：光盘驱动器（仅用于安装）
显示设备：具有真彩色的 1024×768 pixel VGA（最低）显示器及相应的显卡
定点设备：鼠标、轨迹球或其他设备
输出设备：打印机或绘图仪

2. 三维使用的其他建议配置

操作系统：Windows XP Professional Service Pack 2
处理器：3.0 GHz 或更快的处理器
内存：2 GB（或更大）
图形卡：128 MB 或更高
硬盘：2 GB（不包括安装所需的 750 MB）

1.3 AutoCAD 2008 的工作界面

双击桌面上 AutoCAD 2008 图标，或执行"开始"菜单中的 AutoCAD 2008 命令就可以启动 AutoCAD 2008（注：本书将"单击鼠标左键"与"双击鼠标左键"分别简称为"单击"与

"双击")。

AutoCAD 2008 提供有"二维草图与注释"、"AutoCAD 经典"、"三维建模"3 种常用的工作界面,打开后默认显示的是"二维草图与注释"工作界面。3 种工作界面可在界面左上角"工作空间"下拉列表中进行切换。

1.3.1 二维草图与注释工作界面

图 1.1 所示是"二维草图与注释"工作界面,是 AutoCAD 2008 的新设计,它使二维绘图更加方便。

"二维草图与注释"工作界面主要包括:标题栏、下拉菜单、工具栏、绘图区、面板、命令提示区和状态栏。

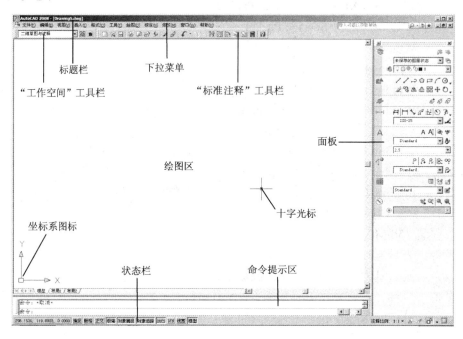

图 1.1　AutoCAD 2008"二维草图与注释"工作界面

1. 标题栏

AutoCAD 2008 标题栏在工作界面的最上面,在方括号中显示当前图形的文件名,右侧有用来控制窗口关闭、最小化、最大化和还原的按钮。

AutoCAD 2008 还提供有与 Windows 相同的滚动条。

2. 下拉菜单

下拉菜单区里所出现的项目是 Windows 窗口特性功能与 AutoCAD 功能的综合体现。AutoCAD 绝大多数命令都可以在此找到,因此必须熟悉它。

图 1.2 所示是一个典型的下拉菜单,单击下拉菜单"工具"标题时,在其下会立即弹出该

项的下拉菜单。要选取某个菜单项，应将光标移到该菜单项上，使之醒目显示，然后单击即可。（本书中，用"工具"➪"自定义"➪"界面"的方式说明图 1.2 所示菜单项的选择操作。）

有时，某些菜单项是暗灰色，表明在当前特定的条件下，这些功能不能使用。

菜单项后面有"…"符号，表示选中该菜单项后将会弹出一个对话框。菜单项右边有一个黑色小三角符号"▶"，表示该菜单项有一个级联子菜单，将光标指向该菜单项，就可引出级联子菜单。

提示：如果无意中丢失了下拉菜单，可在命令状态下从键盘输入 MENU 命令，在弹出的对话框中打开"acad"菜单文件即可恢复。

3．工具栏

工具栏由一系列图标按钮构成，每一个图标按钮形象化地表示了一条 AutoCAD 命令。单击某一个按钮，即可调用相应的命令。如果把光标移到某个按钮上并停顿一下，屏幕上就会显示出该工具按钮的名称（称为工具提示），并在状态栏中给出该按钮命令的简要说明。

图 1.1 所示的"工作空间"工具栏和"标准注释"工具栏是系统默认配置的两个工具栏，它们默认安放在绘图区上方。

AutoCAD 2008 中有很多工具栏，所有工具栏均可打开或关闭。其最快键的方法是：将光标指向任意工具栏凸起条处，单击鼠标右键（简称为右键单击），弹出如图 1.3 所示的右键菜单，该右键菜单中列出了 AutoCAD 中所有的工具栏名称，工具栏名称前面有"√"符号的，表示已打开。单击工具栏名称即可以打开或关闭相应的工具栏。

若要移动某工具栏，可以将光标指向工具栏的凸起条处，按住鼠标左键并拖动光标，即可将工具栏移动到绘图区外的其他地方，也可拖动到绘图区中形成浮动工具栏。

图 1.2　下拉菜单与级联子菜单

图 1.3　显示"工具栏选项"的右键菜单

4．面板

面板由一系列控制台构成，每一个控制台就是 1～2 个常用的工具栏或具有相同控制目标的图标命令组。

图 1.4 所示是"二维草图与注释"工作界面右侧默认配置的面板，包括"图层"、"二维绘图"、"注释缩放"、"标注"、"文字"、"多重引线"、"表格"、"二维导航" 8 个控制台。

AutoCAD 2008 中面板的内容可以进行重新设置，如图 1.5 所示，将光标指向面板上面的凸起条处，右键单击弹出右键菜单，将光标移至"控制台"菜单项，引出级联子菜单，级联子菜单中将显示可供选择的控制台名称，名称前面有"√"符号的，表示已打开。单击控制台名称即可以打开或关闭相应的控制台。

 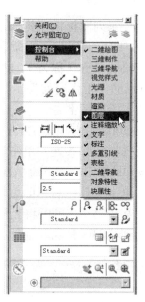

图 1.4　界面右侧的面板　　　　　　图 1.5　显示面板控制台选项

5．绘图区

绘图区是显示所绘制图形的区域。初进入绘图状态时，光标在绘图区显示为十字形式，当光标移出绘图区指向工具栏、下拉菜单等项时，光标显示为箭头形式。在绘图区左下角显示有坐标系图标，图标左下角为坐标系原点（0,0）。但应注意，坐标系可由使用者自定义改变。

6．命令提示区

命令提示区也称为命令文本区，是显示使用者与 AutoCAD 对话信息的地方。它以窗口的形式放置在绘图区的下方，在需要的时候，使用者可以用鼠标将其拖动到指定的地方。绘图时应时刻注意这个区的提示信息，否则将会造成答非所问的错误操作。

提示：如果无意中丢失了命令提示区，可按〈Ctrl+9〉组合键恢复。

7. 状态栏

AutoCAD 2008 的状态栏在工作界面的最下面，用来显示和控制当前的操作状态。AutoCAD 2008 状态栏最左端的数字是光标的坐标位置；中间是 10 种绘图模式的开关，这些开关按下表示打开，弹起表示关闭，单击某项即可打开或关闭该模式；右端显示注释比例，并有"状态栏菜单"图标▼，单击该图标将弹出下拉菜单，可在此重新设置状态栏上显示的绘图模式。

1.3.2 AutoCAD 经典工作界面

图 1.6 所示是"AutoCAD 经典"工作界面，是 AutoCAD 2008 以前版本常用的二维绘图工作界面，其主要目的是方便 AutoCAD 的老用户。

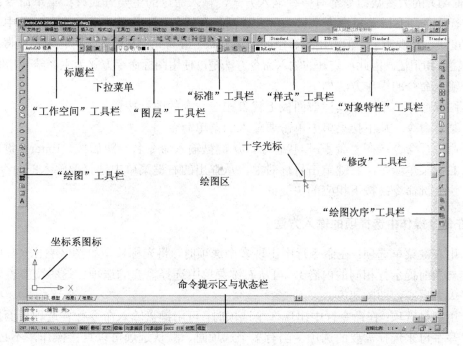

图 1.6　AutoCAD 2008 "AutoCAD 经典"工作界面

"AutoCAD 经典"工作界面主要包括：标题栏、下拉菜单、绘图区、命令提示区、状态栏、"标准"工具栏、"样式"工具栏、"工作空间"工具栏、"图层"工具栏、"特性"工具栏、"绘图"工具栏、"修改"工具栏、"绘图次序"工具栏等。

1.3.3 三维建模工作界面

AutoCAD 2008 "三维建模"工作界面，是进行三维建模（即三维绘图）时所用的工作界面。将在第 9 章中详述。

1.3.4 自定义工作界面

在 AutoCAD 2008 中可自定义工作界面，方法是通过下拉菜单选取："工具" ⇨ "自定义" ⇨ "界面"，执行命令后弹出"自定义用户界面"对话框。在该对话框中，可先选择一种工作界面，再在命令列表中选择命令类别，然后按需要对命令工具栏、菜单等进行"新建"、"删除"、"重命名"等自定义操作。在该对话框中还可以修改命令图标的形状，可以自定义命令。

1.4 AutoCAD 的命令输入及终止方式

1. 输入命令的方式

AutoCAD 的大多数命令都有多种输入方式，输入命令的主要方式有：菜单命令、图标命令、命令行命令和右键菜单命令，每一种方式都各有特色，工作效率各有高低。其中，图标命令输入速度快、直观明了，但占用屏幕空间；菜单命令最为完整和清晰，但输入速度慢；命令行命令较难输入和记忆。因此，最好的输入命令方法是以使用图标命令方式为主，结合其他方式。

各种输入命令的操作方法如下。
- 图标命令：单击工具栏或面板上代表相应命令的图标按钮。
- 菜单命令：从下拉菜单中单击要输入的菜单命令项。
- 命令行命令：在"命令:"状态下，从键盘输入命令名，随后按〈Enter〉键。
- 右键菜单命令：右键单击目标对象，从弹出的右键菜单中选择要输入的命令项。
- 快捷键命令：按下相应的快捷键。

2. 在命令操作中选择项的输入方法

- 用右键菜单选项：在命令行中出现多个选项时，将光标移至绘图区右击（其中将显示与当前提示行相同的内容），可从右键菜单中选择需要的选项。这种交互性输入法可大大提高绘图的速度。
- 用键盘选项：在命令行中出现多个选项时，可用键盘输入命令行各选项后面提示的大写字母来选择需要的选项。当有多个选项时，默认选项可以直接操作，不必选择。

3. 终止命令的方式

AutoCAD 2008 终止命令的主要方式如下。
- 正常完成一条命令后自动终止。
- 在执行命令过程中按〈Esc〉键终止。
- 在执行命令过程中，从菜单或工具栏中调用另一命令，绝大部分命令可终止。

1.5 修改系统配置选项

绘图时，使用者可根据需要修改 AutoCAD 所提供的默认系统配置内容，以确定一个最佳的、最适合自己习惯的系统配置，从而提高绘图的速度和质量。修改系统配置是通过操作 OPTIONS

命令所弹出的"选项"对话框来实现的。在"选项"对话框中有文件、显示、打开和保存、打印和发布、系统、用户系统配置、草图、三维建模、选择集、配置 10 个选项卡。选择不同的选项卡，将显示不同的选项。

1.5.1 常用的 4 项修改

1. 修改绘图区背景色为白色

AutoCAD 2008 绘图区背景颜色的默认设置为黑色，使用者一般习惯在白纸上绘制工程图，可用 OPTIONS 命令改变绘图区的背景颜色。其操作步骤如下。

① 从下拉菜单选取："工具" ⇨ "选项"，或从键盘输入 OPTIONS 命令，弹出"选项"对话框，如图 1.7 所示。

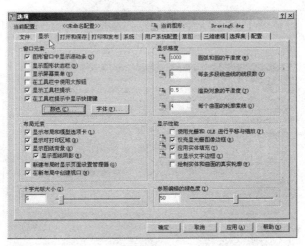

图 1.7 显示"显示"选项卡内容的"选项"对话框

② 在"选项"对话框中单击"显示"选项卡。然后单击"窗口元素"区中的"颜色"按钮，弹出"图形窗口颜色"对话框，如图 1.8 所示。

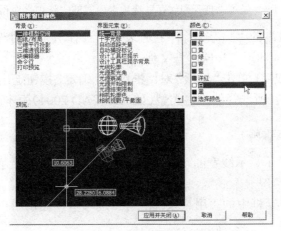

图 1.8 "图形窗口颜色"对话框

③ 在"图形窗口颜色"对话框的"背景"框中选择"二维模型空间"项,在"界面元素"框中选择"统一背景"项,在"颜色"下拉列表中选择"白"项,然后单击"应用并关闭"按钮,返回"选项"对话框。

说明:若需要,可再选择其他选项或选项卡进行修改,修改完成后单击"选项"对话框中的"确定"按钮退出该对话框,完成修改。

2. 设置图形文件,使之在 AutoCAD 老版本中可打开

AutoCAD 2008 保存图形的文件类型的默认设置是"AutoCAD 2007 图形(*.dwg)",若使用此默认设置,则在 AutoCAD 2008 中绘制的图形只能在 AutoCAD 2007 版本及其以上的版本中打开。要使 AutoCAD 2008 中绘制的图形能在 AutoCAD 老版本中打开,应修改默认设置。其操作步骤如下。

① 单击"选项"对话框中的"打开和保存"选项卡,显示打开和保存的选项内容,如图 1.9 所示。

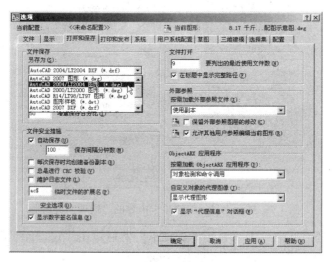

图 1.9 显示"打开和保存"选项卡内容的"选项"对话框

② 在"文件保存区"的"另存为"下拉列表中,选择所希望的选项,图 1.9 中选择的是"AutoCAD 2004/LT2004 图形(*.dwg)"文件类型。

说明:所有修改完成后,单击"选项"对话框中的"确定"按钮退出该对话框,在 AutoCAD 2008 中绘制的图形将可在所选择的文件类型(如 AutoCAD 2004)版本及其以上的版本中打开。

3. 按实际情况显示线宽

AutoCAD 2008 提供了显示线宽的功能。默认的系统配置为不显示线宽,而且线宽的显示比例也很大。要按实际情况显示线宽,就应该修改默认的系统配置。其操作步骤如下。

① 单击"选项"对话框中的"用户系统配置"选项卡,显示用户系统配置的选项内容,如图 1.10 所示。

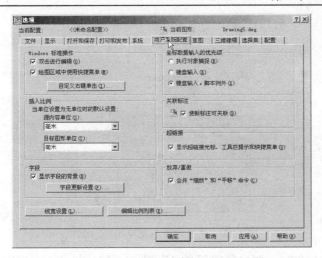

图 1.10　显示"用户系统配置"选项卡内容的"选项"对话框

② 单击左下角"线宽设置"按钮，弹出"线宽设置"对话框，如图 1.11 所示。

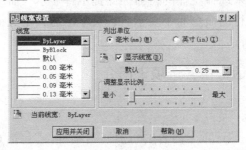

图 1.11　"线宽设置"对话框

③ 在其中打开"显示线宽"开关，拖动"调整显示比例"滑块到距左端一格处（否则显示的线宽与实际情况不符），如图 1.11 所示。其他选项可接受默认的系统配置。

提示：在"线宽"列表框中一定不要改变默认的"ByLayer"（随层）选项。

④ 单击"应用并关闭"按钮，返回"选项"对话框。

4．定义单击右键在待命时输入上一次命令

AutoCAD 2008 提供了对整体上下文相关的鼠标右键菜单（即快捷菜单）的支持。默认的系统配置是单击右键可弹出右键菜单。操作状态不同（如未选择实体、已选择实体、在命令执行过程中）和右键单击时光标的位置不同（如绘图区、命令行、对话框、工具栏、状态栏、模型选项卡和布局选项卡处），弹出的右键菜单内容就不同。例如，在命令执行过程中，在绘图区内单击右键会弹出与命令提示行选项相同的右键菜单。AutoCAD 2008 把常用功能集中到右键菜单中，有效地提高了工作效率，使绘图和编辑工作完成得更快。

AutoCAD 2008 允许使用者自定义右键功能。其方法是：单击"选项"对话框中的"用户系统配置"选项卡，然后单击"Windows 标准操作"区中的"自定义右键单击"按钮，弹出"自定义右键单击"对话框，如图 1.12 所示。

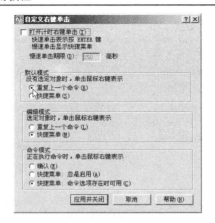

图 1.12 "自定义右键单击"对话框

"自定义右键单击"对话框中所显示的 3 种模式（默认模式、编辑模式和命令模式）的默认选项均是单击右键时显示"快捷菜单"（即右键菜单）。修改"默认模式"中的选项为"重复上一个命令"，将可实现在未选择实体的待命（即提示行显示"命令:"）状态时，单击右键，AutoCAD 将输入上一次执行的命令而不显示右键菜单，这种定义很实用。最后单击"应用并关闭"按钮返回"选项"对话框。

1.5.2 "选项"对话框中各选项卡简介

1."显示"选项卡

图 1.7 所示为显示"显示"选项卡内容的"选项"对话框。它包括 6 个区，用于设置 AutoCAD 的显示。

（1）"窗口元素"区

该区用于控制窗口中显示的内容、颜色及字体。

（2）"显示精度"区

该区用于控制所绘实体的显示精度。其值越小，运行性能越好，但显示精度下降。一般可用默认设置。如果希望所画圆或圆弧显示得比较光滑，可增大"圆弧和圆的平滑度"值。

（3）"布局元素"区

该区用于控制有关布局显示的项目。一般按默认设置全部打开。

（4）"显示性能"区

该区主要用于控制实体的显示性能。一般按默认设置打开 2 项（如图 1.7 所示）。

（5）"十字光标大小"区

按住鼠标左键拖动滑块，可改变绘图区中十字光标的大小；也可直接在其文字编辑框中修改数值，以确定十字光标的大小。一般按默认设置取 5mm。

（6）"参照编辑的褪色度"区

同上操作，可改变参照编辑的褪色度的大小。

2. "打开和保存"选项卡

显示"打开和保存"选项卡内容的"选项"对话框如图 1.9 所示。该选项卡用于设置 AutoCAD 打开和保存文件的格式、安全措施、列出的最近打开的文件数量、外部参照、应用程序等。该选项卡一般使用默认设置,特殊需要时可修改它。

3. "系统"选项卡

图 1.13 所示为显示"系统"选项卡内容的"选项"对话框。它主要用于设置基本选项、数据库连接选项、当前定点设备和三维性能等。该选项卡一般使用默认设置,特殊需要时可修改它。

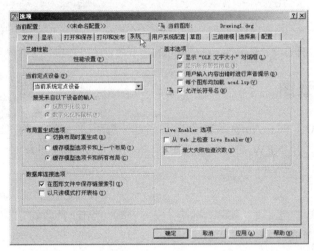

图 1.13 显示"系统"选项卡内容的"选项"对话框

4. "用户系统配置"选项卡

图 1.10 所示为显示"用户系统配置"选项卡内容的"选项"对话框。它主要用于设置线宽显示的方式,让使用者按习惯自定义鼠标的右键功能,还可以修改 Windows 标准操作、坐标数据输入的优先级、插入比例、关联标注和字段等。

5. "三维建模"选项卡

图 1.14 所示为显示"三维建模"选项卡内容的"选项"对话框。它用于设置和修改三维绘图的系统配置。在该选项卡中可选择默认的三维十字光标、设置显示 UCS 图标的方式和设置三维导航相关参数等。该选项卡一般使用默认设置,特殊需要时可修改它。

6. 其他选项卡

"选项"对话框中的"文件"选项卡,用于设置 AutoCAD 查找支持文件的搜索路径。
"选项"对话框中的"配置"选项卡,用于创建新的配置。
"打印和发布"、"草图"、"选择集"3 个选项卡,将在后面有关章节中介绍。

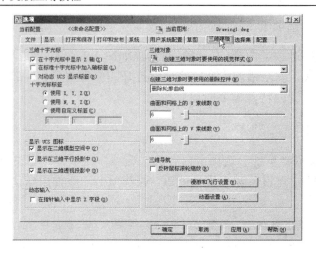

图 1.14 显示"三维建模"选项卡内容的"选项"对话框

1.6 新建一张图

启动 AutoCAD 2008 时,AutoCAD 会自动新建一张图形文件名为"Drawing1.dwg"的图。在非启动状态下,用 NEW 命令可建立一个新的图形文件,即开始一张新图的绘制。

1. 输入命令

- 从"标准注释"工具栏(或"标准"工具栏)单击:"新建"按钮
- 从下拉菜单选取:"文件" ⇨ "新建"
- 从键盘输入:**NEW**
- 用快捷键:按下〈Ctrl+N〉组合键

2. 命令的操作

输入 NEW 命令之后,AutoCAD 将显示"选择样板"对话框,如图 1.15 所示。

图 1.15 "选择样板"对话框

图 1.16 下拉菜单

在"选择样板"对话框中间列表框中选择"acadiso"样板,即可新建一张默认单位为 mm、图幅为 A3、图形文件名为"Drawing2.dwg"(之后依次将为 Drawing3.dwg、Drawing4.dwg……)的图。

也可单击"打开"按钮右侧的小黑三角下拉按钮,弹出图 1.16 所示的下拉菜单,从中选择"无样板打开-公制"选项,将新建一张与前面相同的图。

说明:

① "选择样板"对话框中的其他内容与"保存"和"打开"命令中的对应项相同,将在 1.7 节中介绍。

② 如果希望用"创建新图形"对话框来新建图,可在命令行中输入"STARTUP"命令,并按提示输入新值"1",在其后执行"新建"命令时,将会弹出"创建新图形"对话框。

1.7 保存图

1.7.1 保存

用 QSAVE 命令可将所绘工程图以文件的形式存入磁盘中且不退出绘图状态。

1. 输入命令

- 从"标准注释"工具栏(或"标准"工具栏)单击:"保存"按钮
- 从下拉菜单选取:"文件" ⇨ "保存"
- 从键盘输入:QSAVE
- 用快捷键:按下〈Ctrl+S〉组合键

2. 命令的操作

输入 QSAVE 命令之后,如果图形文件还没有经使用者命名,AutoCAD 将弹出"图形另存为"对话框,如图 1.17 所示。

图 1.17 "图形另存为"对话框

具体操作步骤如下。

① 在"文件类型"下拉列表中选择所希望的文件类型,如"图形样板(*.dwt)"。一般应使用默认类型"AutoCAD 2007 图形(*.dwg)"。

② 在"保存于"下拉列表中选择文件存放的磁盘目录。

③ 在"文件名"编辑框中输入新图形文件名(不要使用 AutoCAD 默认的图形文件名 Drawing1、Drawing2……)。

④ 单击"保存"按钮,即可保存当前图形。

说明:

① 如果当前图形不是第一次使用 QSAVE 命令,则输入该命令后将直接按第一次操作时指定的路径和名称保存,不再出现对话框。

② 文件名最长可达 256 个字符。

提示: 绘图时要经常使用该命令,以便及时保存图形文件,否则,突然退出或死机时,将后悔莫及。

3."图形另存为"对话框其他项的含义

"保存于"下拉列表右侧的 7 个按钮从左到右分别说明如下。

- "返回"按钮:单击它,将返回上一次使用的目录。
- "上一级"按钮:单击它,将当前搜寻目录定位在上一级。
- "搜索"按钮:单击它,可在 Web 中进行搜索。
- "删除"按钮:单击它,可删除在中间列表框中选中的图形文件。
- "创建新文件夹"按钮:单击它,可建立新的文件夹。
- "查看"按钮:单击它,将显示"列表"、"详细资料"、"略图"、"预览"4 个选项。选择"列表"项,可使下方的列表框中只列出当前目录下的各文件名;选择"详细资料"项,可使列表框中显示所列文件的建立时间等信息;选择"略图"项,可使列表框中所列文件用略图的形式显示出来;选择"预览"项,可打开列表框右侧的预览框。
- "工具"按钮:单击它,将显示"添加/修改 FTP 位置"、"将当前文件夹添加到位置列表中"、"添加收藏夹"、"选项"和"安全选项"5 个选项。

对话框左侧的一列图标按钮,用来提示图形存放的位置,它们统称为位置列。双击这些图标按钮,可在指定的位置保存图形,各项含义说明如下。

- "我的文档":显示在"我的文档"文件夹中的图形文件和子文件夹。
- "收藏夹":显示在 C:\Windows\Favorites 下的图形文件和子文件夹。
- "桌面":显示在桌面上的图形文件。
- "历史记录":显示最近保存过的几十个图形文件。
- "Buzzsaw":进入 http:\\www.Buzzsaw.com 网站,这是一个 AutoCAD 在建筑设计及建筑制造领域的 B2B 模式电子商务网站,使用者可以申请账号或直接进入。
- "FTP":该类站点是互联网用来传送文件的地方。当选择"FTP"时,可看到所列的 FTP 站点。

说明:在"位置列"上的任何图标按钮,都可通过鼠标拖动操作,使其重新排列。

1.7.2 另存为

用 SAVEAS 命令可将已命名的当前图形文件另存一处。另存的图形文件与原图形文件不在同一路径下时可以同名，在同一路径下则必须另取文件名。

1．输入命令

- 从下拉菜单选取："文件" ⇨ "另存为"
- 从键盘输入：SAVEAS

2．命令的操作

输入 SAVEAS 命令之后，AutoCAD 将弹出如图 1.17 所示的"图形另存为"对话框，重新指定路径及文件名，然后单击"保存"按钮即完成操作。

提示：执行该命令后，AutoCAD 将自动关闭当前图，将另存的图形文件打开并置为当前图。

1.8 打开图

用 OPEN 命令可打开一张或多张已有的图形文件。

1．输入命令

- 从"标准注释"工具栏（或"标准"工具栏）单击："打开"按钮
- 从下拉菜单选取："文件" ⇨ "打开"
- 从键盘输入：OPEN
- 用快捷键：按下〈Ctrl+O〉组合键

2．命令的操作

输入 OPEN 命令之后，AutoCAD 将显示"选择文件"对话框，如图 1.18 所示。

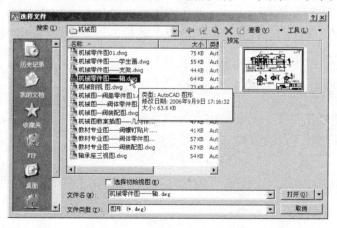

图 1.18 "选择文件"对话框

具体操作步骤如下。
① 在"文件类型"下拉列表中选择所需文件类型,默认项为"图形(*.dwg)"。
② 在"搜索"下拉列表中指定磁盘目录。
③ 在中间列表框中选择要打开的图形文件名。若要打开多个图形文件,应先按住〈Ctrl〉键,再逐一选择文件名。若文件在某文件夹中,应先双击该文件夹,使其显示在"搜索"下拉列表框中。
④ 单击"打开"按钮即可打开文件。若单击"取消"按钮,将取消该命令操作。
说明:
AutoCAD 2008 支持多窗口显示,即可以同时打开多个图形文件。使用组合键〈Ctrl+Tab〉在多个图形文件之间进行切换,使用"窗口"菜单可控制多个图形文件的显示方式(层叠、垂直平铺或水平平铺)。

1.9 坐标系和点的基本输入方式

1.9.1 坐标系

AutoCAD 2008 在绘制工程图工作中使用笛卡儿坐标系统和极坐标来确定"点"的位置。

笛卡儿坐标系有 X、Y、Z 3 个坐标轴。坐标值的输入方式是"X,Y,Z",二维坐标值的输入方式是"X,Y",其中 X 值表示水平距离,Y 值表示垂直距离。坐标原点为"0,0,0",二维坐标原点为"0,0"。坐标值可以加正负号表示方向。

极坐标系使用距离和角度来定位点。极坐标系通常用于二维绘图。极坐标值的输入方式是"距离<角度",其中,距离是指从原点(或从上一点)到该点的距离,角度是连接原点(或从上一点)到该点的直线与 X 轴所成的角度。距离和角度也可以加正负号表示方向。

AutoCAD 默认的坐标系为世界坐标系(缩写为 WCS)。世界坐标系坐标原点位于图纸左下角;X 轴为水平轴,向右为正;Y 轴为垂直轴,向上为正;Z 轴方向垂直于 XY 平面,指向绘图者的为正向。在世界坐标系(WCS)中,笛卡儿坐标系和极坐标系都可以使用,这取决于坐标值的输入形式。

WCS 坐标系在绘图中是常用的坐标系,它不能被改变。在特殊需要时,也可以相对于它来建立其他的坐标系。相对于 WCS 建立起的坐标系称为用户坐标系,缩写为 UCS。用户坐标系可以用 UCS 命令来创建。

1.9.2 点的基本输入方式

用 AutoCAD 绘制工程图,是靠给出点的位置来实现的,如圆的圆心、直线的起点与终点等。AutoCAD 有多种输入点的方式,将在第 5 章中详细介绍,本节只简要介绍几种基本的输入方式。

1. 移动鼠标给点

移动鼠标选点，单击确定。

移动鼠标时，十字光标和坐标值都会随之变化，状态栏左边的坐标显示区中将显示当前位置，如图 1.19 所示。

图 1.19　坐标显示

在 AutoCAD 2008 中，显示的是动态直角坐标，即显示光标的绝对坐标值。随着光标的移动，坐标的显示连续更新，随时指示当前光标位置的坐标值。

2. 输入点的绝对直角坐标给点

输入点的绝对直角坐标（指相对于当前坐标系原点的直角坐标）"X, Y"，相对于原点，X 向右为正，Y 向上为正；反之为负。输入后按〈Enter〉键确定。

3. 输入点的相对直角坐标给点

输入点的相对直角坐标（指相对于前一点的直角坐标）"$@X, Y$"，相对于前一点，X 向右为正，Y 向上为正；反之为负。输入后按〈Enter〉键确定。

4. 输入直接距离给点

用鼠标导向，从键盘直接输入相对于前一点的距离，按〈Enter〉键即确定点的位置。

1.10　画直线

用 LINE 命令可连续绘制直线。

1. 输入命令

- 从面板的"二维绘图"控制台（或"绘图"工具栏）单击："直线"按钮
- 从下拉菜单选取："绘图" ⇨ "直线"
- 从键盘输入：LINE 或 L（后者是简化输入方式）

2. 命令的操作

命令：（用上述方法之一输入命令）（后边简称为输入命令）
指定第一点：　(给起始点)　（用鼠标给第 1 点）
指定下一点或 ［放弃(U)］：　24↙　（用直接距离给第 2 点）
指定下一点或 ［放弃(U)］：　20↙　（用直接距离给第 3 点）
指定下一点或 ［闭合(C) / 放弃(U)］：　@-10,16↙　（用相对直角坐标给第 4 点）
指定下一点或 ［闭合(C) / 放弃(U)］：　50↙　（用直接距离给第 5 点）
指定下一点或 ［闭合(C) / 放弃(U)］：　@-10, -16↙　（用相对直角坐标给第 6 点）
指定下一点或 ［闭合(C) / 放弃(U)］：　20↙　（用直接距离给第 7 点）
指定下一点或 ［闭合(C) / 放弃(U)］：　24↙　（用直接距离给第 8 点）

指定下一点或 [闭合(C) / 放弃(U)]: ✓（按〈Enter〉键结束或单击右键确定）

命令:（表示该命令结束，处于接收新命令状态）

效果如图 1.20（a）所示。

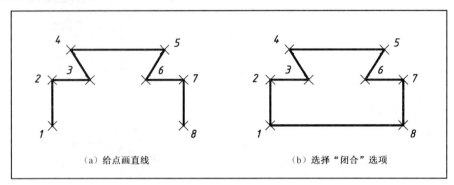

图 1.20 用 LINE 命令画直线

说明:

① 若在最后一次出现提示行"指定下一点或 [闭合（C）/ 放弃（U）]:"时，选择"C"项，则首尾封闭并结束命令，效果如图 1.20（b）所示。

② 在"指定下一点或 [放弃（U）]"或者"指定下一点或 [闭合（C）/ 放弃（U）]:"提示下，若输入"U"，将擦去最后画出的一条线，并继续提示"指定下一点或 [放弃（U）]:"或者"指定下一点或 [闭合（C）/ 放弃（U）]:"。

③ 用 LINE 命令所画折线中的每一条直线都是一个独立的实体。

1.11 注写文字

AutoCAD 2008 有很强的文字处理功能，它提供了两种注写文字的方式：单行文字和多行文字。使用 AutoCAD 绘制工程图，要使图中注写的文字符合技术制图标准，应首先依据制图标准设置文字样式。

1.11.1 创建文字样式

用 STYLE 命令可创建新的文字样式或修改已有的文字样式。

1. 输入命令

- 从面板的"文字"控制台（或"样式"工具栏）单击："文字样式"按钮
- 从下拉菜单选取："格式" ⇨ "文字样式"
- 从键盘输入：<u>STYLE</u> 或 <u>ST</u>

2. 命令的操作

输入命令后，AutoCAD 显示"文字样式"对话框，如图 1.21 所示。

"文字样式"对话框各项含义及操作方法介绍如下。

(1)"样式"区

该区上方为样式名列表框,默认状态显示该图形文件中所有的文字样式名称。

该区下方为样式预览框,显示所选择文字样式的效果。

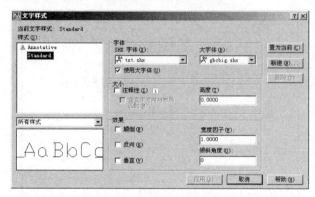

图 1.21 "文字样式"对话框

(2)几个按钮

"置为当前"按钮:用于设置当前文字样式。在样式名列表框中选择一种样式,然后单击"置为当前"按钮,该样式将置为当前。

提示:设置当前文字样式的最快捷方法是在"文字"控制台或"文字"工具栏的"文字样式"下拉列表中选项,使其显示在该列表中。

"新建"按钮:用于创建文字样式。单击该按钮将弹出"新建文字样式"对话框,如图 1.22 所示。在该对话框的"样式名"文字编辑框中输入新建文字样式名(最多 31 个字母、数字或特殊字符),单击"确定"按钮,返回"文字样式"对话框。在其中进行相应的设置,然后单击"应用"按钮,退出该对话框,所设新文字样式将被保存并且成为当前样式。

图 1.22 "新建文字样式"对话框

"删除"按钮:用于删除文字样式(不能删除当前文字样式)。在样式名列表框中选择要删除的文字样式名,然后单击"删除"按钮,确定后该文字样式即被删除。

(3)"字体"区

该区中"SHX字体"下拉列表用来设置文字样式中的字体。在该下拉列表中选择一种所需的字体,使其显示在该列表中即可。

提示:若要选择汉字,应首先关闭"使用大字体"开关。关闭后"SHX 字体"下拉列表名称显示为"字体名",并在该下拉列表中显示汉字字体。

(4)"大小"区

该区中"高度"文字编辑框用来设置文字的高度。如果在此输入一个非零值,则AutoCAD将此值用于所设的文字样式,但在使用DTEXT、MTEXT命令注写文字时,文字高度将不能改变。如果使用默认值"0.0000",字体高度可在操作上述命令时重新指定。

提示：工程图中文字样式中的字体高度一般使用默认值"0.0000"。

（5）"效果"区

如图1.23所示，以文字"制图标准"为例，各项含义如下。

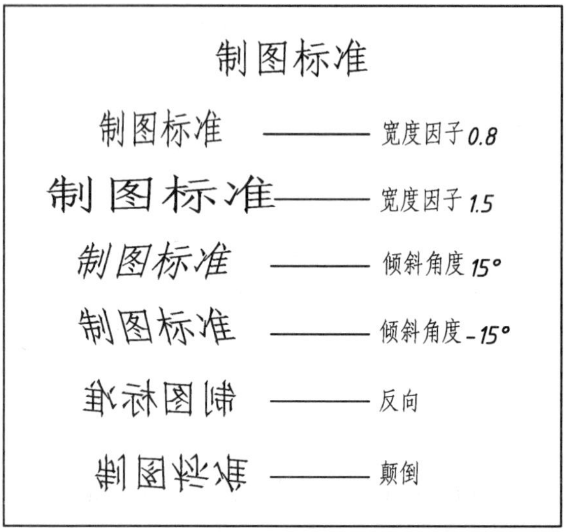

图1.23　"效果"区控制的文字显示

"颠倒"开关：用于控制字符是否字头反向放置。

"反向"开关：用于控制成行文字是否左右反向放置。

"垂直"开关：用于控制成行文字是否竖直排列。

"宽度因子"文字编辑框：用于设置文字的宽度。如果因子值大于1，则文字变宽；如果因子值小于1，则文字变窄。

"倾斜角度"文字编辑框：用于设置文字的倾斜角度。角度设为0时，文字字头垂直向上；输入正值，字头向右倾斜；输入负值，字头向左倾斜。

3．创建文字样式实例

【例1-1】创建"工程图中的汉字"文字样式。

"工程图中的汉字"文字样式用于在工程图中注写符合国家技术制图标准规定的汉字（长仿宋体、直体），创建过程如下。

① 输入STYLE命令，弹出"文字样式"对话框。

② 单击"新建"按钮，弹出"新建文字样式"对话框。输入文字样式名"工程图中的汉字"，单击"确定"按钮，返回"文字样式"对话框。

③ 在"字体"区中，首先关闭"使用大字体"开关，然后在"字体名"下拉列表中选择"仿宋_GB2312"；在"效果"区中，在"宽度因子"框中输入0.8（使所选汉字为长仿宋体），其他使用默认值，如图1.24所示。

提示：制图标准规定，工程图中的汉字是长仿宋体，而AutoCAD中只有仿宋体，所以应在"宽度因子"框中输入0.8（经验值），使其成为标准规定的长仿宋体。

④ 单击"应用"按钮,完成创建。
⑤ 单击"关闭"按钮,退出"文字样式"对话框,结束命令。

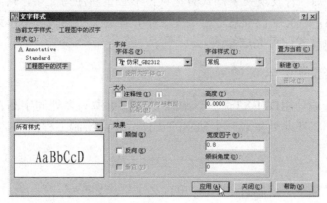

图 1.24 创建"工程图中的汉字"文字样式实例

【例 1-2】创建"工程图中的数字和字母"文字样式。

"工程图中的数字和字母"文字样式用于注写工程图中的数字和字母。该文字样式使所注尺寸中的尺寸数字和图中的其他数字与字母符合国家技术制图标准(ISO 字体、一般用斜体),创建过程如下。

① 输入 STYLE 命令,弹出"文字样式"对话框。
② 单击"新建"按钮,弹出"新建文字样式"对话框。输入文字样式名"工程图中的数字和字母",单击"确定"按钮,返回"文字样式"对话框。
③ 在"SHX 字体"(或"字体名")下拉列表中选择"gbeitc.shx"字体,其他使用默认值,如图 1.25 所示。

提示:"gbeitc.shx"字体自身已按制图标准内设为斜体,所以其倾斜角度应使用默认值 0。

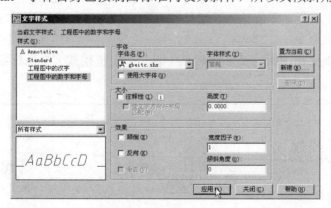

图 1.25 创建"工程图中的数字和字母"文字样式实例

④ 单击"应用"按钮,完成创建。
⑤ 单击"关闭"按钮,退出"文字样式"对话框,结束命令。
说明:若要修改某文字样式,应首先在样式名列表框中选择它,然后在相应处进行修改,

修改完成后单击"应用"按钮即可。

提示：注写文字后，若发现文字样式有错误，不必重新注写文字，只需修改相应的文字样式即可。样式修改后，若文字没变化，应选中文字，在"文字样式"下拉列表中任意选择一种样式，然后再返回原样式即可完成修改。

1.11.2 注写简单文字

注写简单文字一般使用DTEXT命令。该命令一次可注写多处同字高、同旋转角的文字，每输入一个起点，都将在此处生成一个独立的实体。它是绘制工程图中常用的命令。

1. 输入命令

- 从面板的"文字"控制台单击："单行文字"按钮 <u>A</u>
- 从下拉菜单选取："绘图" ➪ "文字" ➪ "单行文字"
- 从键盘输入：<u>DTEXT</u> 或 <u>DT</u>

2. 命令的操作

（1）默认项操作

　　命令：（输入命令）
　　当前文字样式："工程图中的汉字"　文字高度：3.00　注释性：否　（此行为信息行）
　　指定文字的起点或 [对正(J) / 样式(S)]：（用鼠标给定第一处注写文字的起点）
　　指定高度〈2.5〉：（给字高）
　　指定文字的旋转角度〈0〉：（给文字的旋转角）

给出文字的旋转角后，在绘图区文字的起点处将出现一个文字编辑框，可在此输入第一处文字，输入完第一处文字后，用鼠标给定另一处文字的起点，可继续输入另一处文字。

此操作可以重复进行，即能输入若干处相互独立的文字，直到按〈Enter〉键结束输入，再按〈Enter〉键结束命令。

单行文字默认项操作中所给文字的起点（即文字定位模式）是每行第一个文字的左下角点，如图 1.26 所示。

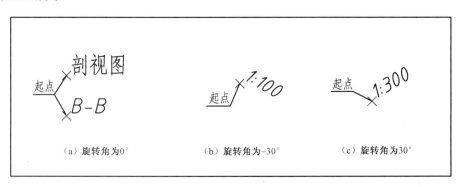

图 1.26　单行文字默认项操作的显示效果

说明：

① 输入文字时，常发现一些特殊字符在键盘上找不到，AutoCAD 提供了一些特殊字符的注写方法，常用的有：

%%C——注写直径符号"φ"

%%D——注写角度符号"°"

%%P——注写上下偏差符号"±"

%%%——注写百分比符号"%"

② 在 AutoCAD 中，默认角度逆时针旋转为正，顺时针转转为负。

③ 当 AutoCAD 要求输入文字时，激活一种中文输入法即可在图中注写中文文字。

提示：注写文字时，应先将相应的文字样式设置为当前，即在"文字"控制台或"样式"工具栏的"文字样式"下拉列表中显示该样式的名称，否则，所注写的文字形式将不是所希望的。

（2）其他文字定位模式的操作

AutoCAD允许在 14 种对正模式（即文字定位模式）中选择一种，部分对正模式如图 1.27 所示。

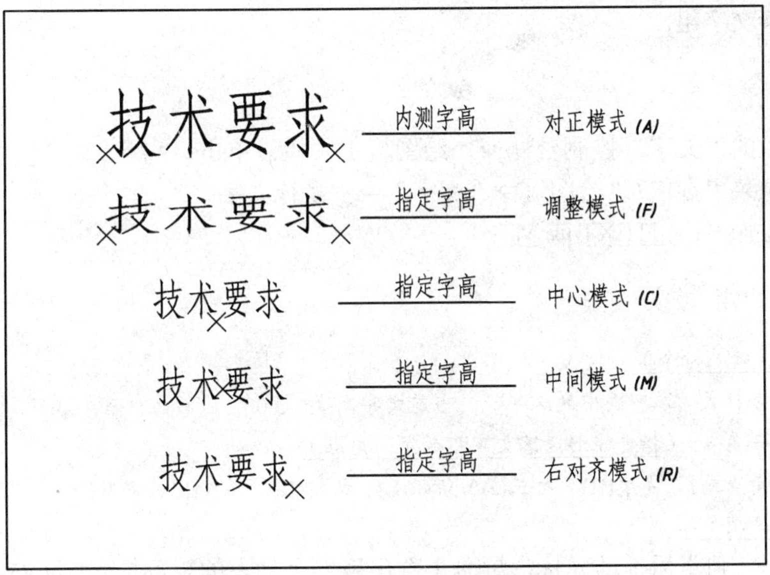

图 1.27 单行文字的对正模式

命令：（输入命令）

指定文字的起点或 [对正(J) / 样式(S)]：J↙

[对齐(A) / 调整(F) / 中心(C) / 中间(M) / 右(R) / 左上(TL) / 中上(TC) / 右上(TR) / 左中(ML) / 正中(MC) / 右中(MR) / 左下(BL) / 中下(BC) / 右下(BR)]：（选项）

以上提示行各项的含义如下。

选"A"：指定基线两端点为文字的定位点（基线是指中文文字底线及英文大写字母底线），

AutoCAD 自动计算文字的高度与宽度，使文字恰好充满所指定两点之间。

选"F"：指定基线两端点为文字的定位点，并指定字高，AutoCAD将使用当前的字高，只调整字宽，将文字扩展或压缩充满指定的两个点之间。

选"C"：指定文字基线的中点为文字的定位点，然后指定字高和旋转角度来注写文字。

选"M"：指定以文字水平和垂直方向的中心点为文字的定位点，然后指定字高和旋转角度来注写文字。

选"R"：指定文字的右下角点（即注写文字的结束点）为文字的定位点，然后指定字高和旋转角度来注写文字。

其他选项与上类同，都是指定一点为文字的定位点，然后指定文字的字高和旋转角度来注写文字。

说明：操作命令提示行中的"样式（S）"选项（选"S"），可以在命令行中输入一个已有的文字样式名称，将其设为当前文字样式。

1.11.3 注写复杂文字

注写复杂文字一般使用 MTEXT 命令。该命令以段落的方式注写文字，它具有控制所注写文字的格式及多行文字特性等功能，可以输入含有分式、上下标、角码，字体形状不同或字体大小不同的复杂文字组。

1. 输入命令

- 从面板的"文字"控制台（或"绘图"工具栏）单击："多行文字"按钮 **A**
- 从下拉菜单选取："绘图" ⇨ "文字" ⇨ "多行文字"
- 从键盘输入：**MTEXT** 或 **MT**

2. 命令的操作

命令：（输入命令）
当前文字样式"工程图中的汉字"　当前文字高度：3.00　注释性：否　（此行为信息行）
指定第一角点：（指定矩形段落文字框的第一角点）
指定对角点或 ［高度(H) / 对正(J) / 行距(L) / 旋转(R) / 样式(S) / 宽度(W) / 栏(C)］：（指定对角点或者选项）

在指定了第一角点后拖动光标，屏幕上会出现一个动态的矩形框，AutoCAD 将在矩形框中显示一个箭头符号，用来指定文字的扩展方向，拖动光标至适当位置给对角点（也可选其他选项操作），AutoCAD 将弹出"多行文字编辑器"对话框，如图 1.28 所示。

"多行文字编辑器"对话框分为"文字格式"和"文字显示"上下两部分，"文字格式"部分有上下两行，"文字显示"部分在默认状态下在上部显示标尺。

（1）"文字格式"部分上行

"文字格式"部分的各操作项用来控制文字字符的格式，其操作项从左到右依次说明如下。

"文字样式"下拉列表框：可以从中选择一种文字样式作为当前样式。

"字体"下拉列表框：可以从中选择一种文字字体作为当前文字的字体（当前文字是指选

中的文字或选项后要输入的文字）。

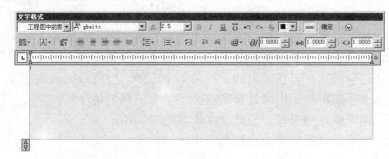

图 1.28 "多行文字编辑器"对话框

"字高"文字编辑框：也是一个下拉列表框，可以在此输入或选择一个高度值作为当前文字的高度。

"粗体"按钮：按下按钮，使当前文字变成粗体字。

"斜体"按钮：按下按钮，使当前文字变成斜体字。

"下划线"按钮：按下按钮，为当前文字加上一条下划线。

"上划线"按钮：单击它，使当前文字加上一条上划线。

"放弃"按钮：单击它，撤销在对话框中的最后一次操作。

"重做"按钮：单击它，恢复被撤销的一次操作。

"分式"按钮：按下按钮，使所选择的包含"/"符号的文字以该符号为界，变成分式形式；使所选择的包含"^"符号的文字以该符号为界，变成上下两部分，其间没有横线。

"颜色"下拉列表框：用来设置当前文字的颜色。

"标尺"开关：单击它，可关闭文字显示部分上部的标尺。

"选项"按钮：单击它，可从弹出的下拉菜单中选择所需的选项进行操作。

（2）"文字格式"部分下行

"文字格式"部分下行中的各操作项主要用来控制段落文字特性，各操作项的含义从左到右依次说明如下。

"列"按钮：单击它，弹出下拉菜单，可从中选项设置文字分栏的方式。

"多行文字对正"按钮：单击它，弹出下拉菜单，可从中选项设置段落文字的位置。

"段落"按钮：单击它，弹出"段落"对话框，可设置文字段落的格式。

"左对齐"按钮：单击它，使当前文字行以左对齐方式排列（当前文字行就是光标所在的行或被选择的文字行）。

"居中"按钮：单击它，使当前文字行在文字显示框内左右居中排列。

"右对齐"按钮：单击它，使当前文字行在文字显示框内右对齐排列。

"对正"按钮：单击它，使当前文字行的位置还原为初始排列状态。

"分布"按钮：单击它，使当前文字行中的文字按文字显示框的宽度拉开分布。

"行距"按钮：单击它，弹出下拉菜单，可从中选项设置当前文字行的行距。

"编号"按钮：单击它，弹出下拉菜单，可从中选项在当前文字行前加注编号。

"插入字段"按钮：单击它，可在弹出的"字段"对话框中选择已有的字段插入到当前文字段落中（字段用于记录某些信息，如日期和时间、图纸编号、标题等）。字段更新时，图形中将自动显示最新的数据。

"全部大写"按钮：单击它，使当前文字中的小写英文字母都改为大写英文字母。

"小写"按钮：单击它，使当前文字中的大写英文字母都改为小写英文字母。

"符号"按钮：单击它，可在弹出的下拉菜单中选择一种符号插入到当前文字中。

"倾斜角度"文字编辑框：用来设置当前文字字头的倾斜角度。

"追踪"文字编辑框：用来设置当前文字段落的字间距。

"宽度比例"文字编辑框：用来设置当前文字的宽度。

（3）文字显示区

将光标移到文字显示区上方的标尺位置，单击右键弹出右键菜单，可进行"段落"、"设置多行文字宽度"和"设置多行文字高度"的操作。

将光标移到文字显示框内，单击右键弹出右键菜单，可进行"插入字段"、插入"符号"、"段落对齐"、"分栏"、文字"查找和替换"、文字"背景遮罩"等操作。

若要修改"多行文字编辑器"中显示的段落文字，应先选中文字，然后再对所选的文字进行编辑。

多行文字的注写效果如图 1.29 所示。

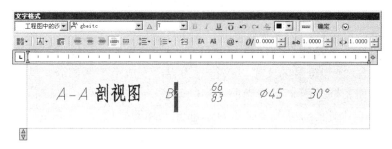

图 1.29　多行文字的注写效果

1.11.4　修改文字内容

用 DDEDIT 命令可修改已注写文字的内容。

1．输入命令

- 双击要修改的文字
- 从右键菜单选取：选择要修改的文字，单击右键，在弹出的右键菜单中选择"编辑"或"编辑多行文字"项
- 从下拉菜单选取："修改" ⇨ "对象" ⇨ "文字" ⇨ "编辑"
- 从键盘输入：<u>DDEDIT</u>

2．命令的操作

```
命令：（输入命令）
选择注释对象或 [放弃(U)]：（选择要修改的文字）
```

如果选择了用MTEXT命令注写的文字，AutoCAD将弹出"多行文字编辑器"对话框，所选择的文字会显示在该对话框中，修改完成后单击"确定"按钮；如果选择了用DTEXT命令注写的文字，AutoCAD将激活该行文字，使要修改的文字显示在激活的文字编辑框中，修改完成后按〈Enter〉键，可连续选择文字进行修改，要结束命令应再按一次〈Enter〉键。

选择"U"选项，将撤销最后一次的操作。

说明："文字"控制台上的"查找"按钮与 Word 中的"查找"、"替换"按钮的作用相同，"拼写检查"按钮可快速修改图形中英文单词（或选中语系中的单词）的拼写错误。

1.12 删除命令

在手工绘图中使用橡皮是不可避免的，用计算机绘图也会出现多余的线条或错误的操作，下面几个命令具有擦除或撤销错误操作的功能。

1.12.1 擦除实体

ERASE 命令与橡皮的功能一样，从已有的图形中删除（擦除）指定的实体，但只能删除完整的实体。

1. 输入命令

- 从面板的"二维绘图"控制台（或"修改"工具栏）单击："删除"按钮
- 从下拉菜单选取："修改" ⇨ "删除"
- 从键盘输入：**ERASE** 或 **E**

2. 命令的操作

命令：（输入命令）
选择对象：（选择需擦除的实体）
选择对象：（继续选择需擦除的实体或按〈Enter〉键结束）
命令：

说明：

当提示行出现"选择对象："时，AutoCAD 处于让使用者选择目标的状态，此时，屏幕上的十字光标就变成了一个活动的小方框"□"，这个小方框叫"目标拾取框"。

选择实体的 3 种默认方式如下。

（1）直接点选方式

使用此方式一次只选一个实体。在出现"选择对象："提示时，直接移动鼠标，让目标拾取框移到所选择的实体上并单击，该实体变成虚像显示，表示被选中。

（2）W 窗口方式

该方式选中完全在窗口内的实体。在出现"选择对象："提示时，先给出窗口左边角点，再给出窗口右边角点，完全处于窗口内的实体变成虚像显示，表示被选中。

（3）C 交叉窗口方式

该方式选中完全和部分在窗口内的所有实体。在出现"选择对象:"提示时,先给出窗口右边角点,再给出窗口左边角点,完全和部分处于窗口中的所有实体都变成虚像显示,表示被选中。

说明:各种选取目标方式可在同一命令中交叉使用。

1.12.2 撤销上次操作

U 命令用来撤销上一条命令,把上一条命令中所画的线条或所做的修改全部删除。

1. 输入命令

- 从"标准注释"工具栏(或"标准"工具栏)单击:"放弃"按钮
- 从下拉菜单选取:"编辑"⇨"放弃"
- 从键盘输入:U
- 用快捷键:按下〈Ctrl+Z〉组合键

2. 命令的操作

命令:U↙ (立即撤销上一个命令的操作)

如果连续单击该命令图标,将依次向前撤销命令,直至初始状态。
如果多撤销了,可单击该工具栏上"重做"命令图标依次返回。

1.13 退出 AutoCAD

退出 AutoCAD 时,不要直接关机,应按下列方法之一进行:
- 单击工作界面标题栏右边的"关闭"按钮
- 从下拉菜单中选取:"文件"⇨"退出"
- 从键盘输入:EXIT 或 QUIT

如果当前图形没有全部存盘,输入退出命令后,AutoCAD 将会弹出警告对话框,操作该对话框后方可安全退出 AutoCAD 2008。

上机练习与指导

1. 基本操作训练

(1)启动 AutoCAD 2008,熟悉 AutoCAD 2008 "二维草图与注释"工作界面的各项内容。用右键菜单方式打开"查询"、"对象捕捉"工具栏,先移动它们至面板下方的空档处或绘图区外的其他地方,然后再移动至绘图区中并关闭它们。

(2)用"选项"对话框修改常用的 4 项默认系统配置。
① 选择"显示"选项卡,设置绘图区背景颜色为白色。
② 选择"用户系统配置"选项卡,设置线宽为随层、滑块至距左端一格处,显示实际

线宽。

③ 选择"用户系统配置"选项卡,设置右键单击"默认模式"为"重复上一个命令",即在待命状态下单击右键输入上一次命令。

(3) 练习基本绘图和删除命令。

① 用 LINE 命令 画几组直线。通过练习,要熟悉"C"选项和"U"选项的应用。

② 用 STYLE 命令 创建文字样式。按例 1-1 和例 1-2,创建"工程图中的汉字"和"工程图中的数字和字母"两种文字样式。

③ 用 DTEXT 命令 和 MTEXT 命令 练习注写文字。通过练习,要熟悉命令中常用选项和操作项的使用方法,练习修改文字的内容。

④ 用 ERASE 命令 擦除实体。通过练习该命令,熟练掌握 3 种选择实体的默认方式。

⑤ 用 U 命令 撤销前 3 个命令,用 REDO 命令 返回 2 个命令。

2. 工程绘图训练

作业:

根据所注尺寸 1:1 绘制图 1.30 所示的图形和文字,不标注尺寸(由于粗实线设置还没讲,所以,图中的粗实线用默认的细实线代替)。

作业指导:

① 用 NEW 命令 新建一张图(默认图幅为 A3)。

② 用 QSAVE 命令 指定路径,以"一面视图与文字练习"为名保存。

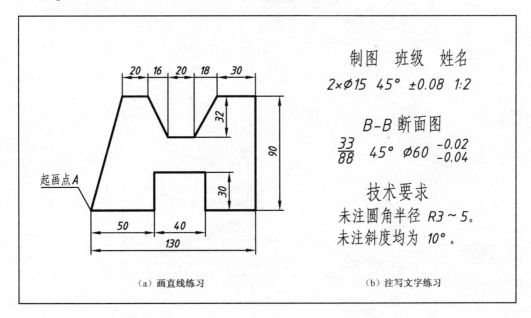

图 1.30 上机练习——一面视图与文字练习

③ 用 LINE 命令绘制图形。

绘图时,给点的方式如下:

- 用移动鼠标给点方式指定起画点"A";
- 用输入直接距离方式画各水平、竖直线;
- 用输入点的相对直角坐标方式画斜线。
- 用命令中的"C"选项封闭画出最后斜线段。

④ 注写图中的文字。字体大小模仿图1.30自定。

文字练习的要求如下。

- 用 STYLE 命令创建工程图中的 2 种文字样式。
- 设置"工程图中的汉字"文字样式为当前,用 DTEXT 命令注写第 1 行文字;再设置"工程图中的数字和字母"文字样式为当前,用 DTEXT 命令注写第 2 行文字。
- 用 MTEXT 命令注写 3~4 行文字,再应用该命令注写 5~7 行文字。在多行文字编辑器中只能应用一种文字样式,要改变字体,应在"字体"下拉列表中选项操作。

⑤ 用 SAVEAS 命令将图形改名为"一面视图与文字练习备份",保存到硬盘其他位置或移动盘中(此时"一面视图与文字练习"图形自动关闭)。

⑥ 单击绘图界面右上角的关闭按钮❎,关闭当前图形"一面视图与文字练习备份"。

⑦ 用 OPEN 命令打开图形文件"一面视图与文字练习"和"一面视图与文字练习备份"。

⑧ 用〈Ctrl+Tab〉组合键切换打开的两个图形文件;使用"窗口"下拉菜单,使这两张图分别以"层叠"、"垂直平铺"、"水平平铺"方式显示。

⑨ 练习结束时,关闭所有图形文件,正确退出 AutoCAD。

第 2 章

绘图环境的初步设置

📖 本章导读

要绘制标准的工程图，必须学会设置符合本专业制图标准的绘图环境，绘图环境包括的内容很多，这将在后续章节逐步介绍。本章学习绘制工程图环境的 9 项初步设置内容。

应掌握的知识要点：
- 在"选项"对话框中按需要修改系统配置。
- 确定绘图单位。
- 选图幅。
- 设置栅格、栅格捕捉等辅助绘图工具模式。
- 按指定方式显示图形。
- 按技术制图标准选择线型和设定线型比例。
- 按绘图需要创建图层。
- 按技术制图标准创建两种文字样式。
- 按技术制图标准绘制图框和标题栏。

以上为绘制工程图环境的 9 项初步设置内容。

2.1 修改系统配置

在"选项"对话框中修改 4 项默认的系统配置：
① 选择"显示"选项卡，修改绘图区背景颜色为白色。
② 选择"打开和保存"选项卡，设置文件保存的类型为"AutoCAD 2004/LT2004 图形（*.dwg）"或其他所希望的文件类型。
③ 选择"用户系统配置"选项卡，设置线宽为随层、按实际大小显示。
④ 选择"用户系统配置"选项卡，设置右键单击"默认模式"为"重复上一个命令"。
说明：是否修改其他选项的默认配置，根据具体情况自定。

2.2 确定绘图单位

用 UNITS 命令可确定绘图时的长度单位、角度单位及其精度和角度方向。

1. 输入命令

- 从下拉菜单选取："格式" ⇨ "单位"
- 从键盘输入：<u>UNITS</u>

2. 命令的操作

输入命令后，AutoCAD 2008 将显示"图形单位"对话框，如图 2.1 所示。
设置长度单位为"小数"（即十进制数），其精度为 0.00。
设置角度单位为"十进制度数"，其精度为 0。
单击"方向"按钮，弹出"方向控制"对话框，如图 2.2 所示。一般使用图中所示的默认状态，即"东"方向为 0°。

图 2.1 "图形单位"对话框

图 2.2 "方向控制"对话框

2.3 选图幅

用 LIMITS 命令可确定绘图范围，相当于选图幅。

1. 输入命令

- 从下拉菜单选取："格式" ⇨ "图形范围"
- 从键盘输入：LIMITS

2. 命令的操作

以选 A2 图幅为例，操作过程如下。

命令：（输入命令）
指定左下角点或 [打开(ON) / 关闭(OFF)] 〈0.00,0.00〉：↙（接受默认值，确定图幅左下角图界坐标）
指定右上角点 〈420.00,297.00〉：594,420↙（输入图幅右上角图界坐标）
命令：

说明：在"指定左下角点或 [打开（ON）/ 关闭（OFF）] 〈0.00,0.00〉："提示行后输入"OFF"，将关闭图界开关；若输入"ON"，则打开图界开关（默认状态为打开）。

提示：在命令的操作中，要用英文输入法输入坐标值。

2.4 设置辅助绘图工具模式

辅助绘图工具模式指的就是命令区下边状态栏中的 10 个开关，如图 2.3 所示。绘图时，应首先按需要设置这些模式。本节介绍"捕捉"、"栅格"、"正交"、"线宽"和"模型"，其他模式开关在后边有关章节中介绍。

| 捕捉 | 栅格 | 正交 | 极轴 | 对象捕捉 | 对象追踪 | DUCS | DYN | 线宽 | 模型 |

图 2.3　状态栏上的 10 个绘图工具模式开关

2.4.1 栅格与捕捉

1. 功能

栅格相当于坐标纸。在世界坐标系中，栅格布满图形界线之内的范围，即显示图幅的大小，如图 2.4 所示。在画图框之前，应打开栅格，这样可明确图纸在计算机中的位置。栅格只是绘图辅助工具，而不是图形的一部分，所以不会被打印出来。用"草图设置"（DSETTINGS）命令可修改栅格间距，并能控制是否在屏幕上显示栅格。单击状态栏中的"栅格"模式开关可方便地打开和关闭栅格（下凹为打开）。

捕捉（指的是栅格捕捉）与栅格显示是配合使用的，捕捉打开时，光标移动受捕捉间距的限制，它使鼠标所给的点都落在捕捉间距所定的点上。用"草图设置"命令可以设置捕捉的间距，还可以将栅格旋转任意角度，并能将栅格设为等轴测模式，方便进行正等轴测图的绘制。单击状态栏中的"捕捉"模式开关可方便地打开和关闭捕捉。当捕捉打开时，从键盘输入点的坐标来确定点的位置将不受捕捉的影响。

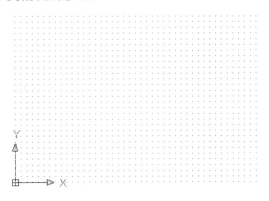

图 2.4　栅格显示

2．输入命令

- 从右键菜单中选取：将鼠标指向状态栏中的"捕捉"或"栅格"模式开关，单击右键，从弹出的右键菜单中选取"设置"
- 从下拉菜单选取："工具" ⇨ "草图设置"
- 从键盘输入：**DSETTINGS**

输入命令后，AutoCAD 将弹出显示"捕捉和栅格"选项卡的"草图设置"对话框，如图 2.5 所示。

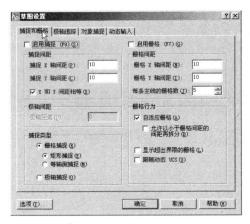

图 2.5　显示"捕捉和栅格"选项卡的"草图设置"对话框

3．命令的操作

① 在"栅格间距"区中的文字编辑框中输入栅格间距；单击"启用栅格"开关，方框内出现"√"即为打开栅格（也可在状态栏上打开）。

② 在"捕捉间距"区中的文字编辑框中输入捕捉间距；单击"启用捕捉"开关，方框内出现"√"即为打开捕捉（也可在状态栏上打开）。

③ 其他使用默认设置。如果画轴测图，可在 "捕捉类型"区中选择"栅格捕捉" ⇨ "等

轴测捕捉"或"极轴捕捉"选项。

④ 单击"确定"按钮结束命令。

2.4.2 正交

1. 功能

"正交"模式不需要设置,它就是一个开关。打开"正交"模式开关可迫使所画的线平行于 X 轴或 Y 轴,即画正交的线。当"正交"模式开关打开时,从键盘输入点的坐标来确定点的位置将不受正交影响。

2. 操作

常用的方法是:单击状态栏中的"正交"模式开关,进行开和关的切换。

2.4.3 线宽

1. 功能

线宽就是图线的粗细。"线宽"模式开关用来控制所绘图形的线宽在屏幕上的显示方式(与实际线宽无关)。关闭"线宽"模式开关,所绘图形的线宽均按细线显示;打开线宽模式开关,所绘图形的线宽将按系统配置中设置的显示线宽的方式显示。显示线宽的方式也可在此设置。

2. 操作

常用的方法是:单击状态栏中"线宽"模式开关,进行开和关的切换。

如果需要重新设置显示线宽的方式,方法是:将鼠标指向状态栏中的"线宽"模式开关,单击右键,从右键菜单中选取"设置"选项,然后操作弹出的"线宽设置"对话框即可重新设置线宽。

2.4.4 模型

1. 功能

"模型"模式开关用来控制绘图工作是在模型空间中还是在图纸空间中进行。默认状态是打开"模型"模式开关 模型 。模型空间是一个三维环境,能按照物体的实际尺寸绘制和编辑二维或三维图形,并全方位地显示所绘对象。绘图工作一般都在模型空间中进行。

2. 操作

绘图时应使用默认状态 模型 ,如果无意中单击了它变成 图纸 模式,应单击绘图区左下角 模型 / 布局1 / 布局2 / 中的"模型",返回模型空间。

2.5 按指定方式显示图形

ZOOM 命令如同一个缩放镜,它可以按所指定的范围显示图形,而不改变图形的真实大小。ZOOM 命令是一个透明的命令（透明的命令就是可以插入到另一条命令执行期间执行的命令）。

1. 输入命令

- 从下拉菜单选取："视图" ⇨ "缩放"
- 从键盘输入：ZOOM 或 Z

2. 命令的操作

命令：（输入命令）
指定窗口角点，输入比例因子(nx or nxp)，或
[全部(A)/中心(C)/动态(D)/范围(E)/上一个(P)/比例(S)/窗口(W)/对象(O)]〈实时〉:（选项）

各选项含义如下。

选 "A"：当图幅外无实体时，将充满绘图区显示绘图界线内的整张图；若图幅外有实体，则包括图幅外的实体全部显示（称全屏显示）。

选 "C"：按给定的显示中心点及屏高显示图形。

选 "D"：可动态地确定缩放图形的大小和位置。

选 "E"：充满绘图区显示当前所绘图形（与图形界线无关）。

选 "P"：返回显示的前一屏。

选 "S"（默认项）：给出缩放系数，按比例缩放显示图形（称比例显示缩放）。例如，给值 0.9，表示按 0.9 大小对图形界线进行缩放；给值 0.9X，表示按 0.9 大小对当前屏幕进行缩放。

选 "W"（默认项）：直接指定窗口的大小。AutoCAD 把指定窗口内的图形部分充满绘图区显示（称窗选）。

选 "O"：选择一个或多个实体，AutoCAD 将把所选择的实体充满绘图区显示。

选 "〈实时〉"（即直接按〈Enter〉键）：用鼠标移动放大镜符号，可在 0.5～2 倍之间确定缩放的大小来显示图形（称实时缩放）。

常用选项的操作方法如下。

（1）全屏显示

输入 Z↙，然后选 A↙

提示：进行工程绘图时，绘制图框后，可操作"二维导航"控制台"范围"按钮实现全屏显示，其最快捷的操作方式是双击滚轮。

（2）比例显示缩放

输入 Z↙，然后输入数值，如：0.8↙

（3）窗选

在面板"二维导航"控制台（或"标准"工具栏）中单击"窗口"按钮，给出窗口矩形的两个对角点。

（4）实时缩放

在面板"二维导航"控制台（或"标准"工具栏中）中单击"实时缩放"按钮，按住

鼠标左键向上或向下垂直移动放大镜符号（向上为放大显示，向下为缩小显示）。

3．关于 PAN 命令

在绘图中不仅经常要用 ZOOM 命令来变换图形的显示方式，有时还需要移动整张图纸来观察图形。要移动图纸，可使用 PAN（实时平移）命令。PAN 命令的输入可通过在面板"二维导航"控制台（或"标准"工具栏）中单击"实时平移"按钮 实现。输入命令后，AutoCAD 进入实时平移状态，屏幕上光标变成一只小手形状。按住鼠标左键移动光标，图纸将随之移动。确定位置后按〈Esc〉键结束命令。

提示：移动图纸的最快捷方式是按下鼠标滚轮移动鼠标，转动滚轮可实现实时缩放。

2.6 设置线型

1．按技术制图标准选择线型

AutoCAD 2008 提供了标准线型库，该库的文件名为"acadiso.lin"，标准线型库提供了 59 种线型，如图 2.6 所示。

只有适当地选择它们，在同一线型比例下，才能绘制出符合制图标准的图线。按现行《技术制图标准》绘制工程图时，常选择的线型如下：

- 实线——CONTINUOUS
- 虚线——ACAD_ISO02W100
- 点画线——ACAD_ISO04W100
- 双点画线——ACAD_ISO05W100

2．装入线型

AutoCAD 在"线型管理器"对话框的中部列表框中仅列出已装入当前图形中的线型。初次使用时，若线型不够，应根据需要在当前图形中装入新的线型。具体操作方法如下。

① 从下拉菜单选取："格式" ⇨ "线型"，输入命令后，弹出"线型管理器"对话框，如图 2.7 所示。

② 单击"线型管理器"对话框上部"加载"按钮，将弹出"加载或重载线型"对话框，如图 2.8 所示。

③ "加载或重载线型"对话框中列出了默认的线型文件"acadiso.lin"线型库中所有的线型，选择所要装入的线型并单击"确定"按钮，就可以将线型装入到当前图形的"线型管理器"对话框中。

3．按技术制图标准设定线型比例

在绘制工程图中，要使线型符合技术制图标准，除了各种线型搭配要合适外，还必须合理设定线型的"全局比例因子"和"当前对象缩放比例"。线型比例用来控制所绘工程图中虚线和点画线的间隔与线段的长短。线型比例值若给得不合理，就会造成线虚、点画线长短不一、间隔过大或过小等问题，常常还会出现虚线和点画线画出来是实线的情况。

```
ACAD_ISO02W100        ISO dash        __  __  __  __  __  __  __
ACAD_ISO03W100        ISO dash space  __    __    __    __    __
ACAD_ISO04W100        ISO long-dash dot   ____ . ____ . ____ . ____
ACAD_ISO05W100        ISO long-dash double-dot  ____ .. ____ .. ____
ACAD_ISO06W100        ISO long-dash triple-dot  ____ ... ____ ... ____
ACAD_ISO07W100        ISO dot         . . . . . . . . . . . . . .
ACAD_ISO08W100        ISO long-dash short-dash  ____ __ ____ __ ____
ACAD_ISO09W100        ISO long-dash double-short-dash  ____ __ __ ____
ACAD_ISO10W100        ISO dash dot    __ . __ . __ . __ . __ . __
ACAD_ISO11W100        ISO double-dash dot  __ __ . __ __ . __ __ . __
ACAD_ISO12W100        ISO dash double-dot  __ . . __ . . __ . . __
ACAD_ISO13W100        ISO double-dash double-dot  __ __ . . __ __ . .
ACAD_ISO14W100        ISO dash triple-dot  __ . . . __ . . . __
ACAD_ISO15W100        ISO double-dash triple-dot  __ __ . . . __ __

BATTING               Batting SSSSSSSSSSSSSSSSSSSSSSSSSSSSSSSSSS
BORDER                Border __ __ . __ __ . __ __ . __ __ . __ __ .
BORDER2               Border (.5x) _ _ . _ _ . _ _ . _ _ . _ _ .
BORDERX2              Border (2x) ____  ____  .  ____  ____  .
CENTER                Center ____ _ ____ _ ____ _ ____ _ ____
CENTER2               Center (.5x) __ _ __ _ __ _ __ _ __ _ __
CENTERX2              Center (2x) _____  __  _____  __
DASHDOT               Dash dot __ . __ . __ . __ . __ . __ . __
DASHDOT2              Dash dot (.5x) _._._._._._._._._._._._.
DASHDOTX2             Dash dot (2x) ____  .  ____  .  ____  .  ____
DASHED                Dashed __ __ __ __ __ __ __ __ __ __
DASHED2               Dashed (.5x) _ _ _ _ _ _ _ _ _ _ _ _ _ _
DASHEDX2              Dashed (2x) ____  ____  ____  ____  ____
DIVIDE                Divide ____ . . ____ . . ____ . . ____
DIVIDE2               Divide (.5x) _ . . _ . . _ . . _ . . _ . .
DIVIDEX2              Divide (2x) _____ . . _____ . . _____
DOT                   Dot . . . . . . . . . . . . . . . . . . . .
DOT2                  Dot (.5x) ................................
DOTX2                 Dot (2x) .   .   .   .   .   .   .   .   .
FENCELINE1            Fenceline circle ----O-----O----O-----O----O---
FENCELINE2            Fenceline square ----[]-----[]----[]-----[]----
GAS_LINE              Gas line ----GAS----GAS----GAS----GAS----GAS---
HIDDEN                Hidden __ __ __ __ __ __ __ __ __ __ __
HIDDEN2               Hidden (.5x) _ _ _ _ _ _ _ _ _ _ _ _ _ _
HIDDENX2              Hidden (2x) ____  ____  ____  ____  ____
HOT_WATER_SUPPLY      Hot water supply ---- HW ---- HW ---- HW ----
JIS_02_0.7            HIDDEN0.75 _ _ _ _ _ _ _ _ _ _ _ _ _ _ _
JIS_02_1.0            HIDDEN01 _  _  _  _  _  _  _  _  _  _  _
JIS_02_1.2            HIDDEN01.25 _ _ _ _ _ _ _ _ _ _ _ _ _
JIS_02_2.0            HIDDEN02 __  __  __  __  __  __  __  __
JIS_02_4.0            HIDDEN04 ____  ____  ____  ____  ____
JIS_08_11             1SASEN11 _ _ _ _ _ _ _ _ _ _ _ _ _ _
JIS_08_15             1SASEN15 __ __ __ __ __ __ __ __ __
JIS_08_25             1SASEN25 ___  ___  ___  ___  ___  ___
JIS_08_37             1SASEN37 ____  ____  ____  ____  ____
JIS_08_50             1SASEN50 _____   _____   _____   _____
JIS_09_08             2SASEN8 _  _  _  _  _  _  _  _  _  _  _
JIS_09_15             2SASEN15 __ 弓 __ __ 弓 __ __ 弓 __
JIS_09_29             2SASEN29 ____ 弓 ____ 弓 ____ 弓 ____
JIS_09_50             2SASEN50 _____ 弓 _____ 弓 _____
PHANTOM               Phantom ____ __ __ ____ __ __ ____ __ __
PHANTOM2              Phantom (.5x) __ _ _ __ _ _ __ _ _ __ _ _
PHANTOMX2             Phantom (2x) _____  ____  ____  _____
TRACKS                Tracks -|-|-|-|-|-|-|-|-|-|-|-|-|-|-|-|-|
ZIGZAG                Zig zag /\/\/\/\/\/\/\/\/\/\/\/\/\/\/\/
```

图 2.6 acadiso.lin 线型库文件

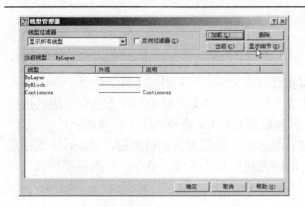
图 2.7 "线型管理器"对话框

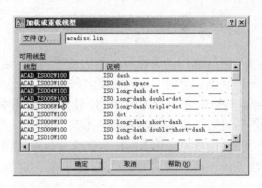
图 2.8 "加载或重载线型"对话框

在"线型管理器"对话框中，单击"显示细节"按钮，在对话框下部将显示设置线型比例的文字编辑框，如图 2.9 所示。修改"全局比例因子"为 0.38，"当前对象缩放比例"使用默认值 1.0000。

装入线型并设定线型比例后，单击"确定"按钮完成线型的设置。

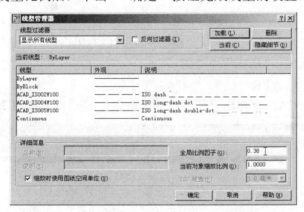
图 2.9 按技术制图标准设定线型比例

提示：绘制工程图选用上边所推荐的一组线型时，线型的"全局比例因子"值应在 0.35～0.4 之间（按图幅的大小取值，图幅越大，取值越大）。

说明：

① 修改线型的"全局比例因子"，可改变该图形文件中已画出和将要绘制的所有虚线和点画线的间隔与线段长短。

② 修改线型的"当前对象缩放比例"，只改变将要绘制的虚线和点画线的间隔与线段长短，所以绘制工程图时，一般使用它的默认值。如果需要修改已绘制的某条或某些选定的虚线和点画线的间隔与线段长短，就要用"特性"选项板来改变它们的当前实体线型比例值（详见 4.12 节）。

③ "线型管理器"对话框上部的"线型过滤器"下拉列表的作用是设置线型列表框中显示的线型范围。该下拉列表包括 3 个选项："显示所有线型"、"显示所有使用的线型"和"显示所有依赖外部参考的线型"。配合这 3 个选项，AutoCAD 还提供了一个"反向过滤器"开关。

2.7 创建和管理图层

图层就相当于没有厚度的透明纸片，可将实体画在上面。一个图层上只能赋予一种线型和一种颜色。绘制工程图需要多种线型，应创建多个图层，这些图层就像几张重叠在一起的透明纸，构成一张完整的图样。用计算机绘图时，只需启用 LAYER 命令，给出需要新建的图层名，然后设置图层的线型和颜色即可。画哪一种线，就把哪一图层设为当前图层。例如，虚线图层为当前图层时，用 LINE 命令或其他绘图命令所画的线型均为虚线。另外，各图层都可以设定线宽，还可根据需要进行开/关、冻结/解冻或锁定/解锁定操作。

2.7.1 用 LAYER 命令创建与管理图层

用 LAYER 命令可以根据绘制工程图的需要创建新图层，并能赋予图层所需的线型和颜色。该命令还可以用来管理图层，即改变已有图层的线型、颜色、线宽和开关状态，控制显示图层，删除图层及设置当前图层等。

1. 输入命令

- 从面板的"图层"控制台（或"图层"工具栏）单击："图层"按钮
- 从下拉菜单选取："格式" ⇨ "图层"
- 从键盘输入：<u>**LAYER**</u>

输入命令后，AutoCAD 将弹出"图层特性管理器"对话框，如图 2.10 所示。

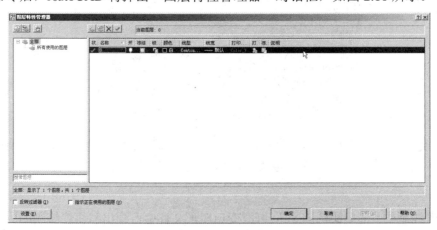

图 2.10 "图层特性管理器"对话框

"图层特性管理器"对话框右侧的显示框中列出了图层名称和特性。在默认情况下，AutoCAD 提供一个图层，该图层名称为"0"，颜色为白色，线型为实线，线宽为默认值，并且自动打开。"图层特性管理器"对话框左侧的显示框中显示在右侧框中列出的图层范围。

下边逐项介绍 LAYER 命令的操作方法。

2. 创建新图层

单击图 2.10 对话框中的"新建图层"按钮，AutoCAD 会创建一个名称为"图层 1"的图层。连续单击"新建图层"按钮，AutoCAD 会依次创建名称为"图层 2"、"图层 3"……的图层，而且所创建新图层的颜色、线型均与图层 0 相同。如果在此以前已经选择了某个图层，那么，AutoCAD 将根据所选图层的特性来生成新图层。

绘制工程图时，建议不要用默认的图层名，因为那会导致以后查询图层不方便。新建图层的名称一般用汉字根据功能来命名，如"粗实线"、"细实线"、"点画线"、"虚线"、"尺寸"、"剖面线"、"文字"等，也可以根据专业图的需要按控制的内容来命名。有计划地规范命名，将给修改图、输出图带来很大方便。

给新建图层重新命名的方法是：先选中该图层名，然后单击该图层名，出现文字编辑框，输入新的图层名。注意，输入的名字中不能含有通配符"*"、"!"和空格，也不能重名。

3. 改变图层线型

在默认情况下，新创建图层的线型均为实线，所以应根据需要改变线型。

如果要改变某图层的线型，可单击"图层特性管理器"对话框中该图层的线型名称，AutoCAD 将弹出"选择线型"对话框，如图 2.11 所示。在"选择线型"对话框的列表框中单击所需的线型名称，然后单击"确定"按钮返回"图层特性管理器"对话框。

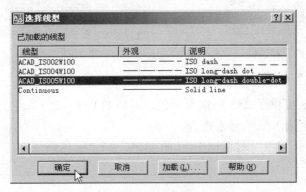

图 2.11 "选择线型"对话框

说明：可通过"选择线型"对话框中的"加载"按钮来装入新的线型。

4. 改变图层线宽

在默认情况下，新创建图层的线宽均为默认值（0.25mm），绘制工程图应根据制图标准为不同的线型赋予相应的线宽。

如果要改变某图层的线宽，可单击"图层特性管理器"对话框中该图层的线宽值，AutoCAD 将弹出"线宽"对话框，如图 2.12 所示。在"线宽"对话框的列表框中单击所需的线宽，然后单击"确定"按钮返回"图层特性管理器"对话框。

5. 改变图层颜色

在默认情况下，新创建图层的颜色为白色（绘图区的底色为白色时，新创建图层的颜色默认为黑色），为了方便绘图，应根据需要改变某些图层的颜色。

要改变某图层的颜色，可单击"图层特性管理器"对话框中该图层的颜色图标，AutoCAD 将弹出显示"索引颜色"选项卡的"选择颜色"对话框，如图 2.13 所示。单击其中所需颜色对应的图标，所选择的颜色名或颜色号将显示在该对话框下部的"颜色"文字编辑框中，并在其右侧显示所选中的颜色。单击"确定"按钮返回"图层特性管理器"对话框。

图 2.12　"线宽"对话框

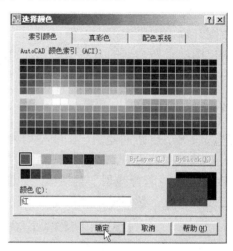

图 2.13　"选择颜色"对话框

说明：

① AutoCAD 2008 提供了 255 种索引颜色，并以数字 1～255 命名。选择颜色时，可单击颜色图标来选择，也可输入颜色号来选择。

② 也可操作"选择颜色"对话框中 "真彩色"和"配色系统"选项卡来定义颜色。

6. 控制图层开关

在默认状态下，新创建图层的开关状态均为"打开"、"解冻"及"解锁"。在绘图时，可根据需要改变图层的开关状态，与默认状态对应的开关状态分别为"关闭"、"冻结"及"加锁"。

各图层开关的功能与差别说明见表 2.1。

表 2.1　图层开关功能

项目与图标	功　　能	差　　别
关闭	隐藏指定图层的画面，使之看不见	关闭与冻结的图层上的实体均不可见，其区别仅在于执行速度的快慢，后者将比前者快。当不需要观察其他图层上的图形时，可利用冻结，以增加 ZOOM、PAN 等命令的执行速度。加锁图层上的实体是可以看见的，但无法编辑
冻结	冻结指定图层的全部图形，并使之消失不见。注意：在绘图仪上输出时，冻结图层上的实体是不会被绘出的。另外，当前图层是不能冻结的	
加锁	对图层加锁。在加锁的图层上，可以绘图但无法编辑	

续表

项目与图标	功　能	差　别
打开 💡	恢复已关闭的图层，使图层上的图形重新显示出来	打开是针对关闭而设的，解冻是针对冻结而设的，同理，解锁是针对加锁而设的
解冻 ○	对冻结的图层解冻，使图层上的图形重新显示出来	
解锁 🔓	对加锁的图层解除锁定，以使图形可编辑	

开关状态用图标形式显示在"图层特性管理器"对话框中图层的名称后。要改变其开关状态，只需单击该图标即可。

7．控制图层打印开关

在默认状态下，图层的打印开关均为打开状态，单击打印开关可使之变为关闭状态。如果把一个图层的打印开关关闭，则这个图层显示但不打印。如果一个图层只包括参考信息，可以指定这个图层不打印。

8．设置当前图层

在"图层特性管理器"对话框中选择某一图层名，然后单击对话框上部的"置为当前" ✓ 按钮，就可以将该图层设置为当前图层。当前图层的图层名会出现在"当前图层："的显示行上。

若将一个关闭的图层设置为当前图层，AutoCAD 会自动打开它。

9．显示图层

AutoCAD 中"图层特性管理器"对话框的默认状态是显示该图形文件中所创建的全部图层，如图 2.14 所示。

图 2.14　显示全部图层

"图层特性管理器"对话框左上角 3 个按钮的作用是过滤已命名的图层，操作它们，可指定所希望显示的图层范围和设置、保存、输出或输入指定的图层。

"图层特性管理器"对话框左下角两个开关的作用说明如下。

打开"反向过滤器",将产生与指定的过滤条件相反的过滤条件。

打开"指定正在使用的图层"开关,将使没有使用图层的状态图标显示为暗灰色(图层 0 除外)。

10.删除图层

要删除不使用的图层,可先从"图层特性管理器"对话框中选择一个或多个图层,然后单击对话框上部的 ✕ "删除图层"按钮,再单击"应用"按钮,AutoCAD 将从当前图形中删除所选的图层。

要选择多个不连续的图层,可在按住〈Ctrl〉键的同时,单击选取。

2.7.2 用"图层"控制台管理图层

为了使设置当前图层和控制图层开关的操作更为简便、快捷,AutoCAD 2008 在面板的最上方提供了一个"图层"控制台(AutoCAD 经典工作界面提供的是"图层"工具栏),如图 2.15 所示。

图 2.15　"图层"控制台

1.设置当前图层

用"图层"控制台设置当前图层有三种方法。

(1)从"图层列表"下拉列表中设置

如图 2.16 所示,在"图层列表"下拉列表中选择一个图层名,该图层将被设为当前图层。当前图层将显示在工具栏的窗口上。

(2)用"将对象的图层置为当前"按钮设置

单击"图层"控制台上的"将对象的图层置为当前"按钮 ,然后选择实体,AutoCAD 将所选实体的图层设为当前图层。

(3)用"上一个图层"按钮设置

单击"图层"控制台上的"上一个图层"按钮 ,AutoCAD 将上一次使用的图层设为当前图层。

2.控制图层开关

如图 2.17 所示,在"图层"控制台的"图层列表"下拉列表中,单击表示图层开关状态的图标,可改变该图层的开关状态。

提示:绘图时使用"图层"控制台设置当前图层和改变图层的开关状态非常快捷。

2.8　创建文字样式

用 STYLE 命令按技术制图标准创建"工程图中的汉字"和"工程图中的数字和字母"两种文字样式(详见 1.11 节)。

   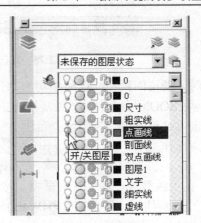

图 2.16　用"图层列表"下拉列表设置当前图层　　　图 2.17　改变图层开关状态

2.9　绘制图框和标题栏

用 LINE 命令根据制图标准画出图框和标题栏，用 DTEXT 命令注写标题栏中的文字。（具体见"上机练习与指导"中的作业 1。）

上机练习与指导

1．基本操作训练

（1）练习用 LIMITS 命令选择和改变图幅。
（2）熟悉"线型管理器"对话框中各项的含义。
（3）练习 ZOOM 命令中各常用项的操作。
（4）练习 LAYER 命令的各项操作。

2．工程绘图训练

作业 1：
新建一张 A2 图，进行绘图环境的 9 项初步设置。

作业 1 指导：
① 用 NEW 命令 新建一张图（默认图幅为 A3）。
② 用 QSAVE 命令 指定路径，以"环境设置练习"为图名保存。
③ 在"选项"对话框中修改 2.1 节所述的 4 项默认的系统配置。
④ 在"图形单位"对话框中确定绘图单位。
要求长度、角度均为十进制数，长度小数点后保留 2 位，角度小数点后为 0 位。
⑤ 用 LIMITS 命令选 A2 图幅。A2 图幅 X 方向长 594mm，Y 方向长 420mm。
⑥ 将状态栏上 2.4 节讲过的 5 种辅助绘图工具模式打开，没有讲过的 5 种辅助绘图工具模式关闭，如图 2.18 所示。

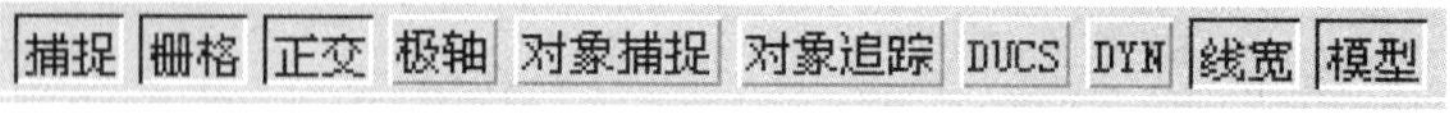

捕捉
栅格
正交
极轴
对象捕捉
对象追踪
DUCS
DYN
线宽
模型

图 2.18 状态栏辅助绘图工具模式的设置

此时，栅格间距和捕捉间距均为默认值 10mm。

⑦ 用 ZOOM 命令使 A2 图幅按指定方式显示。

单击“二维导航”控制台“范围”按钮实现全屏显示。

键盘操作：

命令: ↙（启用上次命令 ZOOM），输入 0.8↙（为便于画图幅线，缩小为原大的 80%显示）

⑧ 在“线型管理器”对话框中，按技术制图标准装入线型，并设定线型比例。

装入点画线（ACAD_ISO04W100）、虚线（ACAD_ISO02W100）、双点画线（ACAD ISO05W100），设置全局比例因子为 0.38。

⑨ 创建“工程图中的汉字”和“工程图中的数字和字母”两种文字样式。

⑩ 创建图层，设置颜色、线型、线宽如下：

粗实线	红色	实线（CONTINUOUS）	0.5 mm
虚线	蓝色	虚线（ACAD__ISO02W100）	0.2 mm
点画线	洋红	点画线（ACAD__ISO04W100）	0.2 mm
双点画线	白色（或黑色）	双点画线（ACAD__ISO05W100）	0.2 mm
细实线	白色（或黑色）	实线（CONTINUOUS）	0.2 mm
剖面线	白色（或黑色）	实线（CONTINUOUS）	0.2 mm
尺寸	白色（或黑色）	实线（CONTINUOUS）	0.2 mm
文字	白色（或黑色）	实线（CONTINUOUS）	0.2 mm

说明：因为 AutoCAD 中默认线宽是由计算机的系统配置确定的，所以在不同的计算机上绘制和输出图形时，一定要设置每个图层的具体线宽值，以避免出错。

⑪ 在“正交”、“栅格”及“栅格捕捉”模式开关打开的状态下，用 LINE 命令绘制如图 2.19 所示的图框与标题栏。

几何作图
比例
制图
校核
求实科技理工学院

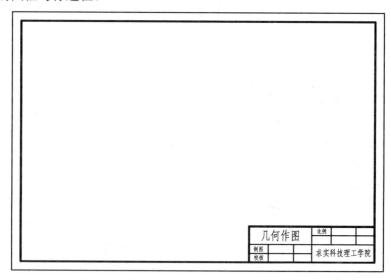

图 2.19 图框与标题栏

图 2.19 所示图框为国家技术制图标准规定的非装订格式。绘制时，图幅线（细实线）沿栅格外边绘制，图框线（粗实线）周边离图幅线的距离均为 10mm。

标题栏为学生练习标题栏。标题栏长 140mm，高 40mm，内格高 10mm，长度均匀分配。标题栏内格线均为细实线，外边线为粗实线。

注意：粗实线必须画在"粗实线"图层中，细实线必须画在"细实线"图层中。

⑫ 用 DTEXT 命令，选择"中间"对正模式定位（使文字居中），填写标题栏中的文字。标题栏内容如图 2.20 所示。

填写前，应关闭状态栏上的"捕捉"模式开关，并用 ZOOM 命令将标题栏部分放大显示。

图 2.20 标题栏

要求：

图名："几何作图"——10 号字。

单位："求实科技理工学院"——7 号字。

制图：（绘图者姓名）——5 号字。

校核：（校核者姓名）——5 号字。

比例：（比例数字）——5 号字。

注意：同字高的各行文字可在一次命令中完成注写。

作业 2：

用 1:1 的比例绘制图 2.21 所示的"图线练习"A4 大作业（不标注尺寸）。

作业 2 指导：

① 用 NEW 命令 □ 新建一张图，进行绘图环境的 9 项初步设置（A4）。

注意：A4 图幅 X 方向长 210mm，Y 方向长 297mm；A4 图幅的全局比例因子应设为 0.35。

② 用 QSAVE 命令 □ 保存图形文件，图名称为"图线练习"。

③ 画直线。

首先修改栅格间距与栅格捕捉间距值为"15"mm。

保持"捕捉"、"栅格"、"正交"模式处于打开状态。

设粗实线图层为当前图层，用 LINE 命令，应用栅格捕捉确定图线位置，用直接距离方式给尺寸画粗实线。

设虚线图层为当前图层，用 LINE 命令，同上绘制虚线。

设点画线图层为当前图层，用 LINE 命令，同上绘制点画线。

设双点画线图层为当前图层，用 LINE 命令，同上绘制双点画线。

注意：在绘图过程中，应根据需要，经常使用 ZOOM 命令将图形以所需方式显示。

④ 保存图形。

绘图过程中应经常单击"保存"按钮，以防出现意外的退出或死机等情况。

绘图全部完成后，用 ZOOM 命令全屏显示，单击"保存"按钮保存图形；然后用 SAVEAS 命令将图形另存到移动盘上或硬盘另一处。

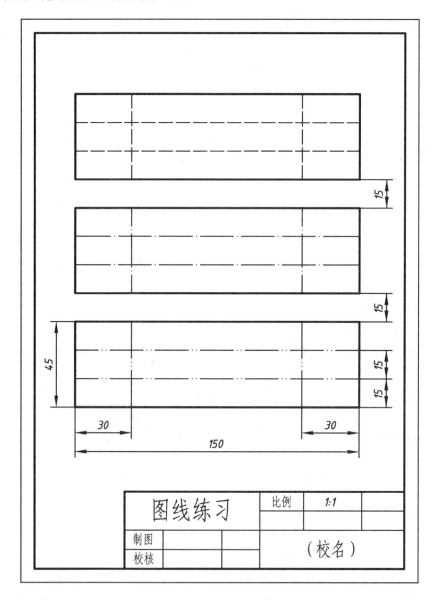

图 2.21　图线练习

第 3 章

常用的绘图命令

📖 本章导读

AutoCAD 提供了多个绘图命令用来绘制基本图形（也称实体）。要准确快速地绘制工程图，就应熟记常用绘图命令的功能并能熟练操作。

应掌握的知识要点：

- 用 XLINE 命令绘制无穷长直线的 6 种方式。
- 用 CIRCLE 命令绘制圆的 5 种方式。
- 用 ARC 命令绘制圆弧的 8 种方式。
- 用 PLINE 命令绘制工程图中常用的多段线。
- 用 POLYGON 命令绘制多边形的 3 种方式。
- 用 RECTANG 命令绘制矩形、倾斜矩形、有斜角和圆角的矩形。
- 用 ELLIPSE 命令绘制椭圆（3 种方式）和绘制椭圆弧。
- 用 SPLINE 命令绘制工程图中常见的非圆曲线。
- 用 REVCLOUD 命令实现徒手画线。
- 用 DDPTYPE 命令设置点样式，用 POINT 命令绘制点，用 DIVIDE 命令按等分数绘制线段的等分点，用 MEASURE 命令按等分距离绘制线段的等分点。
- 用 MLSTYLE 命令设置"建筑结构平面图"多线样式，用 MLINE 命令绘制建筑平面图的墙体。
- 用 TABLESTYLE 命令设置表格样式，用 TABLE 命令绘制表格。
- 用 MLEADERSLYLE 命令设置多重引线样式，用 MLEADER 命令绘制多重引线。

3.1 绘制无穷长直线

用 XLINE 命令可绘制无穷长直线，其常作为辅助线使用。该命令可按指定的方式和距离绘制一条或一组无穷长直线。

1. 输入命令

- 从"二维绘图"控制台（或"绘图"工具栏）单击："构造线"按钮
- 从下拉菜单选取："绘图" ⇨ "构造线"
- 从键盘输入：**XLINE** 或 **XL**

2. 命令的操作

（1）指定两点绘制线（默认项）

使用该选项，可绘制一条或一组穿过起点和各通过点的无穷长直线，其操作过程如下：

  命令：（输入命令）
  指定点或 [水平(H)／垂直(V)／角度(A)／二等分(B)／偏移(O)]：（给起点）
  指定通过点：（给通过点，绘制出一条线）
  指定通过点：（给通过点，再绘制一条线或按〈Enter〉键结束）
  命令：

（2）绘制水平线

使用"水平（H）"选项，可绘制一条或一组穿过指定点并平行于 X 轴的无穷长直线，其操作过程如下：

  命令：（输入命令）
  指定点或 [水平(H)／垂直(V)／角度(A)／二等分(B)／偏移(O)]：H↙（可从右键菜单中选择该选项）
  指定通过点：（给通过点，绘制出一条水平线）
  指定通过点：（给通过点，再绘制一条水平线或按〈Enter〉键结束）
  命令：

（3）绘制垂直线

使用"垂直（V）"选项，可绘制一条或一组穿过指定点并平行于 Y 轴的无穷长直线，其操作过程如下：

  命令：（输入命令）
  指定点或 [水平(H)／垂直(V)／角度(A)／二等分(B)／偏移(O)]：V↙（可从右键菜单中选择该选项）
  指定通过点：（给通过点，绘制出一条铅垂线）
  指定通过点：（给通过点，再绘制一条铅垂线或按〈Enter〉键结束）
  命令：

（4）指定角度绘制线

使用"角度（A）"选项，可绘制一条或一组指定角度的无穷长直线，其操作过程如下：

  命令：（输入命令）

指定点或［水平(H)／垂直(V)／角度(A)／二等分(B)／偏移(O)］：A↙（可从右键菜单中选择该选项）
选项后，按提示先给角度，再给通过点绘制线。

（5）指定三点绘制角平分线

使用"二等分（B）"选项，可通过给三点绘制一条或一组无穷长直线，该直线穿过第 1 点并平分以第 1 点为顶点，与第 2 点和第 3 点组成的夹角，如图 3.1 所示。

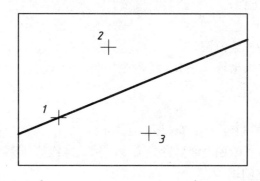

图 3.1　使用"二等分（B）"选项绘制无穷长直线示例

其操作过程如下：

　　命令：（输入命令）
　　指定点或［水平(H)／垂直(V)／角度(A)／二等分(B)／偏移(O)］：B↙（可从右键菜单中选择该选项）

选项后，按提示依次给出 3 个点，即绘制出一条角平分线。按提示若再给点，可再绘制一条该点与"1"和"2"点组成的夹角的角平分线（或按〈Enter〉键结束）。

（6）绘制所选直线的平行线

使用"偏移（O）"选项，可选择一条任意方向的直线来绘制一条或一组与所选直线平行的无穷长直线，其操作过程如下：

　　命令：（输入命令）
　　指定点或［水平(H)／垂直(V)／角度(A)／二等分(B)／偏移(O)］：O↙（可从右键菜单中选择该选项）
　　指定偏移距离或［通过(T)］〈20〉：（给偏移距离）
　　选择直线对象：（选择一条无穷长直线或直线）
　　指定向哪侧偏移：（在绘制线一侧任意给一个点，按偏移距离绘制一条与所选直线平行并等长的线）
　　选择直线对象：（可同上操作再绘制一条线，也可按〈Enter〉键结束该命令）
　　命令：

若在"指定偏移距离或［通过(T)］〈20〉："提示行选"T"项，将出现以下提示行：

　　选择直线对象：（选择一条无穷长直线或直线）
　　指定通过点：（给通过点，过该点绘制出一条与所选直线平行并等长的线）
　　选择直线对象：（可同上操作再绘制一条线，也可按〈Enter〉键结束该命令）
　　命令：

3.2 绘制圆

用 CIRCLE 命令可按指定的方式绘制圆，AutoCAD 提供了 5 种绘制圆方式。
① 给定圆心、半径（CEN、R）绘制圆。
② 给定圆心、直径（CEN、D）绘制圆。
③ 给定圆上两点（2P）绘制圆。
④ 给定圆上三点（3P）绘制圆。
⑤ 选两个相切目标并给半径（TTR）绘制公切圆。

1．输入命令

- 从"二维绘图"控制台（或"绘图"工具栏）单击："圆"按钮 ⊙
- 从下拉菜单选取："绘图" ⇨ "圆"命令，然后从级联子菜单中选一种绘制圆方式
- 从键盘输入：<u>CIRCLE</u> 或 <u>C</u>

2．命令的操作

用默认方式绘制圆，从控制台或工具栏输入命令，按提示操作不必选项最方便；用非默认项绘制圆，在命令中用右键菜单选取绘制圆方式和操作项非常简捷灵活，是常用的方法。用非默认项绘制圆，也可从下拉菜单的级联子菜单中直接选取绘制圆方式，AutoCAD 会按所选方式给出提示，依次给出应答即可。

（1）圆心、半径方式（默认项）

命令:（从控制台或工具栏输入命令）
指定圆的圆心或 [三点(3P)/两点(2P)/相切、相切、半径(T)]:（给圆心）
指定圆的半径或 [直径(D)]〈30〉:（给半径值或拖动）
命令:

（2）三点方式

命令:（从控制台输入命令，然后在绘图区中单击右键，从弹出的右键菜单中选择"三点"项；或直接从下拉菜单选取"绘图" ⇨ "圆" ⇨ "三点"命令）
指定圆上的第一点:（给圆上第1点）
指定圆上的第二点:（给圆上第2点）
指定圆上的第三点:（给圆上第3点）
命令:

效果如图 3.2 所示。

（3）两点方式

命令:（从工具栏输入命令，然后在绘图区中单击右键，从弹出的右键菜单中选择"两点"项；或直接从下拉菜单选取"绘图" ⇨ "圆" ⇨ "两点"命令（
指定圆直径的第一端点:（给直径线上第1点）
指定圆直径的第二端点:（给直径线上第2点）

命令:

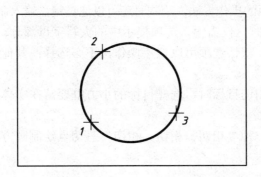

图 3.2 用三点方式绘制圆

(4) 圆心、直径方式

命令:(从控制台输入命令,然后在绘图区中单击右键,从弹出的右键菜单中选择"圆心、直径"项;或直接从下拉菜单中选取"绘图"⇨"圆"⇨"圆心、直径"命令)

指定圆的圆心或 [三点(3P)/两点(2P)/相切、相切、半径(T)]:(给圆心,若是从控制台输入的命令,给圆心后应在绘图区中单击右键,从弹出的右键菜单中选择"直径"项)

指定圆的直径〈当前值〉:(给直径)

命令:

(5) 切、切、半方式

命令:(从控制台输入命令,然后在绘图区中单击右键,从弹出的右键菜单中选择"相切、相切、半径"项;或直接从下拉菜单中选取"绘图"⇨"圆"⇨"切、切、半"命令)

指定对象与圆的第一个切点:(指定第一个相切实体)

指定对象与圆的第二个切点:(指定第二个相切实体)

指定圆的半径〈80〉:(给公切圆半径)

命令:

效果如图 3.3 所示。

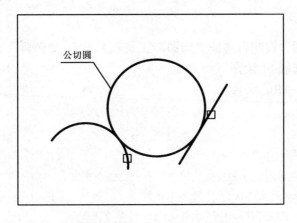

图 3.3 用切、切、半方式绘制圆

说明：

① 以上所述只是常用的操作方法，绘制时还可以通过键盘输入命令及选项完成绘制圆的操作。在使用键盘输入选项时，仅需输入选项提示中的大写字母部分。

② 当有多个选项时，默认选项可以直接操作，不必选择；其他选项必须先选择，再进行相应的操作。

③ 绘制公切圆选择相切目标时，选择目标的小方框要落在实体上并靠近切点，切圆半径应大于两切点距离的二分之一。

④ 下拉菜单中还有一种"相切、相切、相切"三切点绘制圆方式，用这种方式可绘制出与 3 个实体相切的圆。

3.3 绘制圆弧

用 ARC 命令可按指定方式绘制圆弧。AutoCAD 提供了 11 个选项来绘制圆弧：

① 三点（3P）
② 起点、圆心、端点（SCE）
③ 起点、圆心、角度（SCA）
④ 起点、圆心、长度（SCL）
⑤ 起点、终点、角度（SEA）
⑥ 起点、端点、方向（SED）
⑦ 起点、端点、半径（SER）
⑧ 圆心、起点、端点（CSE）
⑨ 圆心、起点、角度（CSA）
⑩ 圆心、起点、长度（CSL）
⑪ 继续（同上次所绘制直线或圆弧相连）

上述选项中，⑧、⑨、⑩与②、③、④的 3 个条件相同，只是操作命令时提示顺序不同。因此，AutoCAD 实际提供的是 8 种绘制圆弧方式。

1. 输入命令

- 从"二维绘图"控制台（或"绘图"工具栏）单击："圆弧"按钮
- 从下拉菜单选取："绘图" ⇨ "弧"
- 从键盘输入：<u>ARC</u> 或 <u>A</u>

2. 命令的操作

（1）三点方式（默认项）

命令:（从"二维绘图"控制台或"绘图"工具栏输入命令）
指定圆弧的起点或 [圆心(C)]:（给第 1 点）
指定圆弧的第二点或 [圆心(C)/端点(E)]:（给第 2 点）
指定圆弧的端点:（给第 3 点）

命令:

效果如图 3.4 所示。

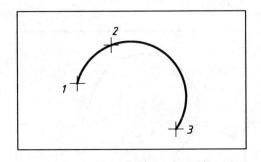

图 3.4　用三点方式绘制圆弧示例

用其他方式绘制圆弧,从下拉菜单输入命令或用右键菜单选项都可以。若从下拉菜单输入命令,选取子菜单中的绘制圆弧方式后,AutoCAD 将按所取方式依次提示,给足 3 个条件即可绘制出一段圆弧。下面以从下拉菜单输入命令的方法为例说明如何绘制圆弧。

(2) 起点、圆心、端点方式

命令: (从下拉菜单选择:"绘图" ⇨ "弧" ⇨ "起点、圆心、端点")

指定圆弧的起点或 [圆心(C)]: (给起点 S)

指定圆弧的第二点或 [圆心(C)/端点(E)]: _c 指定圆弧的圆心: (给圆心 O)

指定圆弧的端点或 [角度(A)/弦长(L)]: (给端点 E)

命令:

以 S 点为起点,O 点为圆心,逆时针绘制弧,圆弧的终点落在圆心及终点 E 的连线上,效果如图 3.5 所示。

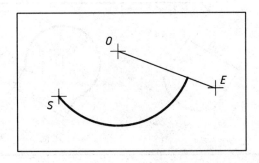

图 3.5　用起点、圆心、端点方式绘制圆弧示例

(3) 起点、圆心、角度方式

命令: (从下拉菜单选择:"绘图" ⇨ "弧" ⇨ "起点、圆心、角度")

指定圆弧的起点或 [圆心(C)]: (给起点 S)

指定圆弧的第二点或 [圆心(C)/端点(E)]: 指定圆弧的圆心: (给圆心 O)

指定圆弧的端点或 [角度(A)/弦长(L)]: 指定包含角: −230↙ (给角度)

命令:

以 S 点为起点，O 点为圆心（OS 为半径），按所给弧的包含角度-230 绘制圆弧。角度为正，从起点开始逆时针绘制圆弧；角度为负，表示从起点开始顺时针绘制圆弧，效果如图 3.6 所示。

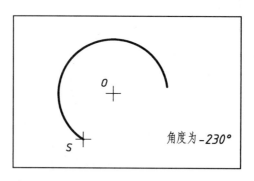

图 3.6 用起点、圆心、角度方式绘制圆弧示例

（4）起点、圆心、长度方式

命令：（从下拉菜单选择："绘图" ⇨ "弧" ⇨ "起点、圆心、长度"）

指定圆弧的起点或 [圆心(C)]：（给起点 S）

指定圆弧的第二点或 [圆心(C)/端点(E)]：指定圆弧的圆心：（给圆心 O）

指定圆弧的端点或 [角度(A)/弦长(L)]：指定弦长： 100↙ （给长度）

命令：

用这种方式绘制圆弧，都是从起点开始，按逆时针方向绘制圆弧的。弦长为正值，绘制小于半圆的圆弧，效果如图 3.7（a）所示（图中弦长为 100）；弦长为负值，绘制大于半圆的圆弧，效果如图 3.7（b）所示（图中弦长为-100）。

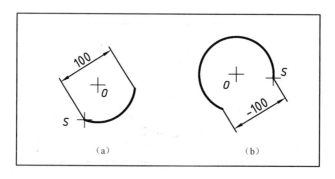

图 3.7 用起点、圆心、长度方式绘制圆弧示例

（5）起点、端点、角度方式

命令：（从下拉菜单选择："绘图" ⇨ "弧" ⇨ "起点、端点、角度"）

指定圆弧的起点或 [圆心(C)]：（给起点 S）

指定圆弧的第二点或 [圆心(C)/端点(E)]：指定圆弧的端点：（给终点 E）

指定圆弧的圆心或 [角度(A)/方向(D)/半径(R)]：指定包含角： 200↙ （给角度）

命令：

所绘制圆弧以 S 点为起点，E 点为终点，圆弧的包含角度为 200°，效果如图 3.8 所示。

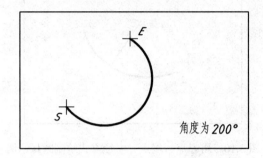

图 3.8　用起点、端点、角度方式绘制圆弧示例

（6）起点、端点、方向方式

　　命令：（从下拉菜单选择："绘图" ⇨ "弧" ⇨ "起点、端点、方向"）

　　指定圆弧的起点或 [圆心(C)]：（给起点 S）

　　指定圆弧的第二点或 [圆心(C) / 端点(E)]：指定圆弧的端点：（给终点 E）

　　指定圆弧的圆心或 [角度(A) / 方向(D) / 半径(R)]：指定圆弧的起点切向：（给方向点）

　　命令：

所绘制圆弧以 S 点为起点，E 点为终点，所给方向点与圆弧起点的连线是该圆弧的开始方向，效果如图 3.9 所示。

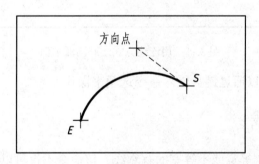

图 3.9　用起点、端点、方向方式绘制圆弧示例

（7）起点、端点、半径方式

　　命令：（从下拉菜单选择："绘图" ⇨ "弧" ⇨ "起点、端点、半径"）

　　指定圆弧的起点或 [圆心(C)]：（给起点 S）

　　指定圆弧的第二点或 [圆心(C) / 端点(E)]：指定圆弧的端点：（给终点 E）

　　指定圆弧的圆心或 [角度(A) / 方向(D) / 半径(R)]：指定圆弧的半径：　100↵　（给半径）

　　命令：

所绘制圆弧以 S 点为起点，E 点为终点，半径为 100，效果如图 3.10 所示。

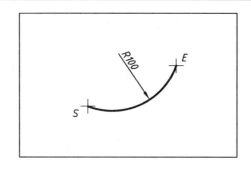

图 3.10　用起点、端点、半径方式绘制圆弧示例

（8）连续方式

如图 3.11 所示，这种方式用最后一次绘制的圆弧或直线（图中虚线）的终点为起点，再按提示给出圆弧的终点，所绘制圆弧将与上段线相切。

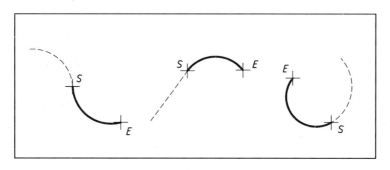

图 3.11　用连续方式绘制圆弧示例

说明：绘制圆弧也可以通过键盘输入命令选项来操作。

3.4　绘制多段线

用 PLINE 命令可绘制等宽或不等宽的有宽线。该命令不仅可以绘制直线，还可以绘制圆弧及直线与圆弧、圆弧与圆弧的组合线，如图 3.12 所示。

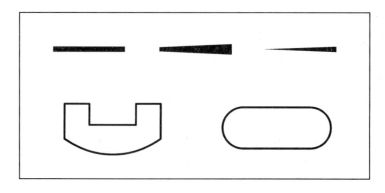

图 3.12　用 PLINE 命令绘制多段线示例

1. 输入命令

- 从"二维绘图"控制台（或"绘图"工具栏）单击："多段线"按钮
- 从下拉菜单选取："绘图" ⇨ "多段线"
- 从键盘输入：<u>PL</u>

2. 命令的操作

命令：（输入命令）
指定起点：（给起点）
当前线宽为 0.00　　（信息行）
指定下一点或 ［圆弧(A) / 半宽(H) / 长度(L) / 放弃(U) / 宽度(W)］：（给点或选项）
指定下一点或 ［圆弧(A) / 闭合(C) / 半宽(H) / 长度(L) / 放弃(U) / 宽度(W)］：（给点或选项）

注：上一行称为直线方式提示行。

直线方式提示行各选项含义如下。

给点（默认项）：所给点是直线的另一个端点。给点后仍将出现直线方式提示行，可继续给点绘制直线或按〈Enter〉键结束命令（与 LINE 命令操作类同，并按当前线宽绘制直线）。

选"C"：同 LINE 命令的同类选项，绘制直线，使终点与起点相连并结束命令。

选"W"：可改变当前线宽。

输入选项后，出现提示行：

指定起始宽度〈0.00〉：（给起始线宽）
指定端点宽度〈1.00〉：（给终点线宽）

给线宽后仍将出现直线方式提示行。

如果起始线宽与端点线宽相同，则绘制等宽线；如果起始线宽与端点线宽不同，则所绘制的第一条线为不等宽线，后续线段将按端点线宽绘制等宽线。

选"H"：按线宽的一半指定当前线宽（同"W"项操作）。

选"U"：在命令中擦去最后绘制的那条线。

选"L"：可输入一个长度值，按指定长度延长上一条直线。

选"A"：使 PLINE 命令转入绘制圆弧方式。

选项后，出现圆弧方式提示行：

［角度(A) / 圆心(CE) / 闭合(CL) / 方向(D) / 半宽(H) / 直线(L) / 半径(R) / 第二点(S) / 放弃(U) / 宽度(W)］：（给点或选项）

圆弧方式提示行各选项含义如下。

给点（默认项）：所给点是圆弧的终点，相当于 ARC 命令中的连续方式。

选"A"：可输入所绘制圆弧的包含角。

选"CE"：可指定所绘制圆弧的圆心。

选"R"：可指定所绘制圆弧的半径。

选"S"：可指定按三点方式绘制圆弧的第 2 点。

选"D"：可指定所绘制圆弧起点的切线方向。

选"L":返回绘制直线方式,出现直线方式提示行。
选"CL":绘制圆弧,与最后线段相切,与起点相连并结束命令。
其他"H"、"W"、"U"选项的含义与直线方式中的同类选项相同。
说明:
① 用 PLINE 命令绘制圆弧与 ARC 命令的思路相同,可根据需要从提示中逐一选项,给足 3 个条件(包括起始点)即可绘制出一段圆弧。
② 在同一次 PLINE 命令中所绘制的各线段是一个实体。

3.5 绘制正多边形

用 POLYGON 命令可按指定方式绘制有 3～1024 条边的正多边形。AutoCAD 提供了 3 种绘制正多边形的方式:边长方式、内接于圆方式和外切于圆方式,如图 3.13 所示。

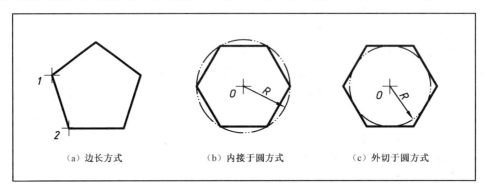

图 3.13 用 POLYGON 命令绘制正多边形示例

1. 输入命令

- 从"二维绘图"控制台(或"绘图"工具栏)单击:"正多边形"按钮 ⬠
- 从下拉菜单选取:"绘图" ⇨ "正多边形"
- 从键盘输入:<u>POLYGON</u>

2. 命令的操作

(1)边长方式

命令:(输入命令)
输入边的数目 〈4〉:<u>5↙</u>(给边数)
指定多边形的中心点或 [边(E)]:<u>E↙</u>(选边长方式)
指定边的第一个端点:<u>(给边上第 1 端点)</u>
指定边的第二个端点:<u>(给边上第 2 端点)</u>
命令:

效果如图 3.13(a)所示。

(2)内接于圆方式(默认方式)

命令：(输入命令)
输入边的数目 〈3〉：6✓ (给边数)
指定多边形的中心点或[边(E)]：(给多边形中心点O)
输入选项[内接于圆(I)/外切于圆(C)]〈I〉：✓ (选默认方式)
指定圆的半径：(给圆半径)
命令：

效果如图3.13（b）所示。

(3) 外切于圆方式

命令：(输入命令)
输入边的数目 〈3〉：6✓ (给边数)
指定多边形的中心点或[边(E)]：(给多边形中心点O)
输入选项[内接于圆(I)/外切于圆(C)]〈I〉：C✓ (选C方式)
指定圆的半径：(给圆半径)
命令：

效果如图3.13（c）所示。

说明：

① 用内接于圆和外切于圆方式绘制多边形时，圆并不画出。
② 用边长方式绘制多边形时，按逆时针方向绘制。

3.6 绘制矩形

用 RECTANG 命令可按指定的线宽绘制矩形，该命令还可绘制倾斜的矩形、四角为斜角或者圆角的矩形，如图 3.14 所示。

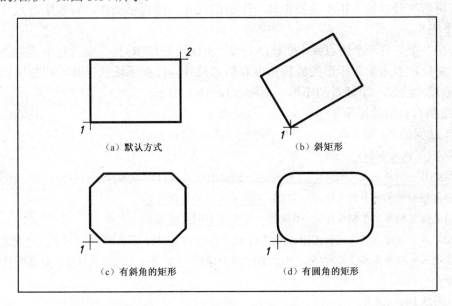

图 3.14　用 RECTANG 命令绘制矩形示例

1. 输入命令
- 从"二维绘图"控制台（或"绘图"工具栏）单击："矩形"按钮 ▭
- 从下拉菜单选取："绘图" ⇨ "矩形"
- 从键盘输入： RECTANG

2. 命令的操作

（1）绘制矩形

AutoCAD 提供了 3 种给矩形尺寸的方式：给两个对角点（默认方式）、给长度和宽度尺寸、给面积和一个边长。无论按哪种方式给尺寸，AutoCAD 都将按当前线宽绘制一个矩形，其操作过程如下：

  命令：（输入命令）
  指定第一个角点或 [倒角(C) / 标高(E) / 圆角(F) / 厚度(T) / 宽度(W)]：(给第 1 点)
  指定另一个角点或 [面积(A) / 尺寸(D) / 旋转(R)]：(给第 2 点或选项)
  命令：

说明：

① 若在"指定另一个角点或 [面积(A) / 尺寸(D) / 旋转(R)]："提示行中直接给第 2 点，AutoCAD 将按所给两个对角点及当前线宽绘制一个矩形，如图 3.14（a）所示。

② 若在"指定另一个角点或 [面积(A) / 尺寸(D) / 旋转(R)]："提示行中选择"D"选项，AutoCAD 将依次要求输入矩形的长度和宽度，按提示操作，将按所给尺寸及当前线宽绘制一个矩形。

③ 若在"指定另一个角点或 [面积(A) / 尺寸(D) / 旋转(R)]："提示行中选择"A"选项，AutoCAD 将依次要求输入矩形的面积和一个边的尺寸，按提示操作，将按所给尺寸及当前线宽绘制一个矩形。

④ 若在"指定另一个角点或 [面积(A) / 尺寸(D) / 旋转(R)]："提示行中选择"R"选项，AutoCAD 将依次要求输入矩形的旋转角度和矩形尺寸，按提示依次操作，将按所指定的倾斜角度和矩形尺寸绘制一个倾斜的矩形，如图 3.14（b）所示。

（2）绘制有斜角的矩形

其操作过程如下：

  命令：（输入命令）
  指定第一个角点或 [倒角(C) / 标高(E) / 圆角(F) / 厚度(T) / 宽度(W)]： C↙
  指定矩形的第一个倒角距离 ⟨0.00⟩：(给第 1 个倒角距离)
  指定矩形的第二个倒角距离 ⟨0.00⟩：(给第 2 个倒角距离)
  指定第一个角点或 [倒角(C) / 标高(E) / 圆角(F) / 厚度(T) / 宽度(W)]：(给第 1 个角点)
  指定另一个角点或 [面积(A) / 尺寸(D) / 旋转(R)]：(给另一个对角点或选项后再给矩形尺寸)
  命令：

效果如图 3.14（c）所示。

（3）绘制有圆角的矩形

其操作过程如下：

命令：（输入命令）
指定第一个角点或 [倒角(C) / 标高(E) / 圆角(F) / 厚度(T) / 宽度(W)]：F↙
指定矩形的圆角半径 〈0.00〉：（给圆角半径）
指定第一个角点或 [倒角(C) / 标高(E) / 圆角(F) / 厚度(T) / 宽度(W)]：（给第1个角点）
指定另一个角点或 [面积(A) / 尺寸(D) / 旋转(R)]：（给另一个对角点或选项后再给矩形尺寸）
命令：

效果如图 3.14（d）所示。

说明：

① 若在"指定第一个角点或 [倒角(C) / 标高(E) / 圆角(F) / 厚度(T) / 宽度(W)]："提示行中选择"W"（宽度）项，AutoCAD 将提示重新指定当前线宽，当前线宽为 0 时，矩形的线宽随图层。该提示行中的"E"（标高）项用于设置 3D 矩形离地平面的高度，"T"（厚度）项用于设置矩形的 3D 厚度。

② 在操作该命令时，所设选项内容将作为当前设置，也就是说，下一次绘制矩形时，AutoCAD 将上次的设置作为默认方式，直至重新设置为止。

3.7 绘制椭圆

用 ELLIPSE 命令可按指定方式绘制椭圆和椭圆弧。AutoCAD 提供了 3 种绘制椭圆的方式：轴端点方式、椭圆心方式和旋转角方式，如图 3.15 所示。

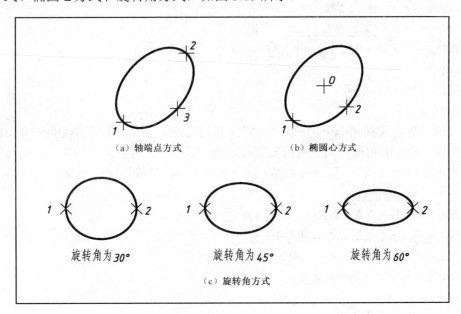

图 3.15 用 ELLIPSE 命令绘制椭圆示例

1. 输入命令

- 从"二维绘图"控制台（或"绘图"工具栏）单击："椭圆"按钮 ⬭
- 从下拉菜单选取："绘图" ⇨ "椭圆"
- 从键盘输入：<u>ELLIPSE</u>

2. 命令的操作

（1）轴端点方式（默认方式）

该方式通过定义椭圆与轴的 3 个交点（即轴端点）来绘制一个椭圆，其操作过程如下：

  命令：<u>（输入命令）</u>
  指定椭圆的轴端点或 [圆弧(A) / 中心点(C)]：<u>（给第 1 点）</u>
  指定轴的另一个端点：<u>（给该轴上第 2 点）</u>
  指定另一条半轴长度或 [旋转(R)]：<u>（给第 3 点定另一半轴长）</u>
  命令：

效果如图 3.15（a）所示。

（2）椭圆心方式

该方式通过定义椭圆心和椭圆与两轴的两个交点（即两半轴长）来绘制一个椭圆，其操作过程如下：

  命令：<u>（输入命令）</u>
  指定椭圆的轴端点或 [圆弧(A) / 中心点(C)]：<u>C↙</u>（选椭圆圆心方式）
  指定椭圆的中心点：<u>(给椭圆圆心 O)</u>
  指定轴的端点：<u>（给轴端点 1 或其半轴长）</u>
  指定另一条半轴长度或 [旋转(R)]：<u>（给轴端点 2 或其半轴长）</u>
  命令：

效果如图 3.15（b）所示。

（3）旋转角方式

该方式通过先定义椭圆一个轴的两个端点，然后指定一个旋转角度来绘制椭圆。在绕长轴旋转一个圆时，旋转的角度定义了椭圆长轴与短轴的比例。旋转角度值越大，长轴与短轴的比值越大。如果旋转角度为 0，则 AutoCAD 只绘制一个圆。其操作过程如下：

  命令：<u>（输入命令）</u>
  指定椭圆的轴端点或 [圆弧(A) / 中心点(C)]：<u>（给第 1 点）</u>
  指定轴的另一个端点：<u>（给该轴上第 2 点）</u>
  指定另一条半轴长度或 [旋转(R)]：<u>R↙</u>（选旋转方式）
  指定绕长轴旋转：<u>（给旋转角度）</u>
  命令：

效果如图 3.15（c）所示。

（4）绘制椭圆弧

绘制椭圆弧即是用以上方式绘制出椭圆并取其一部分。以用默认方式绘制椭圆为例，其操作过程如下：

命令:（输入命令，即从"绘图"工具栏单击"椭圆弧"按钮 ）
指定椭圆的轴端点或 [圆弧(A)/中心点(C)]： A↙（选"A"项）
指定椭圆弧的轴端点或 [中心点(C)]：（给第 1 点）
指定轴的另一个端点：（给该轴上第 2 点）
指定另一条半轴长度或 [旋转(R)]：（给第 3 点定另一半轴长）
指定起始角度或 [参数(P)]：（给切断起始点 A 或给起始角度）
指定终止角度或 [参数(P)/包含角度(I)]：（给切断终点 B 或终止角度）
命令：

效果如图 3.16 所示。

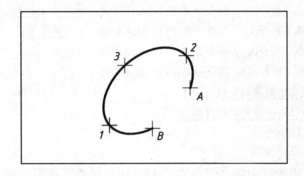

图 3.16 绘制椭圆弧示例

说明：若在上一提示行中选"I"，可指定保留椭圆弧段的包含角度；若选"P"，可按矢量方程式输入终止角度。

3.8 绘制样条曲线

用 SPLINE 命令可绘制通过或接近所给一系列点的光滑曲线，如图 3.17 所示。

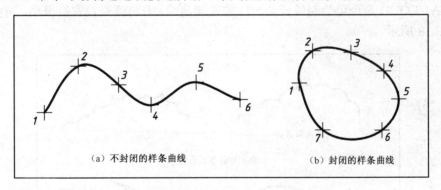

(a) 不封闭的样条曲线   (b) 封闭的样条曲线

图 3.17 绘制样条曲线示例

1. 输入命令

- 从"二维绘图"控制台（或"绘图"工具栏）单击："样条曲线"按钮

- 从下拉菜单选取："绘图" ⇨ "样条曲线"
- 从键盘输入：<u>SPLINE</u> 或 <u>SPL</u>

2．命令的操作

以图 3.17（a）为例，其操作过程如下：

命令：<u>（输入命令）</u>
指定第一个点或 [对象(O)]：<u>（给第 1 点）</u>
指定下一个点：<u>（给第 2 点）</u>
指定下一个点或 [闭合(C)／拟合公差(F)]〈起点切向〉：<u>（给第 3 点）</u>
指定下一个点或 [闭合(C)／拟合公差(F)]〈起点切向〉：<u>（给第 4 点）</u>
指定下一个点或 [闭合(C)／拟合公差(F)]〈起点切向〉：<u>（给第 5 点）</u>
指定下一个点或 [闭合(C)／拟合公差(F)]〈起点切向〉：<u>（给第 6 点）</u>
指定下一个点或 [闭合(C)／拟合公差(F)]〈起点切向〉：<u>↙</u>
指定起点切向：<u>（给起点的切线方向）</u>
指定端点切向：<u>（给终点的切线方向）</u>
命令：

说明：

① 给第 3 点时，提示行中的"闭合(C)"项，用来使曲线首尾闭合，如图 3.17（b）所示。闭合后只需指定终点的切线方向。

② 给第 3 点时，提示行中的"拟合公差(F)"项，用来指定拟合公差。拟合公差值的大小决定了所绘制的曲线与指定的点的接近程度。拟合公差值越大，离指定点越远；拟合公差值为 0，将通过指定点（默认值为 0）。

3.9 绘制云线和徒手画线

用 REVCLOUD 命令可绘制像云朵一样的连续曲线。若将弧长设置得很小，可实现徒手画线，如图 3.18 所示。

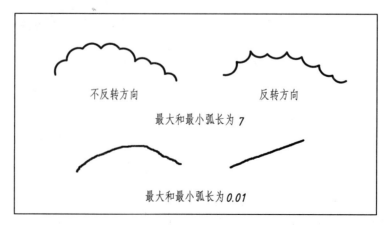

图 3.18 用 REVCLOUD 命令绘制云线示例

1. 输入命令

- 从"二维绘图"控制台（或"绘图"工具栏）单击："修订云线"按钮
- 从下拉菜单选取："绘图" ⇨ "修订云线"
- 从键盘输入：REVCLOUD

2. 命令的操作

命令：（输入命令）
最小弧长：15 最大弧长：15 样式：普通　　（信息行）
指定起点或 [弧长(A)/对象(O)/样式(S)] 〈对象〉：（单击给起点）
沿云线路径引导十字光标...　移动鼠标目测绘制线，至终点单击右键或按〈Enter〉键确定）
反转方向 [是(Y)/否(N)] 〈否〉：（选项后按〈Enter〉键结束）
修订云线完成。
命令：

说明：

① 若在"指定起点或 [弧长(A)/对象(O)/样式(S)] 〈对象〉："提示行中选"A"项，可重新指定弧长。弧长用来确定所绘制云线的步距和弧的大小。云线的步距和弧的大小也与鼠标移动的速度相关。

② 若在"指定起点或 [弧长(A)/对象(O)/样式(S)] 〈对象〉："提示行中选"O"项，可修改已有的云线；若选"S"项，可在"普通"和"徒手"两种样式中重新选择。

3.10 绘制点和等分线段

用 POINT 命令可按设定的点样式在指定位置绘制点，用 DIVIDE 和 MEASURE 命令可按设定的点样式在选定的线段上按指定的等分数或等分距离绘制等分点。以上命令，无论一次绘制出多少个点，每一个点都是一个独立的实体。

1. 设定点样式

点样式决定了所绘制点的形状和大小。执行绘制点命令之前，应先设定点样式。在同一个图形文件中只能有一种点样式。当改变点样式时，该图形文件中所绘制点的形状和大小都将随之改变。

可以通过以下方式打开如图 3.19 所示的"点样式"对话框。

- 从下拉菜单选取："格式" ⇨ "点样式"
- 从键盘输入：POMODE

操作该对话框可设置点的样式，具体操作过程如下。

① 单击对话框上部点的形状图例来设定点的形状。

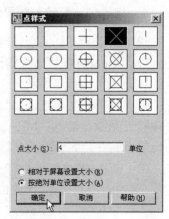

图 3.19 "点样式"对话框

② 选中"按绝对单位设置大小"单选钮确定给点的尺寸方式。
③ 在"点大小"文字编辑框中指定所绘制点的大小。
④ 单击"确定"按钮完成点样式设置。

2．按指定位置绘制点

设置所需的点样式后，可用 POINT 命令来绘制点，可按以下方式之一输入命令。
- 从"二维绘图"控制台（或"绘图"工具栏）单击："点"按钮 ■
- 从下拉菜单选取："绘图" ⇨ "点" ⇨ "多点"
- 从键盘输入：<u>POINT</u>

输入命令后，命令提示区出现提示行：

  当前点模式：　PDMODE=3　PDSIZE=5.00　　　（信息行）
  指定点：（指定点的位置绘制出一个点）
  指定点：（可继续绘制点或按〈Esc〉键结束命令）
  命令：

3．按等分数绘制线段的等分点

设置所需的点样式后，可用 DIVIDE 命令按指定的等分数绘制线段的等分点，即等分线段。该命令可按以下方式之一输入。
- 从下拉菜单选取："绘图" ⇨ "点" ⇨ "定数等分"
- 从键盘输入：<u>DIVIDE</u>

输入命令后，命令提示区出现提示行：

  选择要定数等分的对象：（选择一条线段）
  输入线段数目或［块(B)］：<u>8</u>↙（给等分数）
  命令：

等分点的形状和大小按所设的点样式绘制出，效果如图 3.20（a）所示。

4．按等分距离绘制线段的等分点

设置所需的点样式后，可用 MEASURE 命令按指定的等分距离绘制线段的等分点，即等分线段。AutoCAD 从选择实体时靠近的一端开始测量。

该命令可按以下方式之一输入。
- 从下拉菜单选取："绘图" ⇨ "点" ⇨ "定距等分"
- 从键盘输入：<u>MEASURE</u>

输入命令后，命令提示区出现提示行：

  选择要定距等分的对象：（选择一条线段）
  指定线段长度或［块(B)］：<u>10</u>↙（给等分长度）
  命令：

等分点的形状和大小按所设的点样式绘制出来，效果如图 3.20（b）所示。

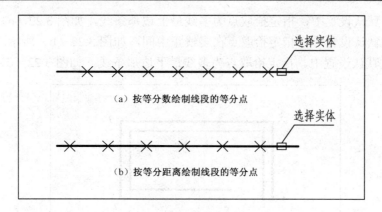

图 3.20 绘制线段等分点示例

3.11 绘制多重平行线

在 AutoCAD 中，可按指定的间距、线型、条数及端口形式绘制多条平行线段（简称多线）。

1. 绘制多线

可用 MLINE 命令绘制多重平行线，该命令可按以下方式之一输入。
- 从下拉菜单选取："绘图" ⇨ "多线"
- 从键盘输入：ML

输入命令后，命令提示区出现以下提示行（以采用默认多线样式"STANDARD"为例）：

  当前设置：对正 = 上，比例 = 20.00，样式 = STANDARD　　　（信息行）
  指定起点或 [对正(J) / 比例(S) / 样式(ST)]：<u>S↙</u>
  输入多线比例 ⟨20.00⟩：<u>5↙</u>　（给最外侧两线的间距）
  指定起点或 [对正(J) / 比例(S) / 样式(ST)]：（给起点，即第 1 点）
  指定下一点：（给第 2 点）
  指定下一点或 [放弃(U)]：（给第 3 点）
  指定下一点或 [闭合(C) / 放弃(U)]：（给第 4 点）
  指定下一点或 [闭合(C) / 放弃(U)]：（给第 5 点）
  指定下一点或 [闭合(C) / 放弃(U)]：↙
  命令：

效果如图 3.21 所示。

说明：

① 在提示行上，选择"ST"项，可按提示给出一个已有多线样式的名字，并把其设为当前样式。

② 在提示行上，选择"J"项，可指定绘制多线时拾取点与多线之间的关系。

选项后，命令提示区出现提示行：

  输入对正类型 [上(T) / 无(Z) / 下(B)] ⟨上⟩：（选项）

选"T"：在默认设置中，指定拾取点为多线最上边那条线，如图 3.22（a）所示。
选"Z"：在默认设置中，指定拾取点在多线正中间，如图 3.22（b）所示。
选"B"：在默认设置中，指定拾取点为多线最下边那条线，如图 3.22（c）所示。

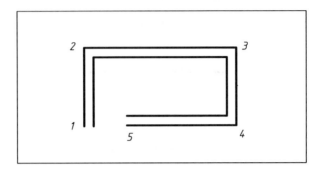

图 3.21 绘制多线示例

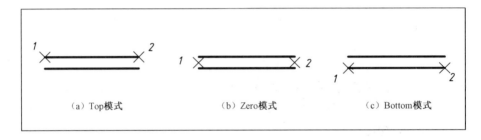

图 3.22 多线的 3 种对正模式

2．创建多线样式

多线中，平行线的数量、间距、各线的线型、是否显示连接、两端是否封口以及以什么形式封口等均由当前多线样式决定。默认设置为，两端不封口且不显示连接的两条实线。如果需要新的多线样式，可用 MLSTYLE 命令来创建。

该命令可按以下方式之一输入。

- 从下拉菜单选取："格式" ⇨ "多线样式"
- 从键盘输入：<u>MLSTYLE</u>

输入命令后，AutoCAD 将显示"多线样式"对话框，如图 3.23 所示。

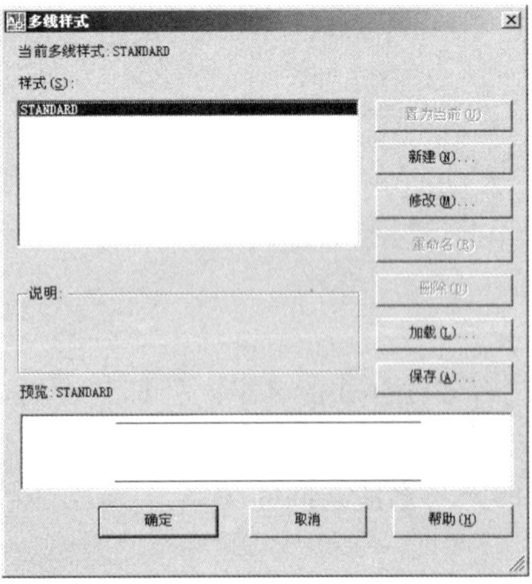

【例 3-1】创建"房屋建筑平面图"多线样式，该样式所绘多线示例如图 3.24 所示。

具体操作步骤如下。

① 在"多线样式"对话框中单击"新建"按钮，弹出"创新建的多线样式"对话框，在该对话框"新样式名"文字编辑框中输入"房屋建筑平面图"作为新建多线样式的名称，如图 3.25 所示。

图 3.23 "多线样式"对话框

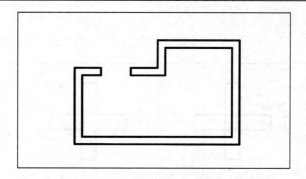

图 3.24 用"房屋建筑平面图"多线样式绘制多线示例

图 3.25 "创建新的多线样式"对话框

② 单击"创建新的多线样式"对话框中的"继续"按钮,出现"新建多线样式"对话框,如图 3.26 所示。在该对话框中,设置起点与端点的封口方式均为直线,角度为 90°,不显示连接,无填充,然后单击"确定"按钮,返回"多线样式"对话框。

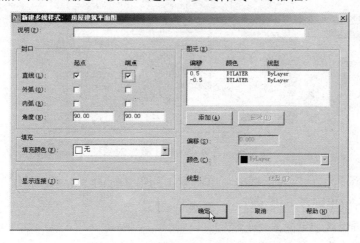

图 3.26 "新建多线样式"对话框

③ 在"多线样式"对话框的"样式"列表框内将列出新建多线样式的名称,在"预览"框中将显示新建多线样式的形状。单击"确定"按钮退出"多线样式"对话框,AutoCAD 将保存此多线样式并直接设置成当前样式,完成创建。

3. 修改多线

绘制工程图中,多线的相交处常常需要进行修改。用 MLEDIT 命令可以修改多线的交点,并可根据不同的交点类型(十字交叉、T 形相交或顶点),采用不同的工具进行修改,还可使一条或多条平行线断开或连接。

【例 3-2】修改图 3.27（a）所示多线的十字交叉处为图 3.27（b）所示的样子。

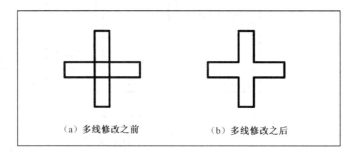

图 3.27 修改多线十字交叉处的示例

具体操作步骤如下。

① 输入命令。从下拉菜单选取"修改"⇨"对象"⇨"多线"或从键盘输入 MLEDIT。

② 输入命令后，AutoCAD 弹出"多线编辑工具"对话框，如图 3.28 所示。

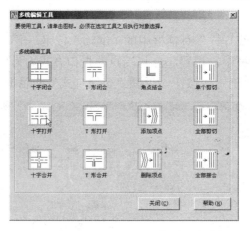

图 3.28 "多线编辑工具"对话框

③ 在"多线编辑工具"对话框中，单击第 1 列第 2 行的"十字打开"工具图标，返回图纸，同时，命令区中出现以下提示行：

选择第一条多线：（选择第一条多线）
选择第二条多线：（选择第二条多线）
选择第一条多线或 [放弃(U)]：↙

④ 结束命令，完成修改。

说明：在提示行"选择第一条多线或 [放弃(U)]："中，如果选择"U"项，则放弃刚才生成的十字打开交叉点。

【例 3-3】修改图 3.29（a）所示多线的 T 形交叉处为图 3.29 所示的样子。

具体操作步骤如下。

① 输入命令。从下拉菜单选取"修改"⇨"对象"⇨"多线"或从键盘输入 MLEDIT。

② 输入命令后，AutoCAD 弹出"多线编辑工具"对话框。

③ 在"多线编辑工具"对话框中，单击第 2 列第 2 行的"T 形打开"工具图标，如图 3.30 所示。

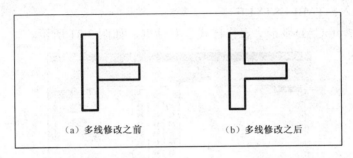

图 3.29　修改多线 T 形交叉处的示例

其后操作同上例。

说明："多线编辑工具"对话框中的图例均为三重平行线，其中不仅显示了最外两重平行线间的交点修改形式，也显示了中间平行线的打开、闭合或合并的修改形式。而例 3-2 和例 3-3 中均是绘制房屋建筑平面图时常用的两重平行线的修改，不需考虑中线形式。

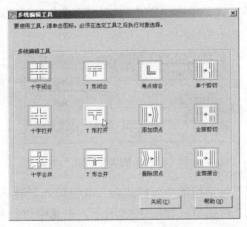

图 3.30　从"多线编辑工具"对话框中选取"T 形相交"工具

3.12　绘制表格

在 AutoCAD 中，可创建所需的表格样式，以多行文字格式绘制表格中的文字，在表格中进行公式运算等操作，并可方便地修改表格。

1. 设置表格样式

表格样式决定了所绘表格中的文字字型、大小、对正方式、颜色，以及表格线型的线宽、颜色和绘制方式等。可使用默认的"Standard"表格样式。如果默认表格样式不是所希望的，应先设置所需的表格样式。

可以通过以下方式之一打开设置"表格样式"对话框。
- 从"表格"控制台（或"样式"工具栏）单击："表格样式"按钮
- 从下拉菜单选取："格式" ⇨ "表格样式"
- 从键盘输入：**TABLESTYLE**

输入命令后，AutoCAD显示"表格样式"对话框，如图3.31所示。

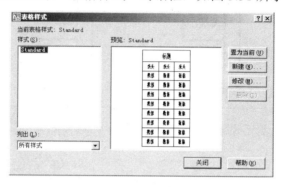

图3.31 "表格样式"对话框

"表格样式"对话框左边的"样式"列表框中显示了样式名，中部为样式预览区，右边的"新建"按钮用于创建文字样式。单击"新建"按钮将弹出"创建新的表格样式"对话框，如图3.32所示。

图3.32 "创建新的表格样式"对话框

在"创建新的表格样式"对话框的"新样式名"框中输入新建表格样式名称，单击"继续"按钮，弹出"新建表格样式"对话框，如图3.33所示。在其中进行相应的设置，然后单击"确定"按钮，返回"表格样式"对话框，单击"关闭"按钮，所设的表格样式将被保存起来并置为当前。

"新建表格样式"对话框中各选项说明如下。

（1）"起始表格"区

单击该区中的 按钮将返回图纸，可选择一个已有的表格作为新建表格样式的基础格式。

（2）"基本"区

在"表格方向"下拉列表中有"上"、"下"两个选项，默认为"上"，选择"下"将使标题和表头显示在表格的下方。其下面是表格样式的预览框。

（3）"单元样式"区

在该区的下拉列表中，有"数据"、"表头"、"标题"3个选项，每个选项都对应"基本"、"文字"、"边框"3个选项卡和一个单元样式预览框。

图 3.33 "新建表格样式"对话框

各选项卡的含义和操作方法介绍如下。
① "基本"选项卡
基本特性"填充颜色"下拉列表：可从中选择一种作为数据或表头、标题表格的底色。
基本特性"对齐"下拉列表：可从中选择一种作为数据或表头、标题文字的定位方式。
基本特性"格式"按钮：可从弹出的"表格单元格式"对话框中选择"百分比"、"日期"、"点"、"角度"、"十进制数"、"文字"、"整数"等样例作为表格中输入相应文字的格式。
基本特性"类型"下拉列表：可从"数据"和"标签"中选择一种类型。
页边距"水平"文字编辑框：用来设置数据或表头、标题内文字与线框水平方向的间距。
页边距"垂直"文字编辑框：用来设置数据或表头、标题内文字与线框垂直方向的间距及多行文字的行间距。
② "文字"选项卡
"文字样式"下拉列表：可从中选择一种作为数据或表头、标题文字的字体。
"字体高度"文字编辑框：用来设置数据或表头、标题文字的高度。
"文字颜色"下拉列表：可从中选择一种作为数据或表头、标题文字的颜色。
"文字角度"文字编辑框：用来设置数据或表头、标题文字的角度。
③ "边框"选项卡
边框"线宽"下拉列表：可从中选择一种作为数据或表头、标题表格线型的线宽。
边框"线型"下拉列表：可从中选择一种作为数据或表头、标题表格线型的线型。
边框"颜色"下拉列表：可从中选择一种作为数据或表头、标题表格线型的颜色。
其下部的 8 个按钮，用来控制表格线型的绘制范围。
说明：
① 单击"表格样式"对话框中的"修改"按钮，可修改已有的表格样式。
② 单击"表格样式"对话框中的"置为当前"按钮，可将选中的表格样式设置为当前样式。设置当前表格样式的常用方式是在控制台或工具栏中的表格样式列表中进行选取。

2. 插入和填写表格

设置所需的表格样式后，用 TABLE 命令可插入和填写表格，可按以下方式之一输入命令。
- 从"表格"控制台（或"绘图"工具栏）单击："表格"按钮
- 从下拉菜单选取："绘图" ⇨ "表格"
- 从键盘输入：<u>TABLE</u>

输入命令后，AutoCAD 显示"插入表格"对话框，如图 3.34 所示。

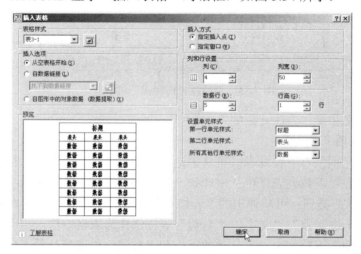

图 3.34 "插入表格"对话框

"插入表格"对话框中，"插入选项"区一般使用默认设置，其他各区含义及操作方法说明如下。

（1）"表格样式"区

"表格样式"下拉列表：可从中选择一种所需的表格样式。

单击"表格样式"下拉列表后的 按钮，可显示"表格样式"对话框，操作它可修改表格样式。

该区下部为当前表格样式的预览框。

（2）"列和行设置"区

"列"文字编辑框：用来设置表格中数据和表头的列数。

"数据行"文字编辑框：用来设置表格中数据和表头的行数。

"列宽"文字编辑框：用来设置表格中数据和表头单元的宽度。

"行高"文字编辑框：用来设置表格中数据和表头单元中文字的行数。

（3）"设置单元样式"区

"第一行单元样式"下拉列表：可从中选择一种样式作为表格中第一行的样式。

"第二行单元样式"下拉列表：可从中选择一种样式作为表格中第二行的样式。

"所有其他行单元样式"下拉列表：可从中选择一种样式作为除第一行和第二行外的其他行的样式。

(4)"插入方式"区

该区有"指定插入点"和"指定窗口"两个单选钮,可选择其中一种作为表格的定位方式。若选择了"指定窗口"方式,则"列和行设置"区的"列宽"和"数据行"文字编辑框将显示为灰色不可用,表格的列宽和数据行数将在插入时由光标所给的窗口大小来确定。

完成"插入表格"对话框的设置后,单击"确定"按钮,关闭对话框进入绘图状态,此时命令区提示:"指定插入点"(或指定窗口的两个对角点),指定后,AutoCAD 将显示多行文字输入格式,可单击单元格或操作键盘上的箭头移位键来选择单元输入文字。效果如图 3.35 所示。

标题			
表头一	表头二	表头三	表头四
数据第一行	500	160	660
数据第二行		20000	20000
数据第三行	3500		3500
数据第四行		200	200
数据第五行	800	1000	1800
数据第六行		合 计	255660

图 3.35 绘制表格示例

说明:

① 要修改表格中某一单元的文字,只需双击它,即可在多行文字编辑框中进行修改。

② 在表格中选中所需的对象(如表格、单元、文字),使用右键菜单可进行"求和"、"均值"、"方程式"运算等更多的操作和修改。

③ 应用夹点功能修改表格的大小非常方便(关于夹点功能详见 4.14 节)。

3.13 绘制多重引线

在 AutoCAD 中,可创建所需的多重引线样式,绘制引线和相应的内容,并方便地修改多重引线。

1. 创建多重引线样式

多重引线样式决定了所绘多重引线的形式和相关内容的形式。若默认的"Standard"多重引线样式不是所希望的,则应先设置多重引线样式。

可以通过以下方式之一打开"多重引线样式管理器"对话框。

- 从"多重引线"控制台单击:"多重引线样式"按钮
- 从下拉菜单选取:"格式" ⇨ "多重引线样式"
- 从键盘输入:<u>MLEADERSLYLE</u>

输入命令后，AutoCAD 显示"多重引线样式管理器"对话框，如图 3.36 所示。

"多重引线样式管理器"对话框左边是"样式"列表框，中部为预览区，右边的"新建"按钮用于创建多重引线样式。单击"新建"按钮将弹出"创建新多重引线样式"对话框，如图 3.37 所示。

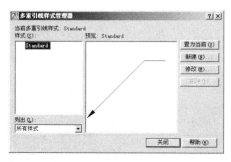

图 3.36　"多重引线样式管理器"对话框　　　　图 3.37　"创建新多重引线样式"对话框

在"创建新多重引线样式"对话框的"新样式名"框中输入新建样式名，单击"继续"按钮，弹出"修改多重引线样式"对话框，如图 3.38 所示。在其中进行相应的设置，然后单击"确定"按钮，返回"多重引线样式管理器"，单击"关闭"按钮，所设的样式将被保存起来并设为当前。

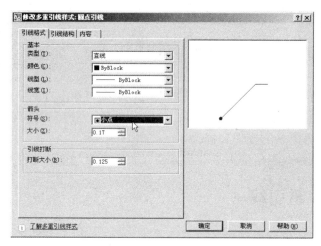

图 3.38　"修改多重引线样式"对话框

"修改多重引线样式"对话框选项卡说明如下。

（1）"引线格式"选项卡

基本"类型"下拉列表：可从中选择一种作为引线的形状（直线或样条曲线）。

基本"颜色"下拉列表：可从中选择一种作为引线的颜色。

基本"线型"下拉列表：可从中选择一种作为引线的线型。

基本"线宽"下拉列表：可从中选择一种作为引线的线宽。

箭头"符号"下拉列表：可从中选择一种作为引线起点的符号形式。

箭头"大小"文字编辑框：用来设定引线终端符号的大小。

（2）"引线结构"选项卡

"最大引线点数"文字编辑框：用来设定绘制引线时所给端点的最大数量。

"第一段角度"文字编辑框：用来设定第一段引线的倾斜角度。不固定角度可关闭。

"第二段角度"文字编辑框：用来设定第二段引线的倾斜角度。不固定角度可关闭。

"自动包含引线"开关：用来控制在引线终点是否加一条水平引线。打开该开关，可在其下编辑框中设置该水平引线的长度。

"注释性"开关：打开该开关，用该样式所绘制的多重引线将成为注释栏对象。应用注释性可以方便地将布局中不同比例视口中的注释性对象大小设为一致。若不在布局中打印图样，注释性就无意义。

（3）"内容"选项卡

可从"多重引线类型"下拉列表中选择一项作为引线终端所要注写的内容形式（其中包括"多行文字"、"块"和"无"）。选择不同的选项，其下部将显示不同的内容，可按需要进行设置。

说明：

① 单击"多重引线样式管理器"对话框中的"修改"按钮，可修改已有的多重引线样式。

② 单击"多重引线样式管理器"对话框中的"置为当前"按钮，可将选中的多重引线样式设置为当前样式。设置当前多重引线样式的常用方式是在控制台或工具栏中的多重引线样式列表中进行选取。

2. 绘制多重引线

设置所需的多重引线样式后，用 MLEADER 命令可绘制多重引线，可按以下方式之一输入命令。

- 从"多重引线"控制台单击："多重引线"按钮
- 从下拉菜单选取："标注" ⇨ "多重引线"
- 从键盘输入：**MLEADER**

输入命令后，命令提示区出现以下提示行（以在"修改多重引线样式"对话框"内容"选项卡中选择"多行文字"为例）：

  指定引线箭头的位置或 ［引线基线优先(L)/内容优先(C)/选项(O)]〈选项〉：（给 1 点）

  指定下一点：（给第 2 点）

  指定下一点：（给第 3 点或按〈Enter〉键）

  指定下一点：（给第 4 点或按〈Enter〉键）

  指定引线基线的位置：（按〈Enter〉键或给点）

AutoCAD 将显示"多行文字"对话框，输入相应的文字，单击"确定"按钮即完成。

效果如图 3.39 所示（图中各引线的引线样式不同）。

3. 修改多重引线

根据需要可操作"多重引线"控制台中的"添加引线"按钮、"删除引线"按钮、"多重引线对齐"按钮和"多重引线合并"按钮来修改多重引线。

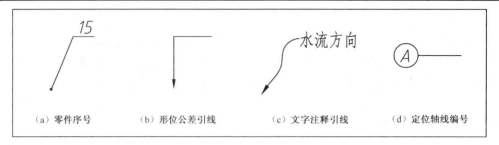

图 3.39 绘制多重引线示例

上机练习与指导

1. 基本操作训练

（1）用 6 种方式绘制无穷长直线。
（2）用 5 种方式绘制圆。
（3）用 8 种方式绘制圆弧。
（4）用 PLINE 命令绘制出图 3.12 所示的多段线。设粗实线图层为当前层，其中，图形的线宽设置为 0mm（即线宽为随层），粗等宽线线宽设置为 2mm，不等宽线线宽设置为 2mm 和 6mm，大箭头线宽设置为 0mm 和 2mm。
（5）用 3 种方式绘制多边形。
（6）绘制图 3.14 所示的 4 种矩形。
（7）用 3 种方式绘制椭圆。
（8）用默认方式绘制图 3.17 所示的样条曲线。
（9）用 REVCLOUD 命令绘制图 3.18 所示的云线。
（10）设点样式形状为"×"，大小为"3"，按指定位置绘制几个点，练习定数等分线段和定距等分线段。
（11）绘制多重平行线，并创建"房屋建筑平面图"样式，然后绘制图 3.24 所示图形。按 3.11 节举例练习修改多线。
（12）设置两种表格样式（一种标题在上，一种标题在下），用 TABLE 命令练习插入和填写表格，并应用右键菜单练习删除行、添加行、求和等操作。
（13）按图 3.39 所示引线形式设置 3 种多重引线样式，并用 MLEADER 命令绘制其多重引线。

注意：绘制斜线时，要将"正交"模式开关关闭；擦除时，如果不易选中目标，可将栅格"捕捉"模式开关关闭，需要时再打开。

2. 工程绘图训练

作业：
用 A3 图幅根据尺寸 1:1 绘制图 3.40 所示两个简单体的三视图（不标注尺寸）。

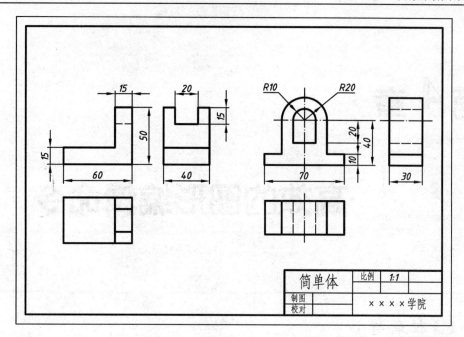

图 3.40　上机练习——简单体三视图

作业指导：

① 用 NEW 命令新建一张图。

② 进行绘图环境的 9 项初步设置。

注意：A3 图幅的全局比例因子应设置为 0.36。

③ 用 QSAVE 命令指定路径保存图形。

④ 用相应的绘图命令绘制各视图。因为许多绘图方式还没学到，因此，目前应使用栅格捕捉来确定各视图的起画点，以实现视图间的长对正、高平齐。

注意：图中所有线型均要绘制在相应的图层上。

⑤ 用 QSAVE 命令保存图形。

第 4 章

高效的图形编辑命令

📖 本章导读

AutoCAD 提供了多个图形编辑命令用来编辑和修改图形（也称实体），只有熟记它们的功能并合理地选用它们，才能真正实现高效率的绘图。本章介绍绘制工程图中常用的图形编辑命令的功能与操作方法。

应掌握的知识要点：

- 图形编辑命令中选择实体的 7 种方式。
- 用 COPY 命令复制无规律分布的相同图形部分，用 MIRROR 命令复制对称的图形部分，用 ARRAY 命令复制成行成列或在圆周上均匀分布的图形部分，用 OFFSET 命令复制已知间距的平行直线或较复杂的类似图形部分。
- 用 MOVE 命令或 ROTATE 命令将图形平移或旋转到所需的位置。
- 用 SCALE 命令按比例放大或缩小图形，用 STRETCH 命令以拉长或压缩的方式改变图形的大小。
- 用 EXTEND 命令延伸实体到指定的边界，用 TRIM 命令修剪实体到指定的边界。
- 用 BREAK 命令打断实体，即擦除实体上不需要指定边界的部分；用 JOIN 命令将断开的实体连接合并为一个实体。
- 用 CHAMFER 命令或 FILLET 命令对实体倒斜角或倒圆角。
- 用 EXPLODE 命令分解实体。
- 用 PEDIT 命令编辑多段线。
- 用 PROPERTIES 命令查看和全方位修改实体。
- 用特性匹配功能进行特别编辑。
- 用夹点功能进行快速编辑。

4.1 图形编辑命令中选择实体的方式

实体是指所绘工程图中的图形、文字、尺寸、剖面线等。用一个命令画出的图形或注写的文字，可能是一个实体，也可能是多个实体。例如，用 LINE 命令一次画出的 4 条线是 4 个实体，而用 PLINE 命令一次画出的 4 条线却是一个实体；用 DTEXT 命令一次所注写的文字，每行都是一个实体，而用 MTEXT 命令所注写的文字，无论多少行都是一个实体。

AutoCAD 所有的图形编辑命令都要求选择一个或多个实体进行编辑，此时，AutoCAD 会提示：

   选择对象：（选择需编辑的实体）

当选择了实体之后，AutoCAD 用虚像醒目显示它们。每次选定实体后，"选择对象："提示会重复出现，直至按〈Enter〉键或单击鼠标右键结束选择。

AutoCAD 2008 提供了多种选择实体的方法，下面介绍常用的几种方式（前 3 种在前面的章节中已经介绍）。

1. 直接点选方式

该方式一次只选一个实体。在出现"选择对象："提示时，直接操作鼠标，让目标拾取框"□"移到所选取的实体上后单击，该实体变成虚像显示，表示被选中。

2. W 窗口方式

该方式选中完全在窗口内的所有实体。在出现"选择对象："提示时，在默认状态下，可先给出窗口左边角点，再给出窗口右边角点，完全处于窗口内的实体变成虚像显示，表示被选中。

3. C 交叉窗口方式

该方式选中完全和部分在窗口内的所有实体。在出现"选择对象："提示时，在默认状态下，可直接先给出窗口右边角点，再给出窗口左边角点，完全和部分处于窗口内的所有实体都变成虚像显示，表示被选中。

4. 栏选（Fence）方式

该方式可绘制若干条直线，它用来选中与所绘直线相交的实体。在出现"选择对象："提示时，输入"F"，再按提示给出直线的各端点（即栏选点），确定后即选中与这组直线相交的实体。

5. 上次（Previous）方式

该方式选中上一次编辑命令设定好的选择集。在出现"选择对象："提示时，输入"P"，确定后，上一次编辑命令中所选中的实体即被选中。

6. 全选（ALL）方式

该方式选中图形中所有对象。在出现"选择对象："提示时，输入"ALL"，确定后，图形中的所有实体即被选中。

7. 扣除方式

该方式可撤销同一个命令中选中的任一个或多个实体。在出现"选择对象："提示时，按下〈Shift〉键，然后用鼠标点选或窗选，可撤销已选中的实体。

4.2 复制

对于图形中任意分布的相同部分，绘图时可只画出一处，其他用 COPY 命令复制绘出；对于图形中对称的部分，一般只画一半，然后用 MIRROR 命令复制出另一半；对于成行成列或在圆周上均匀分布的结构，一般只画出一处，其他用 ARRAY 命令复制绘出；对于已知间距的平行直线或较复杂的类似形图形，可只画出一个，其他用 OFFSET 命令复制绘出。

4.2.1 复制图形中任意分布的实体

用 COPY 命令可将选中的实体复制到指定的位置，可进行任意次复制，如图 4.1 所示。复制命令中的基点是确定新复制实体位置的参考点，也就是位移的第 1 点。

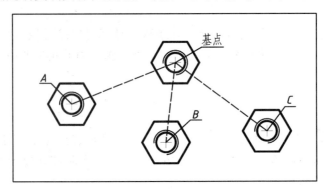

图 4.1 任意复制示例

1. 输入命令

- 从"二维绘图"控制台（或"修改"工具栏）单击："复制"按钮
- 从下拉菜单选取："修改" ⇨ "复制"
- 从键盘输入：<u>COPY</u> 或 <u>CO</u>

2. 命令的操作

以图 4.1 所示复制为例。

命令:（输入命令）

选择对象:（选择要复制的实体）
选择对象: ↙（也可继续选择）
当前设置: 复制模式 = 多个 （信息行）
指定基点或 [位移(D)/模式(O)] 〈位移〉:（定基点）
指定第二个点或 〈使用第一个点作为位移〉:（给点 A） （复制一组实体）
指定第二个点或 [退出(E)/放弃(U)]〈退出〉:（再给点 B） （再复制一组实体）
指定第二个点或 [退出(E)/放弃(U)]〈退出〉:（再给点 C） （再复制一组实体）
指定第二个点或 [退出(E)/放弃(U)]〈退出〉: ↙
命令:

说明:

① 在"指定基点或 [位移(D)/模式(O)]〈位移〉:"提示行中选择"D",可输入相对坐标来确定复制实体的位置。

② 在"指定基点或 [位移(D)/模式(O)]〈位移〉:"提示行中选择"O",可重新设定"单点"模式（默认是"多点"模式）。

③ 在"指定第二个点或 [退出(E)/放弃(U)]〈退出〉:"提示行中选择"E"或按〈Enter〉键,均可结束命令。

④ 在"指定第二个点或 [退出(E)/放弃(U)]〈退出〉:"提示行中选择"U",可撤销命令中上一次的复制。

4.2.2 复制图形中对称的实体

用 MIRROR 命令可复制出与选中实体对称的实体。镜像是指以相反的方向生成所选实体的拷贝。该命令将选中的实体按指定的镜像线作镜像,如图 4.2 所示。

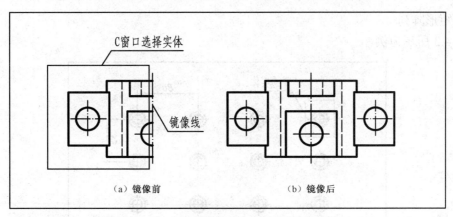

图 4.2 镜像示例

1. 输入命令

- 从"二维绘图"控制台（或"修改"工具栏）单击:"镜像"按钮
- 从下拉菜单选取:"修改" ⇨ "镜像"
- 从键盘输入: <u>MIRROR</u> 或 <u>MI</u>

2. 命令的操作

命令:（输入命令）

选择对象:（选择要镜像的实体）

选择对象: ↙

指定镜像线的第一点:（给镜像线上任意一点）

指定镜像线的第二点:（再给镜像线上任意一点）

是否删除源对象吗？[是(Y)/否(N)]〈N〉: ↙

（按〈Enter〉键即选"N"（默认）项，不删除原实体；若输入"Y"，将删除原实体。）

命令:

4.2.3 复制图形中规律分布的实体

用 ARRAY 命令可复制出成行成列或在圆周上均匀分布的实体。阵列是指一次复制生成多个实体。该命令可以按指定的行数、列数及行间距、列间距进行矩形阵列，也可以按指定的阵列中心、阵列个数及包含角度进行环形阵列。

1. 输入命令

- 从"二维绘图"控制台（或"修改"工具栏）单击："阵列"按钮
- 从下拉菜单选取："修改" ➪ "阵列"
- 从键盘输入：**ARRAY** 或 **AR**

2. 命令的操作

（1）矩形阵列

以图 4.3 所示为例。

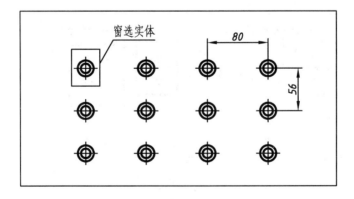

图 4.3 矩形阵列示例

输入 ARRAY 命令后，AutoCAD 弹出"阵列"对话框，如图 4.4 所示。

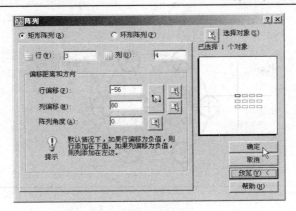

图 4.4　建立矩形阵列的"阵列"对话框

该对话框的操作步骤如下。

① 选择阵列方式

单击对话框上方的"矩形阵列"单选钮，中间出现小黑点即表示选中此项。

② 选择要阵列的实体

单击对话框右上角的"选择对象"按钮 返回图纸，同时命令区出现提示：

　　选择对象:（选择要阵列的实体）

　　选择对象:　✓　（结束实体选择，返回对话框）

③ 输入阵列的行数和列数

在"行"文字编辑框中输入 3，在"列"文字编辑框中输入 4。

④ 输入行偏移和列偏移

在"行偏移"文字编辑框中输入-56，在"列偏移"文字编辑框中输入 80，在"阵列角度"文字编辑框中输入 0。

⑤ 预览与完成阵列

单击"预览"按钮，可进入预览状态。如果不满意，则单击弹出的小对话框中的"修改"按钮，AutoCAD 将返回"阵列"对话框。修改后再预览，如果满意，则单击小对话框中的"接受"按钮，完成阵列。

说明：

① 在"行偏移"文字编辑框中输入正值将向右阵列，负值将向左阵列；在"列偏移"文字编辑框中输入正值将向上阵列，负值将向下阵列。也可单击"行偏移"或"列偏移"文字编辑框后的 按钮进入绘图状态，用鼠标指定两点，两点间的距离即为行间距（行偏移）或列间距（列偏移）；或者单击 按钮进入绘图状态，用鼠标画出一个矩形窗口，矩形的长和高即为行间距和列间距，间距的正负取决于鼠标所给矩形窗口两点的方向。

② 在"阵列角度"文字编辑框中输入非零数值，将形成斜向矩形阵列。

（2）环形阵列

以图 4.5 所示为例。

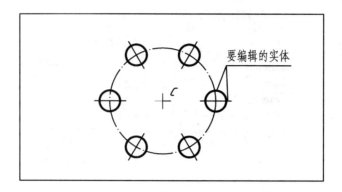

图 4.5 环形阵列示例

输入命令后，AutoCAD 弹出"阵列"对话框。

该对话框的操作步骤如下。

① 选择阵列方式

单击"环形阵列"单选钮，中间出现小黑点即表示选中此项，如图 4.6 所示。

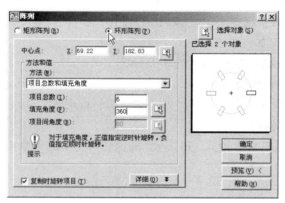

图 4.6 建立环形阵列的"阵列"对话框

② 选择要阵列的实体

单击"选择对象"按钮 返回图纸，同时命令区出现提示：

选择对象：(选择要阵列的实体)

选择对象：✓ (结束实体选择返回对话框)

③ 指定环形阵列的中心

单击"中心点"行中拾取点按钮 返回图纸，用鼠标指定阵列中心；也可在"X"和"Y"文字编辑框中输入阵列中心点的坐标值。

④ 输入阵列总数和角度

先在"方法"下拉列表中选择输入阵列总数和角度的方式为"项目总数和填充角度"（填充角度即为包含角度，选项时，应根据图中的已知条件来定），然后在其下的"项目总数"文字编辑框中输入 6，在"填充角度"文字编辑框中输入 360。

⑤ 预览与完成阵列

单击"预览"按钮，可进入预览状态。若不满意，则单击弹出的小对话框中的"修改"按钮，AutoCAD 将返回"阵列"对话框。修改后再预览，直至满意，单击小对话框中的"接受"按钮，完成阵列。

说明：
① 阵列个数包括原实体。
② 若打开"阵列"对话框左下角的"复制时旋转项目"开关，则原实体在环形阵列时做相应的旋转；若关闭此开关，则原实体在环形阵列时只平移。

4.2.4 复制生成图形中的类似实体

用 OFFSET 命令可复制生成图形中的类似实体。该命令将选中的直线、圆弧、圆及二维多段线等按指定的偏移量或通过点生成一个与原实体形状类似的新实体（单条直线则生成相同的新实体），新实体所在的图层可与原实体相同，也可绘制在当前图层上，如图 4.7 所示。

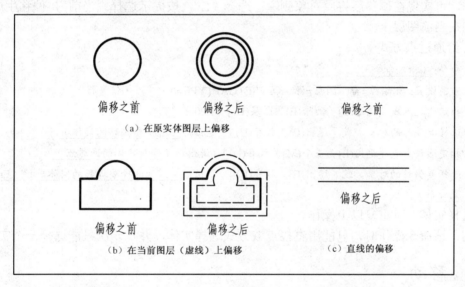

图 4.7 偏移示例

1. 输入命令

- 从"二维绘图"控制台（或"修改"工具栏）单击："偏移"按钮
- 从下拉菜单选取："修改" ⇨ "偏移"
- 从键盘输入：OFFSET

2. 命令的操作

（1）给偏移距离方式

命令：（输入命令）
当前设置：删除源=否　图层=源　OFFSETGAPTYPE=0　　　（信息行）
指定偏移距离或 [通过(T)/删除(E)/图层(L)] ⟨1.00⟩：（给偏移距离）

选择要偏移的对象，或［退出(E)／放弃(U)］〈退出〉:（选择要偏移的实体）
指定要偏移的那一侧上的点，或［退出(E)／多个(M)／放弃(U)］〈退出〉:（指定偏移方位）
选择要偏移的对象，或［退出(E)／放弃(U)］〈退出〉:（继续选择要偏移的实体或按〈Enter〉键结束命令）

再选择实体，将重复以上操作。

说明：

① 在"选择要偏移的对象，或［退出(E)／放弃(U)］〈退出〉:"提示行中选择"E"或按〈Enter〉键，将结束命令；选择"U"，将撤销命令中上一次的偏移。

② 在"指定要偏移的那一侧上的点，或［退出(E)／多个(M)／放弃(U)］〈退出〉:"提示行中，选择"M"，AutoCAD 将连续提示"指定要偏移的那一侧上的点，或［退出(E)／放弃(U)］〈下一个对象〉:"，可对一个实体连续进行多次偏移复制。

③ 在"指定偏移距离或［通过(T)／删除(E)／图层(L)］〈1.00〉:"提示行中选择"E"，按提示操作，可实现在偏移后将原对象删除；选择"L"，按提示选择"当前"，偏移生成的新实体将绘制在当前图层上。

（2）给通过点方式

命令:（输入命令）
当前设置: 删除源=否 图层=源 OFFSETGAPTYPE=0   （信息行）
指定通过点或［通过(T)／删除(E)／图层(L)］〈1.00〉: T↙
选择要偏移的对象，或［退出(E)／放弃(U)］〈退出〉:（选择要偏移的实体）
指定通过点或［退出(E)／多个(M)／放弃(U)］〈退出〉:（给新实体的通过点）
选择要偏移的对象，或［退出(E)／放弃(U)］〈退出〉:（继续选择要偏移的实体或按〈Enter〉键结束命令）

再选择实体，可重复以上操作。

说明：该命令操作时，只能用直接点取方式选择实体，并且一次只能选择一个实体。

4.3 移动

用 MOVE 命令可将选中的实体移动到指定的位置，如图 4.8 所示。

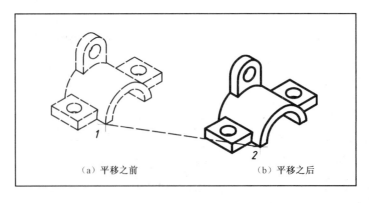

图 4.8 移动示例

1. 输入命令

- 从"二维绘图"控制台（或"修改"工具栏）单击："移动"按钮 ✥
- 从下拉菜单选取："修改" ⇨ "移动"
- 从键盘输入：<u>MOVE</u> 或 <u>M</u>

2. 命令的操作

命令:（输入命令）
选择对象:（选择要移动的实体）
选择对象:（继续选择或按〈Enter〉键完成选择）
指定基点或［位移(D)］〈位移〉:（定基点，即给位移第 1 点）
指定第二个点或〈使用第一个点作为位移〉:（给位移第 2 点，或用鼠标导向直接给距离）
命令:

说明：在"指定基点或［位移(D)］〈位移〉:"提示行中选择"D"，可直接输入坐标移动实体。

4.4 旋转

用 ROTATE 命令可将选中的实体绕指定的基点进行旋转，可用给旋转角方式，也可用参考方式。

1. 输入命令

- 从"二维绘图"控制台（或"修改"工具栏）单击："旋转"按钮 ↻
- 从下拉菜单选取："修改" ⇨ "旋转"
- 从键盘输入：<u>ROTATE</u>

2. 命令的操作

（1）给旋转角方式

以图 4.9 所示为例，看其操作过程。

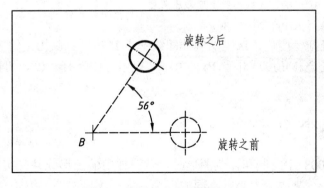

图 4.9 给旋转角方式旋转示例

命令：（输入命令）

UCS 当前的正角方向：ANGDIR=逆时针　ANGBASE=0　（信息行）

选择对象：（选择实体）

选择对象：↙

指定基点：（给基点 B）

指定旋转角度，或 [复制(C)/参照(R)]〈0〉：56↙

命令：

该方式直接给旋转角度后，选中的实体将绕基点 B 按指定旋转角旋转。

说明：若在"指定旋转角度，或 [复制(C)/参照(R)]〈0〉："提示行中选择"C"，可实现复制性旋转，即旋转后原实体仍然存在。

（2）参照方式

以图 4.10 所示为例，看其操作过程。

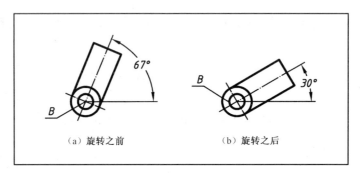

图 4.10　参照方式旋转示例

命令：（输入命令）

UCS 当前的正角方向：ANGDIR=逆时针　ANGBASE=0　（信息行）

选择对象：（选择实体）

选择对象：↙

指定基点：（给基点 B）

指定旋转角度，或 [复制(C)/参照(R)]〈0〉：R↙（选参照方式）

指定参照角〈0〉：67↙（给参照角度即原角度）

指定新角度或 [点(P)]〈0〉：30↙

输入参照角度及新角度后，选中的实体即绕基点 B 旋转到新指定的 30°的位置。

说明：若在"指定新角度或 [点(P)]〈0〉："提示行中选择"P"，可按提示给两点来确定实体旋转后的位置。

4.5　改变大小

在 AutoCAD 2008 中绘制和修改图形时，若图样中的图形或某些实体的大小不是所希望的，可用圆形编辑命令来改变大小。不同的情况，应用不同的图形编辑命令。

4.5.1 缩放图形中的实体

用 SCALE 命令将选中的实体相对于基点按比例进行放大或缩小，可用给比例值方式，也可用参照方式。

若所给比例值大于 1，则放大实体；若所给比例值小于 1，则缩小实体。比例值不能是负值。

1. 输入命令

- 从"二维绘图"控制台（或"修改"工具栏）单击："比例"按钮
- 从下拉菜单选取："修改" ⇨ "缩放"
- 从键盘输入：<u>SCALE</u> 或 <u>SC</u>

2. 命令的操作

（1）给比例值方式

以图 4.11 所示为例，看其操作过程。

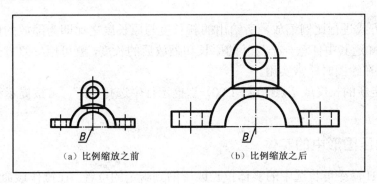

图 4.11 给比例值方式缩放示例

命令：（输入命令）
选择对象：（选择要缩放的实体）
选择对象：✓
指定基点：（给基点 B）
指定比例因子或 [复制(C) / 参照(R)] 〈1.00〉：<u>2</u>✓（给比例值）

该方式直接给比例值 2，选中的实体将以 B 点为不动点，按比例放大为原实体的 2 倍。

说明：若在"指定比例因子或 [复制(C) / 参照(R)] 〈1.00〉："提示行中选择"C"，可实现复制性缩放，即缩放后原实体仍然存在。

（2）参照方式

以图 4.12 所示为例，看其操作过程。

命令：（输入命令）
选择对象：（选择实体）
选择对象：✓
指定基点：（给基点 B）

指定比例因子或［复制(C)／参照(R)］〈1.00〉： R↙（选参考方式）
指定参照长度〈5〉： 91↙（给参考长度，即原实体的任一个尺寸）
指定新的长度或［点(P)］〈1.00〉： 60↙（给缩放后该尺寸的大小）

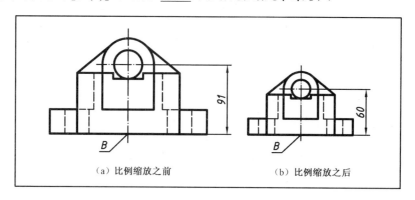

图 4.12 参照方式缩放示例

说明：

① 用参照方式进行比例缩放，所给出的新长度与原长度之比即为缩放的比例值。缩放一组实体时，只要知道其中任意一个尺寸的原长和缩放后的长度，就可用参照方式而不必计算缩放比例。该方式在绘图时非常实用。

② 在"指定新的长度或［点(P)］〈1.00〉："提示行中选择"P"，可按提示给两点来确定实体缩放后的大小。

4.5.2 拉压图形中的实体

用 STRETCH 命令可将选中的实体拉长或压缩到给定的位置。在操作该命令时，必须用 C 窗口方式来选择实体，与选取窗口相交的实体会被拉长或压缩，完全在选取窗口外的实体不会有任何改变，完全在选取窗口内的实体将发生移动，如图 4.13 所示。

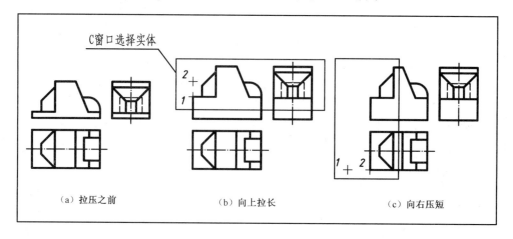

图 4.13 拉压示例

1. 输入命令
- 从"二维绘图"控制台（或"修改"工具栏）单击："拉压"按钮
- 从下拉菜单选取："修改" ⇨ "拉伸"（即拉压）
- 从键盘输入：STRETCH

2. 命令的操作

命令：（输入命令）
以交叉窗口或交叉多边形选择要拉伸的对象…　（信息行）
选择对象：（用 C 窗口方式选择实体）
选择对象：↙
指定基点或[位移(D)]〈位移〉：（给基点，即第 1 点）
指定第二个点或〈使用第一个点作为位移〉：（给拉或压距离的第 2 点，或用鼠标导向直接给距离）
命令:

说明：在"指定基点或[位移(D)]〈位移〉:"提示行中选择"D"，可输入坐标来拉压实体。

4.6 延伸与修剪到边界

为了提高绘图速度，在 AutoCAD 中绘图时，常根据所给尺寸的条件，先用绘图命令画出图形的基本形状，然后再用 TRIM 命令将各实体中多余的部分去掉。例如，画一个腰圆形孔，可先用 CIRCLE 命令和 LINE 命令画出两个圆和两条直线，形状如图 4.14（a）中左图所示，然后再用"修剪"命令以两直线为边界，将两圆多余的部分修剪掉，修剪后的形状如图 4.14（b）中左图所示。

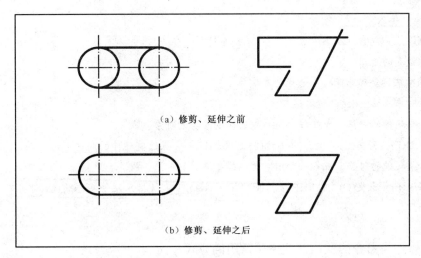

(a) 修剪、延伸之前

(b) 修剪、延伸之后

图 4.14　修剪与延伸示例

另外，绘图时常会出现误差，当所绘两线段相交处出现出头或间隙时，如图 4.14（a）中右图所示,用 TRIM 命令或 EXTEND 命令去掉出头或画出间隙处的线段是最准确、最快捷的方法,效果如图 4.14(b)中右图所示。

4.6.1 延伸图形中实体到边界

用 EXTEND 命令可将选中的实体延伸到指定的边界。

1. 输入命令

- 从"二维绘图"控制台(或"修改"工具栏)单击:"延伸"按钮
- 从下拉菜单选取:"修改" ⇨ "延伸"
- 从键盘输入:<u>EXTEND</u> 或 <u>EX</u>

2. 命令的操作

以图 4.15 所示为例,看其操作过程。

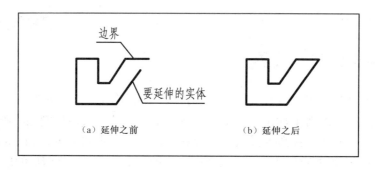

图 4.15 延伸的示例

命令:<u>(输入命令)</u>
当前设置:投影=UCS 边=无 (信息行)
选择边界的边...
选择对象〈全部选择〉:<u>(选择边界实体)</u>
选择对象:<u> ✓ </u>(结束边界选择)
选择要延伸的对象,或按住 Shift 键选择要修剪的对象,或
  [栏选(F)/窗交(C)/投影(P)/边(E)/放弃(U)]:<u>(点选要延伸的实体)</u>
选择要延伸的对象,或按住 Shift 键选择要修剪的对象,或
  [栏选(F)/窗交(C)/投影(P)/边(E)/放弃(U)]:<u> ✓ </u>(结束延伸实体的选择)
命令:

说明:
① 以上操作为命令的默认方式,是常用的方式。
② 延伸命令最后一行提示中后 5 项的含义如下。
选"F":用栏选方式选择要延伸的实体,一次延长多个实体。
选"C":用 C 窗口方式选择要延伸的实体,一次延长多个实体。

选"P"：用于确定是否指定或使用投影方式。

选"E"：用于指定延伸的边方式，包括"扩展"与"不扩展"两种方式。如图 4.16 所示，"不扩展"方式限制延伸后实体必须与边界相交才可延伸，"扩展"方式对延伸后实体是否与边界相交没有限制。

选"U"：撤销命令中上一步的操作。

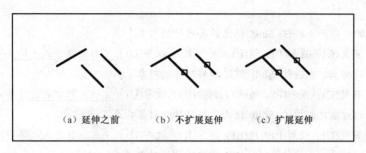

图 4.16　延伸命令的边方式

③ AutoCAD 2008 的延伸命令中可按提示行"按住 Shift 键选择要修剪的对象"，进行修剪实体到边界的操作。

4.6.2　修剪图形中实体到边界

用 TRIM 命令可将指定的实体部分修剪到指定的边界。

1．输入命令

- 从"二维绘图"控制台（或"修改"工具栏）单击："修剪"按钮
- 从下拉菜单选取："修改" ⇨ "修剪"
- 从键盘输入：<u>TRIM</u> 或 <u>TR</u>

2．命令的操作

以图 4.17 所示的图形为例，看其操作过程。

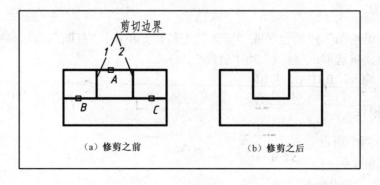

图 4.17　修剪的示例

命令：（输入命令）
当前设置：投影＝UCS 边＝无 （信息行）
选择边界的边...
选择对象〈全部选择〉：（选择修剪边界1）
选择对象：（选择修剪边界2）
选择对象：↙
选择要修剪的对象，或按住 Shift 键选择要延伸的对象，或
　［栏选(F)／窗交(C)／投影(P)／边(E)／删除(R)／放弃(U)］：（用点取方式选择要修剪的A部分）
选择要修剪的对象，或按住 Shift 键选择要延伸的对象，或
　［栏选(F)／窗交(C)／投影(P)／边(E)／删除(R)／放弃(U)］：（用点取方式选择要修剪的B部分）
选择要修剪的对象，或按住 Shift 键选择要延伸的对象，或
　［栏选(F)／窗交(C)／投影(P)／边(E)／删除(R)／放弃(U)］：（用点取方式选择要修剪的C部分）
选择要修剪的对象，或按住 Shift 键选择要延伸的对象，或
　［栏选(F)／窗交(C)／投影(P)／边(E)／删除(R)／放弃(U)］：↙（结束修剪）
命令：

说明：
① 在修剪命令中，剪切边界同时也可以作为被剪切的实体。
② 在"［栏选(F)／窗交(C)／投影(P)／边(E)／删除(R)／放弃(U)］："提示行中选择"R"，将撤销上一次的修剪。其他选项与延伸命令中的同类选项含义相同。
③ AutoCAD 2008 的修剪命令中可按提示行"按住 Shift 键选择要延伸的对象"，进行延伸实体到边界的操作。

4.7 打断

用 BREAK 命令可打断实体，即擦除实体上的某一部分或将一个实体分成两部分。其可直接给两个打断点来切断实体；也可先选择要打断的实体，再给两个打断点，如图 4.18 所示。后者常用于第一个断点定位不准确，需要重新指定的情况。

1. 输入命令

- 从"二维绘图"控制台（或"修改"工具栏）单击："打断"按钮 ▢
- 从下拉菜单选取："修改" ⇨ "打断"
- 从键盘输入：BREAK 或 BR

2. 命令的操作

（1）直接给两个断点
命令：（输入命令）
选择对象：（给打断点1）
指定第二个打断点或［第一点(F)］：（给打断点2）
命令：

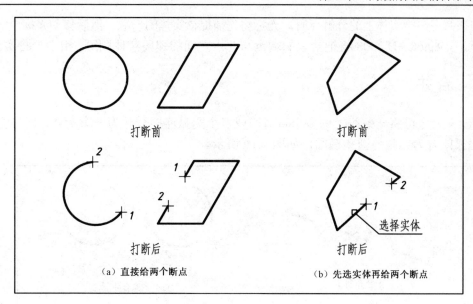

图 4.18 打断示例

(2) 先选实体,再给两个断点

  命令:(输入命令)

  选择对象:(选择实体)

  指定第二个打断点或 [第一点(F)]: F↙

  指定第一个打断点:(给打断点 1)

  指定第二个打断点:(给打断点 2)

  命令:

说明:

① 在命令提示给第 2 个打断点时,若在实体外取一点,则删除打断点 1 与此点之间的那段实体。

② 在切断圆时,擦除的部分是从打断点 1 到打断点 2 之间逆时针旋转的部分。

(3) 打断于点

  命令:(从"修改"工具栏单击:"打断于点"图标按钮)

  选择对象:(选择实体)

  指定第二个打断点或 [第一点(F)]: -f (信息行)

  指定第一个打断点:(给实体上的分解点)

  指定第二个打断点: @ (信息行)

  命令:

说明:

① 结束命令后,被打断于点的实体以给定的分解点为界分解为两个实体,但外观上没有任何变化。

② 在给实体上的分解点时,必须关闭对象捕捉(关于对象捕捉详见第 5 章)。若打开对象捕

捉，则在该命令中给实体上的分解点时，光标将先捕捉该实体的一端，然后移动光标至实体上的某点后单击，AutoCAD 2008 将把拾取的端点与此点之间的那段实体删除，相当于将实体变短。

4.8 合并

用 JOIN 命令可将一条线上的多个直线段或多个圆弧连接合并为一个实体，也可将一个圆弧或椭圆弧闭合为完整的圆和椭圆，如图 4.19 所示。

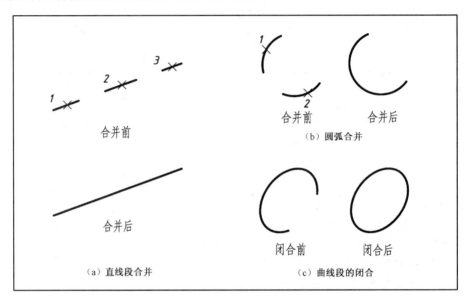

图 4.19　合并示例

1．输入命令

- 从"二维绘图"控制台（或"修改"工具栏）单击："合并"按钮 ➜ ➜
- 从下拉菜单选取："修改" ➪ "合并"
- 从键盘输入：<u>JOIN</u> 或 <u>J</u>

2．命令的操作

（1）合并直线段

以图 4.19（a）所示的图形为例，看其操作过程。

命令：（输入命令）
选择源对象：（选择直线段 1 作为源线段）
选择要合并到源的直线：（选择要合并的直线段 2）
选择要合并到源的直线：（选择要合并的直线段 3）
选择要合并到源的直线：↙（结束选择）
已将 2 条直线合并到源　　（信息行）

命令:
说明：用多段线命令绘制的直线不能合并。
（2）合并和闭合曲线段
以图 4.19（b）所示的图形为例，看其操作过程。

命令:（输入命令）
选择源对象:（选择圆弧段 1 作为源线段）
选择圆弧，以合并到源或进行 [闭合(L)]:（选择要合并的圆弧段 2）
选择要合并到源的圆弧: ✓（结束选择）
已将 1 个圆弧合并到源　（信息行）
命令:

说明：在"选择圆弧，以合并到源或进行［闭合(L)]:"提示行中选择"L"，可使所选择的圆弧或椭圆弧闭合为完整的圆和椭圆，如图 4.19（c）所示。

4.9　倒角

4.9.1　对图形中实体倒斜角

用 CHAMFER 命令可按指定的距离或角度在一对相交直线上倒斜角，也可对封闭的多段线（包括正多边形、矩形）各直线交点处同时进行倒角。

1. 输入命令

- 从"二维绘图"控制台（或"修改"工具栏）单击："倒角"按钮
- 从下拉菜单选取："修改" ⇨ "倒角"
- 从键盘输入：CHAMFER

2. 命令的操作

（1）定倒角大小
当进行倒角时，首先要注意查看信息行中当前倒角的距离，如果不是所需要的，应首先选项定倒角大小。该命令可用两种方法定倒角大小。
① 选"D"：该选项通过指定两个倒角距离来确定倒角大小。两个倒角距离可相等，也可不相等，如图 4.20 所示。
其操作过程如下：

命令:（输入命令）
（"修剪"模式）当前倒角距离 1=10.00，距离 2=10.00（信息行）
选择第一条直线或 [放弃(U) / 多段线(P) / 距离(D) / 角度(A) / 修剪(T) / 方法(M) / 多个(U)]: D✓
指定第一倒角距离 〈10.00〉:（给第一个距离）
指定第二倒角距离 〈10.00〉:（给第二个距离）
命令:

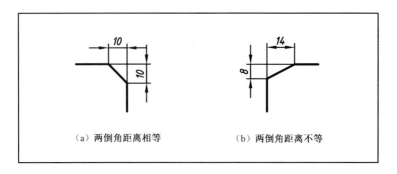

图 4.20 用"距离"选项定倒角大小

② 选"A":该选项通过指定第一条线上的倒角距离和该线与斜角线间的夹角来确定倒角大小,如图 4.21 所示。

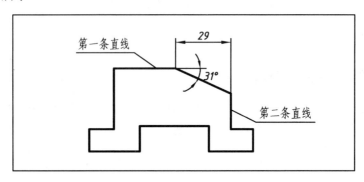

图 4.21 用角度选项定倒角大小

其操作过程如下。

命令:(输入命令)
("修剪"模式)当前倒角距离 1=10.00,距离 2=10.00(信息行)
选择第一条直线或 [放弃(U) / 多段线(P) / 距离(D) / 角度(A) / 修剪(T) / 方法(M) / 多个(U)]: A↙
指定第一条直线的倒角长度 ⟨20⟩:(给第一条倒角线上的倒角长度)
指定第一条直线的倒角角度 ⟨0⟩:(给角度)
命令:

以上所定倒角大小将一直沿用,直到改变它。

(2) 单个倒角的操作

定倒角大小后,AutoCAD 退出该命令,处于待命状态。若要按指定的倒角大小给一对直线进行倒角,可按以下过程操作。

命令:(输入倒角命令)
("修剪"模式)当前倒角距离 1=5.00,距离 2=5.00(信息行)
选择第一条直线或 [放弃(U) / 多段线(P) / 距离(D) / 角度(A) / 修剪(T) / 方法(M) / 多个(U)]:(选择第一条倒角线)
选择第二条直线,或按住 Shift 键选择要应用角点的直线:(选择第二条倒角线)

命令:

（3）多段线倒角的操作

以图 4.22（a）所示的多段线为例，看其倒角操作过程。

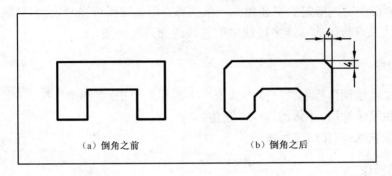

图 4.22 多段线倒斜角示例

命令：（输入倒角命令）

（"修剪"模式）当前倒角距离 1=10.00，距离 2=5.00   （信息行）

选择第一条直线或 ［放弃(U) / 多段线(P) / 距离(D) / 角度(A) / 修剪(T) / 方法(M) / 多个(U)］：D↙

指定第一倒角距离 〈0.00〉：   4↙

指定第二倒角距离 〈0.00〉：   4↙

命令： ↙ （启用上次命令）

选择第一条直线或 ［放弃(U) / 多段线(P) / 距离(D) / 角度(A) / 修剪(T) / 方式(E) / 多个(M)］：P↙

选择二维多段线：（选择多段线）

命令：

倒角后的效果如图 4.22（b）所示。

（4）其他

选"U"：撤销命令中上一步的操作。

选"T"：控制是否保留所切的角，包括"修剪"和"不修剪"两个控制选项，效果如图 4.23 所示。

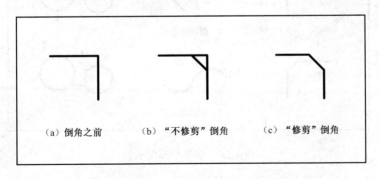

图 4.23 CHAMFER 命令中"修剪"选项应用效果

选"E"：控制指定倒角大小的方式。

选"M"：可连续执行单个倒角的操作。

4.9.2 对图形中实体倒圆角

用FILLET命令可按指定的半径建立一条圆弧，用该圆弧可光滑连接直线、圆弧或圆等实体，还可用该圆弧对封闭的二维多段线中的各线段交点倒圆角。

1. 输入命令

- 从"二维绘图"控制台（或"修改"工具栏）单击："圆角"按钮
- 从下拉菜单选取："修改" ⇨ "圆角"
- 从键盘输入：<u>FILLET</u> 或 <u>F</u>

2. 命令的操作

（1）定圆角半径

输入FILLET命令后，首先要注意查看信息行中当前圆角的半径，如果不是所需要的，应首先通过选项指定半径大小。

具体操作过程如下。

命令：（输入命令）
当前设置：模式＝修剪，半径＝0.00　　（信息行）
选择第一个对象或［放弃(U)／多段线(P)／半径(R)／修剪(T)／多个(M)］：<u>R↙</u>
指定圆角半径〈0.00〉：<u>（给圆角半径）</u>
命令：

所给圆角半径将一直沿用，直到改变它。

（2）单个圆角的操作

如图4.24所示，指定圆角半径后，单个倒圆角，可按以下过程操作。

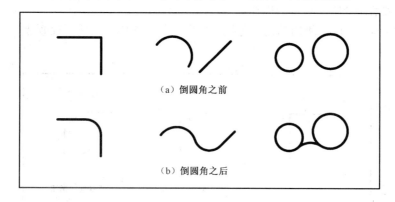

图4.24　倒单个圆角示例

命令：（输入命令）
当前模式：模式＝修剪，半径＝10.00（信息行）
选择第一个对象或［放弃(U)／多段线(P)／半径(R)／修剪(T)／多个(U)］：<u>（选择第一个实体）</u>

选择第二个对象，或按住 Shift 键选择要应用角点的直线：(选择第二个实体)

命令：

（3）多段线倒圆角的操作

操作方法与 CHAMFER 命令相同，效果如图 4.25 所示。

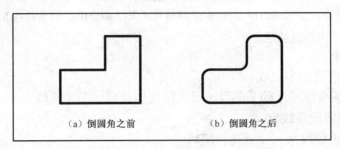

（a）倒圆角之前　　　（b）倒圆角之后

图 4.25　多段线倒圆角示例

说明："放弃（U）"、"修剪（T）"和"多个（M）"选项的含义与 CHAMFER 命令的相同。

4.10　分解

用 EXPLODE 命令可将多段线或含多项内容的一个实体分解成若干个独立的实体。

1. 输入命令

- 从"二维绘图"控制台（或"修改"工具栏）单击："分解"按钮
- 从下拉菜单选取："修改" ⇨ "分解"
- 从键盘输入：<u>EXPLODE</u>

2. 命令的操作

命令：（输入命令）

选择对象：（选择要分解的实体）

选择对象：（继续选择实体或按〈Enter〉键结束命令）

命令：

4.11　编辑多段线

用 PEDIT 命令可编辑多段线，并执行几种特殊的编辑功能以处理多段线的特殊属性。

1. 输入命令

- 从下拉菜单选取："修改" ⇨ "对象" ⇨ "多段线"
- 从键盘输入：<u>PEDIT</u>

2. 命令的操作

命令:（输入命令）
选择多段线或 [多条(M)]:（选择多段线、直线或圆弧）
输入选项[闭合(C)/合并(J)/宽度(W)/编辑顶点(E)/拟合(F)/样条曲线(S)/非曲线化(D)/线型生成(L)/放弃(U)]:（选项）

各选项含义如下。
选"C"：封闭所选的多段线。
选"J"：将数条头尾相连的非多段线或多段线转换成一条多段线。
选"W"：改变多段线线宽。
选"E"：针对多段线某一顶点进行编辑。
选"F"：将多段线拟合成双圆弧曲线。
选"S"：将多段线拟合成样条曲线。
选"D"：将拟合曲线修成的平滑曲线还原成多段线。
选"L"：设置线型图案所表现的方式。
选"U"：撤销命令中上一步的操作。

4.12 用特性选项板进行查看和编辑

用 PROPERTIES 命令可查看实体（如：直线、圆、圆弧、多段线、矩形、正多边形、椭圆、样条曲线、文字、尺寸、剖面线、图块等）的信息并可全方位地修改单个实体的特性。该命令也可以同时修改多个实体上共有的实体特性。根据所选实体不同，AutoCAD 2008 将分别显示不同内容的"特性"选项板。

要查看或修改一个实体的特性，一次应选择一个实体，"特性"选项板中将显示这个实体的所有特性，并可根据需要进行修改；要修改一组实体的共有特性，应一次选择多个实体，"特性"选项板中将显示这些实体的共有特性，可修改选项板中显示的内容。

该命令可用下列方法之一输入：
- 从"标准注释"工具栏单击："特性"按钮
- 从键盘输入：**PR**

输入命令后，AutoCAD 2008 会立即弹出"特性"选项板。在"命令:"状态下，选择所要修改的实体（实体特征点上出现蓝色小方框即为选中），选中后，"特性"选项板中将显示所选中实体的有关特性。

在"特性"选项板中修改实体的特性，无论一次修改一个还是多个，无论修改哪一种实体，都可归纳为以下两种情况。

1. 修改数值选项

修改数值选项有两种方法。
（1）用"拾取点"方式修改

如图 4.26 所示，单击需修改的选项行，该行最后会显示一个"拾取点"按钮。单击该按钮，即可在绘图区中用拖动的方法给出所选直线的起点或终点的新位置，确定后即完成修改。

（2）用"输入一新值"方式修改

如图 4.27 所示，单击需要修改的选项行，再单击其数值，进入修改状态，输入一新值代替原有的值，按〈Enter〉键确定后即完成修改。

可继续选项对该实体进行修改。要结束对该实体的修改，按〈Esc〉键即可。

单击"特性"选项板右上角按钮，可关闭它。

图 4.26 "拾取点"方式

图 4.27 "输入一新值"方式

说明：

① 在"特性"选项板的"基本"选项区显示的"线型比例"数值是该实体的当前对象缩放比例。当某条（或某些）虚线或点画线的长短间隔不合适或不在线段处相交时，可单击"线型比例"选项行，用上述"输入一新值"方法修改它们的当前线型比例值（绘制工程图时一般只在 0.6～1.3 之间进行调整），直至虚线或点画线的长短间隔合适或在线段处相交为止。

② 激活的数据行后还将显示"计算器"按钮，单击它可弹出"快速计算器"对话框，如图 4.28 所示。AutoCAD 2008 的快速计算包括交点、距离和角度的计算等，在快速计算器中执行计算时，计算值将自动存储到历史记录列表中，可在后续的计算中查看。

2．修改有下拉列表的选项

其修改方法是：先单击需要修改的选项行，再单击该行最后面的下拉按钮，如图 4.29 所示为"图层"下拉列表，从下拉列表中选取所需选项即完成修改。可继续选项对该实体进行修改或按〈Esc〉键结束修改。

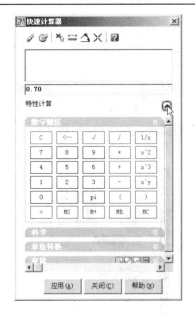
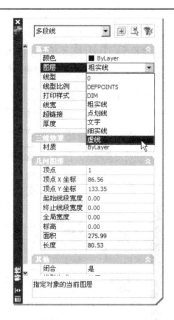

图 4.28 "快速计算器"对话框　　　　图 4.29 修改有下拉列表的选项

说明：

① "特性"选项板如果需要也可不关闭，将该选项板移至合适的地方即可，它不影响其他命令的操作。

② AutoCAD 2008 的"特性"选项板具有自动隐藏功能。设置自动隐藏的方法是：单击"特性"选项板标题栏上的"自动隐藏"按钮，使之变成形状，即激活了自动隐藏功能。此时，当光标移至选项板之外时，将只显示"特性"选项板标题栏；当光标移至其标题栏上时，"特性"选项板自动展开。这样可以节约很大一部分绘图区面积，使绘图更方便。要取消自动隐藏功能，应再次单击"自动隐藏"按钮，使之变成形状。

4.13　用特性匹配功能进行特别编辑

所谓特性匹配功能，就是把源实体的颜色、图层、线型、线型比例、线宽、文字样式、标注样式和剖面线等特性复制给其他的实体。若对上述特性全部复制，则称为"全特性匹配"；若只对上述特性进行部分复制，则称为"选择性特性匹配"。

1．输入命令

- 从"标准注释"工具栏单击："特性匹配"按钮
- 从下拉菜单选取："修改" ⇨ "特性匹配"
- 从键盘输入：<u>MA</u>

2．命令的操作

（1）全特性匹配

在默认设置状态时，全特性匹配的操作过程如下。

  命令:（输入命令）

  选择源对象:（选择源实体）

  当前活动设置: 颜色 图层 线型 线型比例 线宽 厚度 打印样式 标注 文字 填充图案 多段线视口 表格材质 阴影显示 多重引线 （信息行）

  选择目标对象或 [设置(S)]:（选择需修改的实体）

  选择目标对象或 [设置(S)]:（可继续选择需修改的实体或按〈Enter〉键结束命令）

（2）选择性特性匹配

  命令:（输入命令）

  选择源对象:（选择源实体）

  当前活动设置: 颜色 图层 线型 线型比例 线宽 厚度 打印样式 标注 文字 填充图案 多段线视口 表格材质 阴影显示 多重引线 （信息行）

  选择目标对象或 [设置(S)]: S↙

AutoCAD 2008 立即弹出"特性设置"对话框，如图 4.30 所示。

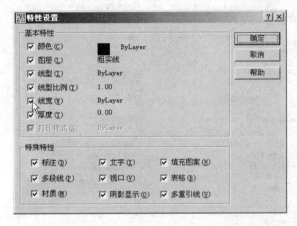

图 4.30 "特性设置"对话框

  "特性设置"对话框中的默认设置为全特性匹配，即对话框中的所有选项开关均打开。如果只需复制其中的某些特性，将不需复制的特性开关关闭即可。

4.14 用夹点功能进行快速编辑

  夹点功能是用与传统的 AutoCAD 修改命令完全不同的方式来快速完成在绘图中常用的 STRETCH（拉压）、MOVE（移动）、ROTATION（旋转）、SCALE（比例缩放）、MIRROR（镜像）命令的操作。

1. 夹点功能的设置

  打开夹点功能并在待命状态下选择实体时，一些小方框会出现在实体的特定点上，这些小方框就称为实体的夹点。这些夹点是实体本身的一些特征点，如图 4.31 所示。

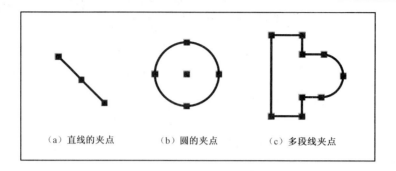

图 4.31 显示实体上夹点示例

通过"选项"对话框中"选择集"选项卡可进行夹点功能的相关设置。

从下拉菜单选取"工具"➪"选项",AutoCAD 显示"选项"对话框,然后单击"选择集"选项卡,显示内容如图 4.32 所示。

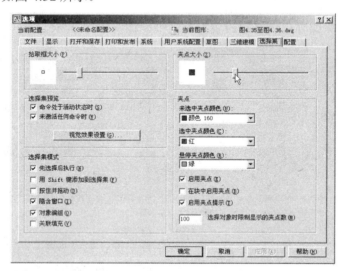

图 4.32 显示"选择集"选项卡的"选项"对话框

"夹点大小"区和"夹点"区中各项说明如下。

"夹点大小"滑块:用来改变夹点方框的大小。当移动滑块时,左边的小图标会显示当前夹点方框的大小。

"未选中夹点颜色"下拉列表:用来改变夹点的颜色。

"选中夹点颜色"下拉列表:用来改变夹点中基点的颜色。

"悬停夹点颜色"下拉列表:用来改变光标移至某夹点上但未确定时,该夹点的颜色。

"启用夹点"开关:控制夹点的显示。若打开,则显示夹点,即打开夹点功能;若关闭,则不显示夹点。一般打开它。

"在块中启用夹点"开关:控制图块中实体上夹点的显示。若打开,则图块中所有实体的夹点都显示出来;若关闭,则只显示图块的插入点上的夹点。一般关闭它。

"启用夹点提示"开关:控制使用夹点时相应文字提示的打开与关闭。

要取消实体上显示的夹点,可连续按两次〈Esc〉键,也可在工具栏上单击其他命令使其消失。

说明:

显示"选择集"选项卡的"选项"对话框左侧为与选择集模式有关的选项,上部的"拾取框大小"滑块,用来改变对象拾取框的大小;中部为"选择集预览"区,用来改变选择实体窗口底色的视觉效果;下部为"选择集模式"区,其中的 6 个开关用于控制在"选择对象:"的提示下选择实体的方式。一般使用如图 4.32 所示的默认设置。

2. 使用夹点功能

要使用夹点功能,首先应在待命状态下选取实体,使实体显示夹点,然后单击某一个夹点。这个夹点将高亮显示(该夹点即为控制命令中的"基点"),同时命令提示区立即弹出一条控制命令与提示:

　　** 拉伸 **

　　指定拉伸点或[基点(B) / 复制(C) / 放弃(U) / 退出(X)]:

当命令区出现上述提示时,就表示可以使用夹点功能来进行操作了。

图 4.33　"夹点"功能右键菜单

进入夹点功能编辑状态的第一条控制命令是"** 拉伸 **",即 STRETCH 命令。若不进行伸缩操作,可单击鼠标右键,从右键菜单中选取所需的控制命令,如图 4.33 所示。也可对上提示行给一个空响应,AutoCAD 将弹出下一条控制命令,再连续给空响应,将依次弹出下列控制命令且可周而复始。

　　** 拉伸 **

　　指定拉伸点或[基点(B) / 复制(C) / 放弃(U) / 退出(X)]:↙

　　** 移动 **

　　指定移动点或[基点(B) / 复制(C) / 放弃(U) / 退出(X)]:↙

　　** 旋转 **

　　指定旋转角度或[基点(B) / 复制(C) / 放弃(U) / 参照(R) / 退出(X)]:↙

　　** 比例缩放 **

　　指定比例因子或[基点(B) / 复制(C) / 放弃(U) / 参照(R) / 退出(X)]:↙

　　** 镜像 **

　　指定第二点或[基点(B) / 复制(C) / 放弃(U) / 退出(X)]:↙

以上 5 个控制命令中,与前边所述同名的图形编辑命令的基本操作相同。不同的是,每个控制命令的提示行中又多了几个共有的选项,其含义说明如下。

选"B":允许改变基点位置。

选"U":用来撤销该命令中最后一次的操作。

选"X":使该控制命令结束并返回提示"命令:"。

选"C"：可对同一选中的实体实现复制性控制操作。

要实现复制性控制操作，应在执行控制命令时选"C"，否则执行一次将退出命令。如图 4.34 所示，是在"旋转"控制命令中进行复制性操作的示例，其操作过程如下。

在"命令:"状态下，选择实体椭圆使其显示夹点，再选择椭圆中心为基点，命令提示区出现提示行：

** 拉伸 **

指定拉伸点或 [基点(B) / 复制(C) / 放弃(U) / 退出(X)]：（从右键菜单中选择"旋转"选项）

** 旋转 **

指定旋转角度或 [基点(B) / 复制(C) / 放弃(U) / 参照(R) / 退出(X)]：　C↙

指定旋转角度或 [基点(B) / 复制(C) / 放弃(U) / 参照(R) / 退出(X)]：（给旋转角将旋转复制一个椭圆）

指定旋转角度或 [基点(B) / 复制(C) / 放弃(U) / 参照(R) / 退出(X)]：（给新旋转角将再复制一个椭圆）

指定旋转角度或 [基点(B) / 复制(C) / 放弃(U) / 参照(R) / 退出(X)]：　X↙

命令：

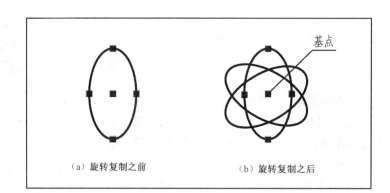

图 4.34　使用夹点功能旋转复制示例

提示：在绘制工程图中，用夹点功能来修正点画线的长短非常快捷。

上机练习与指导

1. 基本操作训练

（1）进行绘图环境的 9 项初步设置（A3）。

（2）用前面所学的绘图命令随意画出几组实体，然后用 ERASE 命令练习选择实体的 7 种方式。熟练掌握各种选择实体的方式是快速操作图形编辑命令的关键一环。

（3）按前面所学内容依次练习复制、移动、旋转、改变大小、延伸与修剪到边界、打断、合并、倒角、分解、查看与全方位修改实体、夹点功能等图形编辑命令。通过练习，要掌握每个常用图形编辑命令的各种操作方式，并要熟悉它们的用途。这样才能在今后绘制工程图时，针对不同的情况选择最简捷、最合理的编辑图形命令，这是提高绘图速度的关键一环。

2. 工程绘图训练

作业：

用 A3 图幅，目测尺寸绘制图 4.35 所示"几何作图"中的各图形（目的是练习编辑命令的操作）。

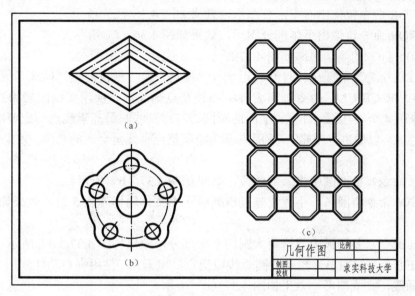

图 4.35　上机练习——几何作图

作业指导：

① 图 4.35（a）的画法思路如图 4.36 所示。

设细实线图层为当前图层，打开"正交"、"栅格"及"栅格捕捉"模式开关。用 LINE 命令画出图形的 1/4 外廓（直角三角形），效果如图 4.36（a）所示。

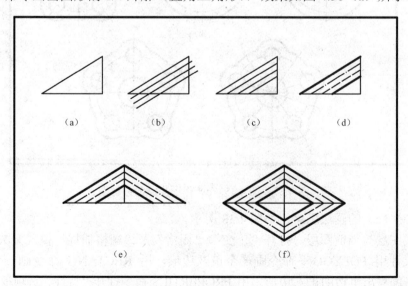

图 4.36　图 4.35（a）作图步骤的分解图

用 OFFSET 命令偏移出 3 条斜线，效果如图 4.36（b）所示。

用 TRIM 命令修剪多余的线段，效果如图 4.36（c）所示。

用 PROPERTIES 命令打开"特性"选项板，将 4 条斜线分别换到相应的图层，效果如图 4.36（d）所示。

用 MIRROR 命令镜像出右半部分图形，效果如图 4.36（e）所示。

用 MIRROR 命令镜像出下半部分图形，效果如图 4.36（f）所示。

② 图 4.35（b）的画法思路如图 4.37 所示。

设点画线图层为当前图层，打开"正交"、"栅格"及"栅格捕捉"模式开关。

用 LINE 和 CIRCLE 命令画出大圆中心线及点画线圆。换粗实线图层为当前图层，用 CIRCLE 命令画 4 个实线圆（注意：上面两圆圆心与点画线圆最高素线点一定要准确定位到同一栅格捕捉点上，以便进行编辑）。使用夹点功能调整点画线至合适的长度。效果如图 4.37（a）所示。

用 TRIM 命令修剪两圆中多余的线段，效果如图 4.37（b）所示。

用 ARRAY 命令将圆弧、小圆、竖直点画线 3 个实体环形阵列 5 组，效果如图 4.37（c）所示。

用 TRIM 命令以各圆弧为界修剪大圆的多余部分，效果如图 4.37（d）所示。

用 FILLET 命令对图形外轮廓各圆弧线段交点处倒圆角。使用夹点功能或用 BREAK 打断命令修正点画线，完成图形。效果如图 4.37（e）所示。

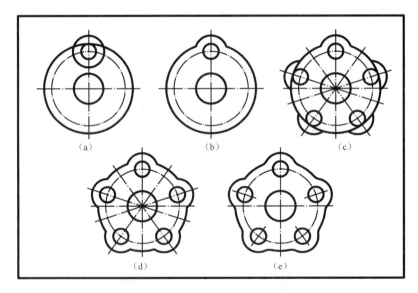

图 4.37 图 4.35（b）作图步骤的分解图

③ 图 4.35（c）的画法思路，如图 4.38 所示。

设粗实线图层为当前图层，打开"正交"、"栅格"及"栅格捕捉"模式开关。

按图示尺寸用 POLYGON 命令画一个正八边形，用 RECTANG 命令画一个矩形，再用 OFFSET 命令偏移出里边的正八边形。用 PROPERTIES 命令打开"特性"选项板，将里边的正八边形图层换为细实线图层。效果如图 4.38（a）所示。

用 STRETCH 命令以 C 窗口方式选择实体拉高 5mm，效果如图 4.38（b）所示。

用 ARRAY 命令按 5 行、3 列进行矩形阵列，阵列的行间距为-30，列间距为 36，效果如图 4.38（c）所示。

用 ERASE 命令将图中多余矩形擦去，完成图形。效果如图 4.38（d）所示。

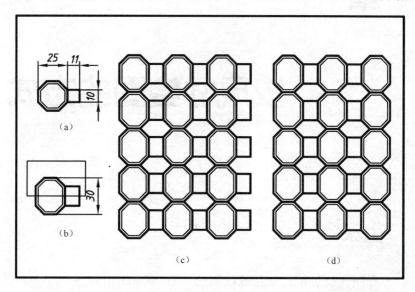

图 4.38　图 4.35（c）作图步骤的分解图

练习中应注意以下几点。

① 在以上操作过程中，3 个图形中的点画线可一起画出。如果某处点画线、虚线不在线段处相交或某条虚线长短不合适，可激活"特性"选项板，在待命状态下选中它们，在"特性"选项板中单击"线型比例"选项行，修改它们的当前线型比例值（绘制工程图时一般只在 0.6～1.3 之间进行调整），直至合适为止。

② 绘图中如果忘记了换图层，所绘制的实体不必擦除，可用"特性"选项板进行更改。

要指出的是，改变实体所在图层的最快捷方法是在待命状态下，选取需要改变图层的实体，使实体显示夹点，然后在"图层"控制台的下拉列表中选择新的图层名，即可将所选实体换到新的图层。

③ 绘制完各图形后，要用 SCALE 命令进行比例缩放，用 MOVE 命令移动，以调整图形的大小及其在图纸上的位置，使所画图形的结构大小合适、布局合理。

第5章

按尺寸绘图的方式

📖 本章导读

工程图样都是按尺寸精确绘制的。AutoCAD 2008 提供了多种按尺寸绘图的方式，应用这些方式，可以实现精确绘图。合理应用这些方式，还将大大提高绘图的速度。本章介绍按尺寸绘图的常用方式，重点介绍在绘制工程图中如何合理选用按尺寸绘图的方式与相关技术。

应掌握的知识要点：
- 用直接给距离方式绘制直接标注出长度尺寸的直线段。
- 用给坐标方式绘制标注出坐标尺寸的斜向线段。
- 用单一对象捕捉和固定对象捕捉方式绘制通过指定目标点的线段。
- 用对象追踪、极轴追踪与固定对象捕捉方式结合实现工程绘图中的"长对正、高平齐"。
- 用临时追踪点参考追踪方式绘制起点不直接绘出，需定参照点的线段。
- 用捕捉自参考追踪方式绘制尺寸没有直接标出，需定参照点的线段。
- 各种按尺寸绘图的方式在绘制三视图和轴测图中的合理选用。

5.1 直接给距离方式

直接给距离方式是绘制已知长度线段的最快捷方式。直接给距离方式主要用于绘制直接注出长度尺寸的水平和铅垂线段。在 1.9 节已提到，直接给距离方式通过用鼠标导向，从键盘直接输入相对前一点的距离（即线段长度）绘制图形。用该方法输入尺寸时，应打开"正交"或"极轴"（极轴详见 5.5 节）模式开关进行导向。

5.2 给坐标方式

给坐标方式是绘图中输入尺寸的一种基本方式。在坐标系中，用该方式给尺寸是通过给出图中线段的每个端点坐标来实现的。给坐标方式包括：绝对直角坐标、相对直角坐标、相对极坐标、球坐标和柱坐标。其中，绝对直角坐标、相对直角坐标、相对极坐标 3 种输入方法用于二维绘图，球坐标和柱坐标输入方法用于三维绘图。本节只介绍前 3 种输入方法。

1．绝对直角坐标

在 1.9 节中已提到，绝对直角坐标是相对于坐标原点的直角坐标，其输入形式为 "X, Y"。从原点开始，X 坐标向右为正，向左为负；Y 坐标向上为正，向下为负。

使用者可以使用自己定义的坐标系（UCS）或者世界坐标系（WCS）作为当前位置参照系统来输入点的绝对直角坐标值。

世界坐标系（WCS）的默认原点（0,0）在图纸的左下角。

用户坐标系（UCS）的坐标原点是自行设定的。在某些情况下，使用用户坐标系可给绘图带来方便。如果直接把坐标原点定义在某一实体的特定点上，可直接输入绝对直角坐标值定点，而不需要进行换算。绕某一个坐标轴旋转 XY 平面，有助于绘制那些形状奇特的对象。要建立新的坐标系，可在 "UCS" 工具栏中单击所需的图标按钮，如图 5.1 所示，随后给出应答即可。

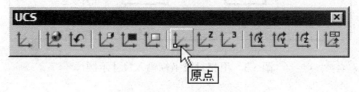

图 5.1 "UCS" 工具栏

2．相对直角坐标

在 1.9 节中已提到，相对直角坐标是相对于前一点的直角坐标，其输入形式为 "@X, Y"。相对前一点，X 坐标向右为正，向左为负；Y 坐标向上为正，向下为负。

相对直角坐标常用来绘制已知 X、Y 两方向尺寸的斜线，如图 5.2 所示。

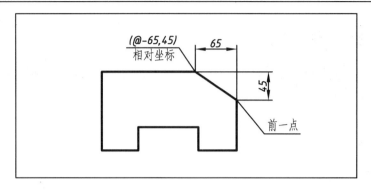

图 5.2　用相对直角坐标输入尺寸示例

3. 相对极坐标

相对极坐标是相对于前一点的极坐标，是通过指定该点到前一点的距离及与 X 轴的夹角来确定点的。相对极坐标输入方法为"@距离∠角度"（在相对极坐标中，距离与角度之间以"∠"符号相隔）。在 AutoCAD 中，默认设置的角度正方向为逆时针方向，水平向右为零角度。

在按尺寸绘图时，使用相对极坐标可方便地绘制已知线段长度和角度尺寸的斜线，如图 5.3 所示。

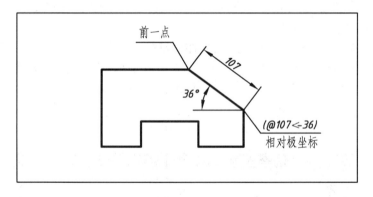

图 5.3　用相对极坐标输入尺寸示例

说明：

在 AutoCAD 2008 中使用动态输入功能，可以在工具栏提示中直接输入相对坐标值，不必输入"@"符号。激活动态输入的方法是：单击状态栏上的"动态输入"按钮 DYN，使其下凹（即打开）。当动态输入模式打开时，光标旁边显示的工具栏提示信息将随着光标的移动而动态显示光标点的坐标值，此时可以从工具栏提示中直接输入相对直角坐标值或相对极坐标值。要修改动态输入模式的设置，可用右键单击状态栏上的 DYN 按钮，然后选择右键菜单中的"设置"项，AutoCAD 将弹出显示"动态输入"选项卡的"草图设置"对话框，如图 5.4 所示。在该对话框中可按需要进行修改。

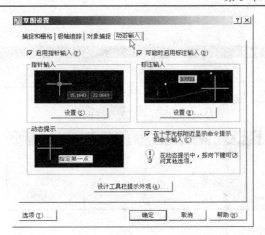

图 5.4　显示"动态输入"选项卡的"草图设置"对话框

5.3　单一对象捕捉方式

对象捕捉方式是绘图中非常实用的定点方式。对象捕捉方式可把点精确定位到可见实体的某个特征点上。例如，如果要从一条已有直线的一个端点出发画另一直线，就可以用称为"捕捉到端点"的对象捕捉模式，将光标移到靠近已有直线端点的地方，AutoCAD 就会准确地捕捉到这条直线的端点作为新画直线的起点。

1. 单一对象捕捉方式的激活

只要 AutoCAD 要求输入一个点，就可以激活对象捕捉方式。对象捕捉方式包含多种捕捉模式。

单一对象捕捉可以通过以下常用的两种方式来激活：

- 在绘图区任意位置，先按住〈Shift〉键，再单击右键，将弹出右键菜单，如图 5.5 所示，可从其中选择相应的捕捉模式。
- 在"对象捕捉"工具栏中单击相应的捕捉模式按钮，如图 5.6 所示。

使用"对象捕捉"工具栏是激活对象捕捉常用的方式。按尺寸绘图时，应将该工具栏打开放在绘图区旁。

图 5.5　"对象捕捉"右键菜单

图 5.6　"对象捕捉"工具栏

要移动该工具栏，可将光标移到标题栏上，使光标变成拾取图标箭头形状，如图 5.7 所示，此时可按住鼠标左键拖动该工具栏到适当的位置。要改变工具栏中图标排列方式，可将光标移到工具栏的边框上，使光标变成双箭头形状，此时可按住鼠标左键拖动，使工具栏呈适当的排列方式，如图 5.8 所示。

图 5.7 移动工具栏

图 5.8 改变工具栏图标排列

2. 对象捕捉的种类和标记

利用 AutoCAD 的对象捕捉功能，可以在实体上捕捉到"对象捕捉"工具栏中所列出的 13 种点（即捕捉模式）。打开对象捕捉功能时，把捕捉框放在一个实体上，AutoCAD 不仅会自动捕捉该实体上符合选择条件的几何特征点，而且还会显示出相应的标记。对象捕捉标记的形状与"对象捕捉"工具栏上按钮的图标并不一样，应熟悉这些标记。

"对象捕捉"工具栏中各按钮的含义与相应的标记如下。

"端点"按钮：捕捉直线段或圆弧等实体的端点，捕捉标记为 □。

"中点"按钮：捕捉直线段或圆弧等实体的中点，捕捉标记为 △。

"交点"按钮：捕捉直线段、圆弧、圆等实体之间的交点，捕捉标记为 ×。

"外观交点"按钮：捕捉在二维图形中看上去是交点，但在三维图形中并不相交的点，捕捉标记为 ⊠。

"延伸"按钮：捕捉实体延长线上的点，应先捕捉该实体上的某端点，再延伸，捕捉标记为 ⋯。

"圆心"按钮：捕捉圆或圆弧的圆心，捕捉标记为 ○。

"象限点"按钮：捕捉圆上 0°、90°、180°、270° 位置上的点或椭圆与长短轴相交的点，捕捉标记为 ◇。

"切点"按钮：捕捉所画线段与圆或圆弧的切点，捕捉标记为 ○。

"垂足"按钮：捕捉所画线段与某直线段、圆、圆弧或其延长线垂直的点，捕捉标记为 ⊥。

"平行"按钮：捕捉与某线平行的点，不能捕捉绘制实体的起点，捕捉标记为 //。

"插入点"按钮：捕捉图块的插入点，捕捉标记为 ⊕。

"节点"按钮：捕捉由 POINT 等命令绘制的点，捕捉标记为 ⊠。

"最近点"按钮：捕捉直线、圆、圆弧等实体上最靠近光标方框中心的点，捕捉标记为 ⊠。

其他图标的名称和含义如下。

- "无捕捉"按钮：关闭单一对象捕捉方式。
- "对象捕捉设置"按钮：详见 5.4 节。
- "临时追踪点"按钮：详见 5.6 节。
- "捕捉自"按钮：详见 5.6 节。

3．对象捕捉方式的应用实例

【例 5-1】如图 5.9 所示，画一个圆与已知的三个圆相切。

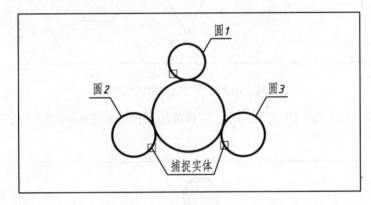

图 5.9　对象捕捉应用实例 1

操作步骤如下。

命令：（输入 CIRCLE 命令）
指定圆的圆心或 [三点(3P) / 两点(2P) / 相切、相切、半径(T)]：选"3P"
指定圆上的第一点：（从"对象捕捉"工具栏单击 ⊙ 按钮，即第一点要捕捉切点）
tan 到（移动光标至"圆 1"切点附近，圆弧上出现切点标记后单击确定）
指定圆上的第二点：（从"对象捕捉"工具栏单击 ⊙ 按钮，即第二点要捕捉切点）
tan 到（移动光标至"圆 2"切点附近，圆弧上出现切点标记后单击确定）
指定圆上的第三点：（从"对象捕捉"工具栏单击 ⊙ 按钮，即第三点要捕捉切点）
tan 到（移动光标至"圆 3"切点附近，圆弧上出现切点标记后单击确定）
命令：

【例 5-2】如图 5.10 所示，画一条直线段，该线段以直线 A 的中点为起点，以直线 B 的下端点为终点。

操作步骤如下。

命令：（输入 LINE 命令）
指定第一点：（从"对象捕捉"工具栏单击 ∕ 按钮，即起点要捕捉中点）
mid 于（移动光标至"直线 A"中点附近，直线上出现中点标记后单击确定）
指定下一点或 [放弃(U)]：（从"对象捕捉"工具栏单击 ∕ 按钮，即第二点要捕捉端点）
end 于（移动光标至"直线 B"下端点附近，直线上出现端点标记后单击确定）
指定下一点或 [放弃(U)]：↙

命令：

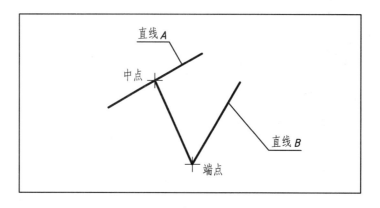

图 5.10　对象捕捉应用实例 2

【例 5-3】将图 5.11（a）所示的小圆平移到多边形内，要求小圆圆心与多边形内两条点画线的交点重合。

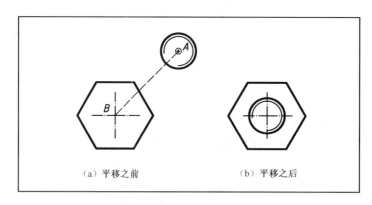

图 5.11　单一对象捕捉应用实例 3

操作步骤如下。

命令：　（输入 MOVE 命令）
选择对象：（选择小圆）
选择对象：✓
指定基点或 [位移(D)]〈位移〉：（从"对象捕捉"工具栏单击 ⊙ 按钮，即基点要捕捉圆心）
cen 于　（移动光标至小圆的圆心 A 点附近，出现圆心标记后单击确定）
指定位置的第二点或〈用第一点作位移〉：（从"对象捕捉"工具栏单击 ✕ 按钮，即位移的目标点要捕捉交点）
int 于　（移动光标至 B 点附近，出现交点标记后单击确定）
命令：

效果如图 5.11（b）所示。

5.4 固定对象捕捉方式

固定对象捕捉是精确绘图时不可缺少的定点方式，它常与单一对象捕捉配合使用。

固定对象捕捉方式与单一对象捕捉方式的区别是：单一对象捕捉方式是一种临时性的捕捉，选择一次捕捉模式只捕捉一个点；固定对象捕捉方式是固定在一种或数种捕捉模式下，打开它可自动执行所设置模式的捕捉，直至关闭为止。

绘图时，一般将常用的几种对象捕捉模式设置成固定对象捕捉，对不常用的对象捕捉模式使用单一对象捕捉。

固定对象捕捉方式可通过单击状态栏上的 对象捕捉 按钮来打开或关闭。

1. 固定对象捕捉方式的设定

固定对象捕捉方式的设定是通过显示"对象捕捉"选项卡的"草图设置"对话框来完成的。可用下列方法之一输入命令。

- 右键单击状态栏上 对象捕捉 按钮，从弹出的右键菜单中选择"设置"
- 从"对象捕捉"工具栏中单击"对象捕捉设置"按钮 n。
- 从下拉菜单中选取"工具" ⇨ "草图设置"
- 从键盘输入：OSNAP

输入命令后，AutoCAD 将弹出显示"对象捕捉"选项卡的"草图设置"对话框，如图 5.12 所示。

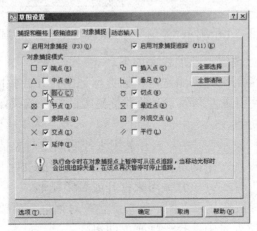

图 5.12 显示"对象捕捉"选项卡的"草图设置"对话框

该对话框中各项内容及操作如下。

（1）"启用对象捕捉"开关

该开关控制固定捕捉的打开与关闭。

（2）"启用对象捕捉追踪"开关

该开关控制捕捉追踪的打开与关闭。

（3）"对象捕捉模式"区

该区内有 13 种固定捕捉模式，与单一对象捕捉模式相同。可以从中选择一种或多种对象捕捉模式形成一个固定模式，如图 5.12 所示，选中了"端点"、"圆心"、"交点"、"延伸"、"切点"5 种捕捉模式。

要清除掉所有选择，可单击"全部清除"按钮；单击"全部选择"按钮，将把 13 种固定捕捉模式全部选中。

（4）"选项"按钮

单击"选项"按钮将弹出显示"草图"选项卡的"选项"对话框，该对话框左侧为"自动捕捉设置"区，如图 5.13 所示。

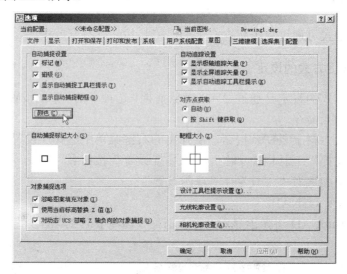

图 5.13　显示"草图"选项卡的"选项"对话框

操作时可根据需要进行设定，各项含义如下。

"标记"开关：该开关用来控制固定对象捕捉标记的打开或关闭。

"磁吸"开关：该开关用来控制固定对象捕捉磁吸的打开或关闭。打开捕捉磁吸，将靶框锁定在所设的固定对象捕捉点上。

"显示自动捕捉工具栏提示"开关：该开关用来控制固定对象捕捉提示的打开或关闭。捕捉提示是指，系统自动捕捉到一个捕捉点后，显示出该捕捉的文字说明。

"显示自动捕捉靶框"开关：该开关用来打开或关闭靶框。

"颜色"按钮：单击该按钮显示"图形窗口颜色"对话框，要改变标记的颜色，只需从该对话框右上角"颜色"下拉列表中选择一种颜色即可。

"自动捕捉标记大小"滑块：用来控制固定对象捕捉标记的大小。滑块左边的标记图例将实时显示标记的颜色和大小。

2．固定对象捕捉方式的应用实例

【例 5-4】用固定对象捕捉方式绘制图 5.14 所示的线段。

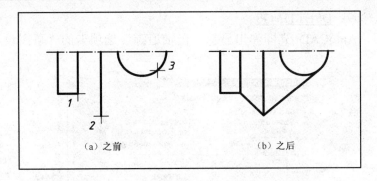

图 5.14 应用固定对象捕捉方式绘图实例

操作步骤如下。
① 设置固定捕捉方式

命令:（输入 OSNAP 命令）

AutoCAD 弹出显示"对象捕捉"选项卡的"草图设置"对话框，设置"端点"、"交点"、"延伸"、"切点" 4 种对象捕捉模式为固定对象捕捉方式，单击"确定"按钮退出对话框。

此时，状态栏上"对象捕捉"按钮呈凹下状态 对象捕捉 ，表示打开了固定捕捉。
② 画线

命令:（输入 LINE 命令）

指定第一点:（直接拾取点 1）（移动光标靠近该直线端点，使其显示交点或端点标记，即捕捉到端点 1，单击确定）

指定下一点或 [放弃(U)]:（直接拾取点 2）（移动光标靠近该端点，使其显示端点标记，即捕捉到交点 2，单击确定）

指定下一点或 [放弃(U)]:（直接拾取点 3）（移动光标靠近该圆的切点处，使其显示切点标记，即捕捉到切点 3，单击确定）

指定下一点或 [闭合(C) / 放弃(U)]: ↙

命令:

5.5 自动追踪方式

自动追踪方式包括极轴追踪和对象追踪两种方式。应用极轴追踪方式可方便地捕捉到所设角度线上的任意点，应用对象追踪方式可方便地捕捉到通过指定点延长线上的任意点。应用极轴追踪和对象追踪前，应先进行设置。

1. 自动追踪的设置

自动追踪的设置要通过操作"草图设置"对话框来完成。
可用下列方法之一弹出该对话框：
- 右键单击状态栏上的 极轴 按钮，从弹出的右键菜单中选择"设置"
- 从下拉菜单选取："工具" ⇨ "草图设置"（单击"极轴追踪"选项卡）

- 从键盘输入：DSETTINGS

输入命令后，AutoCAD 立即弹出显示"极轴追踪"选项卡的"草图设置"对话框，如图 5.15 所示。

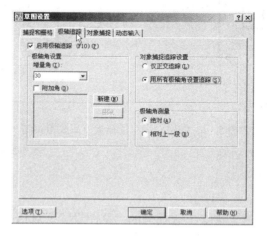

图 5.15　显示"极轴追踪"选项卡的"草图设置"对话框

如图 5.15 所示对话框中各项含义及操作说明如下。

（1）"启用极轴追踪"开关

该开关控制极轴追踪方式的打开与关闭。

（2）"极轴角设置"区

该区用于设置极轴追踪的角度，设置方法是：从"增量角"下拉列表中选择一个角度值，也可以输入一个新角度值，所设角度将使 AutoCAD 在此角度线及该角度的倍数线上进行极轴追踪。

操作"附加角"开关与"新建"按钮，可为极轴追踪设置一些有效的附加角度，附加的角度值将显示在"附加角"开关下方的显示框中。

（3）"对象捕捉追踪设置"区

该区用于设置对象捕捉追踪的模式。选择"仅正交追踪"项，将使对象捕捉追踪通过指定点时仅显示水平和竖直追踪方向；选择"用所有极轴角设置追踪"项，将使对象捕捉追踪通过指定点时显示极轴追踪所设的所有追踪方向。

（4）"极轴角测量"区

该区用于设置测量极轴追踪角度的参考基准。选择"绝对"项，将使极轴追踪角度以当前用户坐标系为参考基准；选择"相对上一段"项，将使极轴追踪角度以最后绘制的实体为参考基准。

（5）"选项"按钮

单击"选项"按钮，AutoCAD 将弹出显示"草图"选项卡的"选项"对话框，如图 5.16 所示。在右侧，拖动滑块可调整捕捉靶框的大小，其他各项一般使用默认设置。

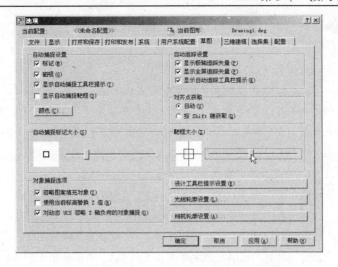

图 5.16　显示"草图"选项卡的"选项"对话框

2．极轴追踪方式的应用

极轴追踪方式可捕捉所设角增量线上的任意点。极轴追踪可通过单击状态栏上的 极轴 按钮来打开或关闭。

【例 5-5】绘制如图 5.17（a）所示长方体的正等轴测图。

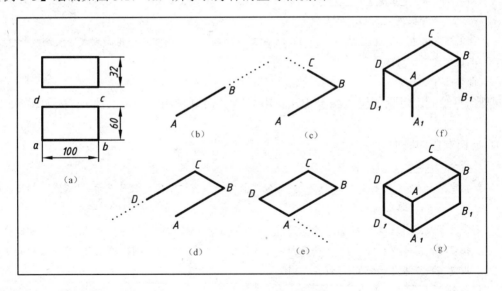

图 5.17　应用极轴追踪捕捉绘图实例

操作步骤如下。

① 设置极轴追踪的角度。

命令：（用右键单击状态栏上 极轴 按钮，选择右键菜单中的"设置"项）

输入命令后，AutoCAD 弹出显示"极轴追踪"选项卡的"草图设置"对话框（如图 5.15 所示），在"极轴角设置"区的"增量角"下拉列表中选择或直接输入 30，并打开极轴追踪，单击"确定"按钮退出对话框。此时状态栏上的 极轴 按钮下凹,即极轴追踪打开。

② 画长方体的顶面 ABCD。

命令:___(输入 LINE 或 PLINE 命令)

指定第一点:___(给 A 点)(用鼠标直接确定起点 A)

指定下一点或 [放弃(U)]:___(给 B 点) (向右上方移动光标,自动在 30°线上出现一条点状射线,此时输入直线长度 100,确定后画出直线 AB,如图 5.17(b)所示)

指定下一点或 [放弃(U)]:___(定 C 点)(向左上方移动光标,自动在 150°线上出现一条点状射线,输入直线长度 60,确定后画出直线 BC,如图 5.17(c)所示)

指定下一点或 [闭合(C)/放弃(U)]:___(给 D 点) (向左下方移动光标,自动在 210°线上出现一条点状射线,此时,再利用对象追踪定出 D 点,画出直线 CD,如图 5.17(d)所示)

指定下一点或 [闭合(C)/放弃(U)]:___(连 A 点) (向右下方移动光标,自动在 270°线上出现一条点状射线,此时,捕捉端点 A,确定后画出直线 DA,效果如图 5.17(e)所示)

指定下一点或 [闭合(C)/放弃(U)]: ↙

命令:

③ 画长方体的可见侧棱。

设"端点"、"交点"等捕捉模式为固定捕捉并打开。

命令:___(输入 LINE 命令)

指定第一点:(直接拾取点 D) (移动光标靠近该交点或直线端点,使其显示"交点"或"端点"标记,即捕捉到端点 D,单击确定)

指定下一点或 [放弃(U)]:(给点 D_1)(向下方移动光标,用直接给距离方式输入侧棱长 32,按回车键确定)

命令:

同理,再绘制出可见侧棱 AA_1 和 BB_1(用 COPY 命令复制绘制更快捷),效果如图 5.17(f)所示。

④ 画长方体的底面。

命令:___(输入 LINE 或 PLINE 命令)

指定第一点:(直接拾取点 D_1) (移动光标靠近该直线端点,使其显示 "端点"标记,即捕捉到端点 D_1,单击确定)

指定下一点或 [放弃(U)]:(给点 A_1) (向右下方移动光标,捕捉端点 A_1,单击确定)

指定下一点或 [放弃(U)]:(给点 B_1) (向右上方移动光标,捕捉端点 B_1,单击确定)

指定下一点或 [闭合(C)/放弃(U)]: ↙

命令:

完成图形,效果如图 5.17(g)所示。

3. 对象追踪方式的应用

对象追踪方式的应用必须与极轴追踪和固定对象捕捉配合。对象追踪可通过单击状态栏上的"对象追踪"按钮来打开或关闭。

【例 5-6】绘制如图 5.18 所示直线 CD,要求 CD 与已知 L 形线框高平齐。

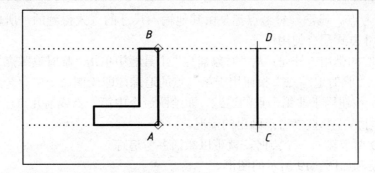

图 5.18 应用对象追踪实现"高平齐"绘图实例

操作步骤如下。

① 设置极轴追踪的模式。

命令:(右键单击状态栏上的 极轴 按钮,选择右键菜单中的"设置"项)

输入命令后,AutoCAD 弹出显示"极轴追踪"选项卡的"草图设置"对话框,在"极轴角设置"区的"增量角"下拉列表中选择或输入 90,在"对象捕捉追踪设置"区选择"用所有极轴角设置追踪"项,单击"确定"按钮退出对话框。

说明:也可只在"对象捕捉追踪设置"区选择"仅正交追踪(L)"选项。

② 设置固定对象捕捉模式。

命令:(右键单击状态栏上 对象捕捉 按钮,选择右键菜单中的"设置"项)

AutoCAD 弹出显示"对象捕捉"选项卡的"草图设置"对话框,选中"端点"、"交点"、"延伸"等捕捉模式,单击"确定"按钮退出该对话框。

③ 打开相应模式开关。

单击状态栏上 极轴 、 对象捕捉 、 对象追踪 按钮使为凹下状态,即打开极轴、固定对象捕捉和对象追踪。

④ 画线。

命令:(输入 LINE 命令)

指定第一点:(给 C 点)(移动光标执行固定对象捕捉,捕捉到 A 点后,AutoCAD 在通过 A 点处自动出现一条点状无穷长直线,此时,沿点状线向右水平移动光标至 C 点,单击确定)

指定下一点或 [放弃(U)]:(给 D 点)(移动光标执行固定对象捕捉,捕捉到 B 点后,沿通过 B 点的点状无穷长直线水平向右移动至 C 点的正上方,此时 AutoCAD 出现两条点状无穷长相交线,单击确定后,即画出直线 CD)

指定下一点或 [放弃(U)]: ↙

命令:

5.6 参考追踪方式

参考追踪方式是在当前坐标系中,追踪其他参考点来确定点的方法。参考追踪方式与极轴追踪方式和对象追踪方式的不同点是:极轴追踪与对象追踪方式所捕捉的点与前一点的连线画出;而参考追踪方式从追踪开始到追踪结束所捕捉到的点与前一点的连线不画出,其捕捉到的点称为参考点。通常，参考点都是由其他输入尺寸的方式得到的，所以，参考追踪也要与其他输入尺寸方式配合使用。

激活参考追踪的常用方法是：从"对象捕捉"工具栏中单击"临时追踪点"按钮 或"捕捉自"按钮 。"临时追踪点"按钮用于第一点的追踪，即绘图命令中第一点不直接画出的情况；"捕捉自"按钮用于非第一点的追踪，即绘图命令中第一点或前几点已经画出，后边的点没有直接给尺寸，需要按参考点画出的情况。

当 AutoCAD 要求输入一个点时，就可以激活参考追踪。

【例 5-7】绘制如图 5.19 所示的图形。

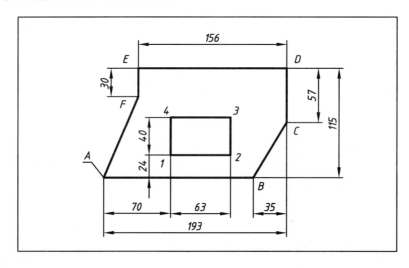

图 5.19 应用参考追踪绘图实例

绘制图形的外轮廓时，使用"捕捉自"参考追踪方式，可不经计算按尺寸直接绘图；完成图形外轮廓后再画里边小矩形时，使用"临时追踪点"参考追踪方式，可不画任何辅助线直接确定矩形起画点"1"点。

操作步骤如下。

① 画图形外轮廓。

命令：（输入 LINE 命令）
指定第一点：（移动鼠标直接确定起画点 A）
指定下一点或 [放弃(U)]：（单击 按钮，准备绘制参考点）
　from 基点：193↙（用直接给距离方式，向右导向给距离，绘制一个参考点）
　〈偏移〉：35↙（用直接给距离方式，向左导向给距离，绘制 B 点）
指定下一点或 [放弃(U)]：（单击 按钮，绘制参考点）
　from 基点：35↙（用直接给距离方式，向右导向给距离，绘制一个参考点）
指定下一点或 [放弃(U) / 放弃(U)]：（单击 按钮，准备绘制参考点）
　from 基点：115↙（用直接给距离方式，向上导向给距离，绘制一个参考点）
　〈偏移〉：57↙（用直接给距离方式，向下导向给距离，绘制 C 点）
指定下一点或 [闭合(C) / 放弃(U)]：57↙（用直接给距离方式，绘制 D 点）

指定下一点或 [闭合(C) / 放弃(U)]: 156↙（用直接给距离方式，绘制 E 点）
指定下一点或 [闭合(C) / 放弃(U)]: 30↙（用直接给距离方式，绘制 F 点）
指定下一点或 [闭合(C) / 放弃(U)]: C↙（封闭多边形，并结束命令）
命令：

② 画内部小矩形。

命令：（输入 LINE 命令）
指定第一点：（单击 按钮，准备绘制参考点）
_tt 指定临时对象追踪点：（捕捉交点 A）
指定起点：（再次单击 按钮，准备绘制参考点）
_tt 指定临时对象追踪点：70↙（用直接给距离方式，输入 X 方向定位尺寸）
指定起点：24↙（用直接给距离方式，绘制出小矩形的"1"点）
指定下一点或 [放弃(U)]: 63↙（用直接给距离方式，绘制出小矩形的"2"点）
指定下一点或 [放弃(U)]: 40↙（用直接给距离方式，绘制出小矩形的"3"点）
指定下一点或 [闭合(C) / 放弃(U)]: 63↙（用直接给距离方式，也可用对象追踪方式，绘制出小矩形的"4"点）
指定下一点或 [闭合(C) / 放弃(U)]: C↙（封闭矩形，也可用对象捕捉方式绘制）
命令：

提示：第一点的追踪若只需一个参考点，可用简化操作，即不使用"临时追踪点"按钮 ，而是直接将光标移到参考点上，出现捕捉标记后（不要单击），直接移动鼠标进行导向，从键盘输入尺寸，然后按回车键即可。

5.7 测量距离

在 AutoCAD 绘图中，经常需要了解两点间的距离，或两点间沿 X、Y 方向的距离（即 X 增量、Y 增量），使用 DIST 命令测量任意两点间的距离非常容易。具体操作如下。

从下拉菜单中选取"工具"⇨"查询"⇨"距离"（弹出"查询"工具栏输入距离 命令更方便），然后按命令行提示依次指定第一个点和第二个点，指定后在命令窗口中将显示这两点的距离和两点间沿 X 和 Y 方向的距离等，如图 5.20 所示。

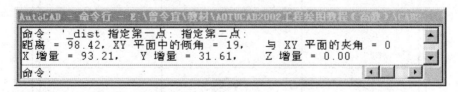

图 5.20 命令区中显示指定两点间距离的示例

5.8 按尺寸绘图实例

本节以图 5.21 所示轴承座三视图为例，讲解按尺寸绘图的方法与思路。

【例 5-8】按尺寸 1:1 绘制图 5.21 所示的轴承座三视图。

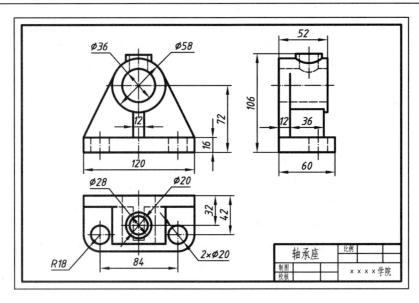

图 5.21 按尺寸绘图实例——轴承座三视图

操作步骤如下。

① 画基准线、搭图架。

关闭捕捉、栅格、正交及动态输入，打开极轴、对象捕捉及对象追踪并进行相应的设置。设"端点"、"交点"、"延伸"、"切点"等对象捕捉模式为固定对象捕捉；设极轴追踪角度为 90°并选中"用所有极轴角设置追踪"项。

设置"0"图层为当前图层，用 XLINE 命令画三视图基准线，效果如图 5.22 所示。

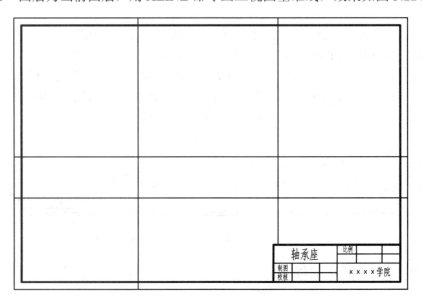

图 5.22 分解图——画基准线

用 OFFSET 命令分别给偏移距离 72、106、84/2、42、32，偏移出所需的图架线，效果如

图 5.23 所示。

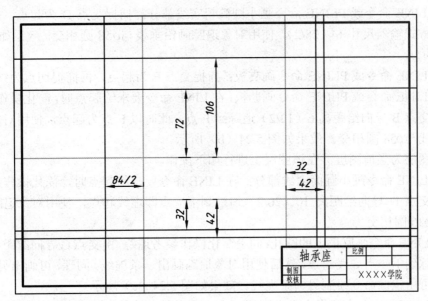

图 5.23 分解图——搭图架

② 画主视图,如图 5.24 所示。

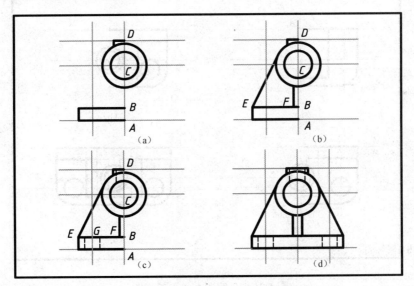

图 5.24 分解图——画主视图

换粗实线图层为当前图层,在该图层上进行如下操作。

- 用 LINE 命令或 PLINE 命令画底板:捕捉交点 A 为起点,用直接给距离方式输入尺寸 60(120/2)、16 画线,然后利用对象追踪画出 B 点。
- 用 CIRCLE 命令画大圆筒:捕捉交点 C 为圆心,选直径方式输入直径尺寸 58(小圆直径为 36）画出两个圆。
- 用 LINE 命令或 PLINE 命令画小圆筒粗实线部分：捕捉交点 D 为起点，用直接给距离方式输入尺寸 14（28/2），使用对象追踪画铅垂线与 ϕ58 圆相交。效果如图 5.24（a）所示。
- 用 LINE 命令或 PLINE 命令画支板：捕捉交点 E 为起点，再捕捉切点为终点画斜线。
- 用 LINE 命令或 PLINE 命令画肋板：在 LINE 命令要求给起点时，简化操作参考追踪，由交点 B 导向给距离 6（12/2）追踪到 F 点，此时以 F 点为起点，使用对象追踪画铅垂线与 ϕ58 圆相交。效果如图 5.24（b）所示。

换虚线图层为当前图层，在该图层上进行如下操作。
- 用 LINE 命令画小圆筒虚线部分：在 LINE 命令要求给起点时，简化操作参考追踪，由交点 D 导向给距离 10（20/2）追踪到下一点即虚线起点，使用对象追踪画铅垂线与 ϕ36 圆相交。
- 用 LINE 命令画底板上的圆孔：同上简化操作参考追踪，由交点 G 导向给距离 10（20/2）追踪到下一点虚线起点，然后使用对象追踪画出一条虚线。同理，可画出另一条虚线，也可用镜像命令绘制另一条虚线。效果如图 5.24（c）所示。
- 用 MIRROR 命令镜像出右半图形，完成主视图。效果如图 5.24（d）所示。

③ 画俯视图，如图 5.25 所示。

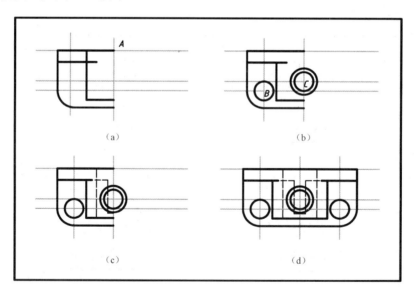

图 5.25　分解图——画俯视图

设置粗实线图层为当前图层，在该图层上进行如下操作。
- 用 LINE 命令或 PLINE 命令画底板和大圆筒粗实线部分，使用对象追踪"长对正"与直接给距离方式给尺寸。
- 用 LINE 命令或 PLINE 命令画支板，使用对象追踪与主视图切点"长对正"画出。
- 用 FILLET 命令按半径 18 倒底板圆角，效果如图 5.25（a）所示。

- 用 TRIM 命令修剪多余的线段。用 CIRCLE 命令分别捕捉交点 B、C 为圆心，给直径或半径画出各圆。效果如图 5.25（b）所示。

换虚线图层为当前图层，在该图层上进行如下操作。

- 用 LINE 命令或 PLINE 命令，简化操作参考追踪、应用对象追踪、直接给距离等方式给尺寸画出俯视图中各虚线。如果需要，可用 TRIM 命令修剪多余的虚线段。效果如图 5.25（c）所示。
- 用 MIRROR 命令镜像出右半图形，完成俯视图。效果如图 5.25（d）所示。

④ 画左视图，如图 5.26 所示。

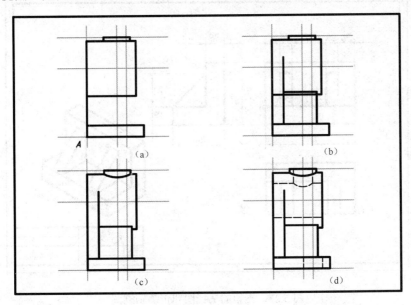

图 5.26　分解图——画左视图

设置粗实线图层为当前图层，在该图层上进行如下操作。

- 如图 5.26（a）所示，用 LINE 命令或 PLINE 命令，使用对象追踪"高平齐"与直接给距离方式给尺寸画线。
- 如图 5.26（b）所示，用 LINE 命令或 PLINE 命令，同上给尺寸画线。

注意：肋板与圆筒相贯线处一定要用对象追踪，与主视图保持"高平齐"。

- 如图 5.26（c）所示，用 TRIM 命令修剪多余的线段；用 ARC 命令中三点方式画两圆筒相贯线（相贯线圆弧两端点要用交点捕捉定位，最低点要用对象追踪与主视图保持"高平齐"定位）。

换虚线图层为当前图层，如图 5.26（d）所示，用 LINE 命令，使用参考追踪捕捉得到起点，结合其他给尺寸方式画出左视图中所有虚线，完成左视图。

⑤ 画三视图中的点画线。

换点画线图层为当前图层，用 LINE 命令画出三视图中所有点画线。

⑥ 合理布图。

用 MOVE 命令移动图形，使布图匀称（不能破坏投影关系），完成轴承座三视图。

⑦ 关闭"0"图层,隐藏基准线和图架线。

说明:

以上操作步骤只是引导初学者学习如何按尺寸绘图,并不是最简捷的绘图方式。画组合体三视图时,也可将各视图中的虚线一起绘制。如果进行设计或根据立体图画三视图,一般应将物体分成若干部分,一部分一部分地画三视图。按尺寸绘图时,减少尺寸输入数值的计算及合理地使用编辑命令是提高绘图速度的关键。

【例 5-9】按尺寸 1:1 绘制如图 5.27 所示的支架三视图和正等轴测图。

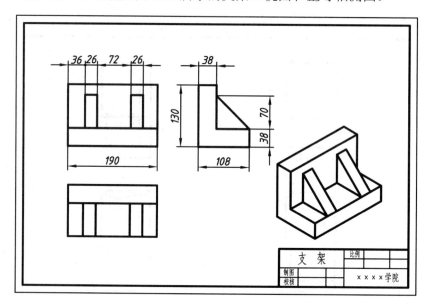

图 5.27　支架的三视图和正等轴测图

(1)绘制支架的三视图

支架的三视图各线段间定位比较简单,所以不需要搭图架,可直接确定起画点,绘制中要注意应用"捕捉自"追踪方式 ,实现不经计算直接按尺寸快速绘图。

提示:当要从一个尺寸中减去两个或多个尺寸时,可连续使用"捕捉自"按钮。

(2)绘制支架的正等轴测图

在 AutoCAD 中画轴测图与画平面图一样,只需将极轴设成所需要的角度(如正等轴测设为 30°、斜二测设为 45°)或将"栅格"捕捉类型设成"等轴测捕捉"。

具体绘图步骤如下。

① 设置辅助绘图工具模式。在"草图设置"对话框中:"极轴追踪"选项卡,设置"增量角"为 30,设置对象捕捉追踪为"用所有极轴角设置追踪";"对象捕捉"选项卡,将常用的对象捕捉模式"端点"、"交点"、"延伸"等设成固定捕捉并打开它们。

② 绘制支架主体的左底面。设粗实线图层为当前图层,用 PLINE 命令,以 A 点为起画点,先向左下角移动光标,沿-30°极轴方向给尺寸 108 画线。同理,依次画出支架的左底面形状。效果如图 5.28(a)所示。

③ 绘制支架主体的侧棱。用 LINE 命令,捕捉左底面上的交点,向左上角移动光标,沿

30°极轴方向给尺寸 190 画出一条侧棱，然后可用 COPY 命令复制绘制出其他可见侧棱。效果如图 5.28（b）所示。

④ 绘制支架主体的右底面。用 PLINE 命令捕捉各侧棱右端点，画出支架主体的右底面。效果如图 5.28（c）所示。

⑤ 绘制左三棱柱。用 PLIN 命令参考追踪输入 36 到 B 点，画出左侧三棱柱的左底面（底面的斜线应最后画），再绘制出可见侧棱和右底面。效果如图 5.28（d）所示。

⑥ 绘制右三棱柱。用 COPY 命令给距离 98（26+72）复制绘制出右三棱柱。效果如图 5.28（e）所示。

⑦ 修剪多余的线段。用 TRIM 命令修剪多余的线段。效果如图 5.28（f）所示。

⑧ 合理布图。用 MOVE 命令移动图形，均匀布图。

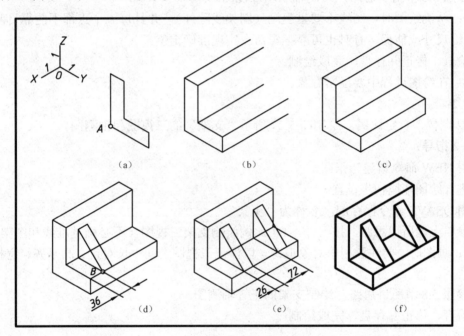

图 5.28　分解图——画正等轴测图

上机练习与指导

1. 基本操作训练

按教材练习各种给尺寸方式。通过练习要掌握直接给距离方式、给坐标方式、单一对象捕捉方式、固定对象捕捉方式、极轴追踪方式、对象追踪方式和参考追踪方式的操作方法。

2. 工程绘图训练

作业 1：
用 A3 图幅，1:1 比例绘制图 5.21 所示轴承座的三视图。

作业 1 指导：
① 用 NEW 命令新建一张图。
② 进行绘图环境初步设置。
③ 用 QSAVE 命令保存图形，名称为"轴承座"。
④ 用 DTEXT 命令，填写标题栏。
⑤ 参照 5.8 节所讲思路，绘制轴承座三视图。

提示：精确绘图时，图线不要重复画（图架线除外），并且每一个点都不能靠目测定位，都应直接给尺寸或捕捉，有时也可靠编辑命令实现准确定位。

⑥ 检查、修正并存盘，完成绘制。

注意：在绘图过程中要经常存盘。

作业 2：
用 A2 图幅，自定比例，绘制图 5.27 所示"支架"的三视图和轴测图。

作业 2 指导：
① 用 NEW 命令新建一张图。
② 进行绘图环境初步设置。
③ 用 QSAVE 命令保存图，名称为"支架"。
④ 参照上题所述思路，按尺寸，1:1 比例绘制支架三视图（不必画基准线和图架线）。

提示：画图时，要注意利用对象追踪，以保证三视图之间"长对正、高平齐、宽相等"的投影规律。

⑤ 参照 5.8 节所讲思路，绘制支架的正等轴测图。
⑥ 检查、修正并存盘，完成绘制。

作业 3：
自定图幅和比例，根据所学专业选择绘制图 5.29 或图 5.30 所示立体图的三视图。

作业 3 指导：
绘图思路同上，不标注尺寸。

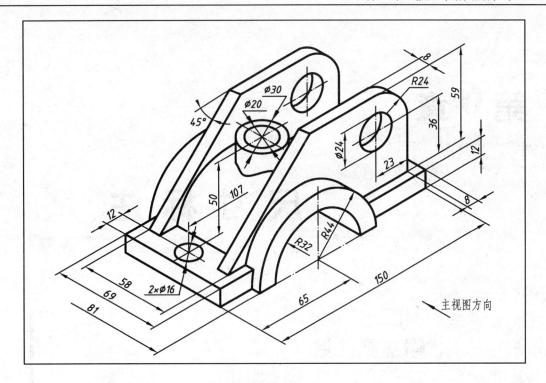

图 5.29 立体图 1

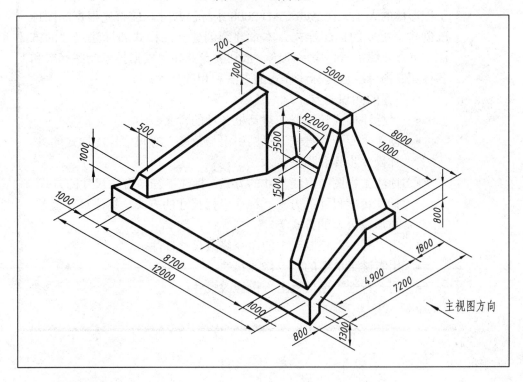

图 5.30 立体图 2

第6章

尺寸标注

📖 本章导读

尺寸是工程图中不可缺少的一项内容。工程图中的尺寸用来确定工程形体的大小。在 AutoCAD 2008 中标注尺寸，应首先根据制图标准创建所需要的标注样式。本章介绍创建标注样式和标注尺寸的方法，重点介绍机械、房屋建筑、水利类专业如何根据技术制图标准和各行业制图标准创建标注样式的方法和相关技术。

应掌握的知识要点：

- "标注样式管理器"对话框各项的含义。
- 创建本专业"直线"、"圆引出与角度"等尺寸标注样式的具体操作步骤和相关技术。
- 标注工程图中直线尺寸的方式，标注半径与直径尺寸的方式，标注角度尺寸的方式，标注坐标尺寸的方式，标注尺寸公差与形位公差的方式等。
- 用"标注"控制台中的命令修改尺寸标注。
- 用右键菜单中的命令修改尺寸。
- 用"特性"选项板全方位修改尺寸。

6.1 尺寸标注基础

工程图中的尺寸包括：尺寸界线、尺寸线、尺寸起止符号、尺寸数字 4 个要素，如图 6.1 所示。

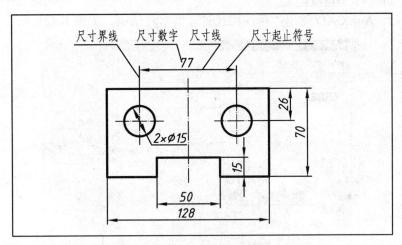

图 6.1 尺寸的 4 个要素

工程图中的尺寸标注必须符合制图标准。目前，各国制图标准有许多不同之处，我国各行业的制图标准中对尺寸标注的要求也不完全相同。AutoCAD 是一个通用的绘图软件包，因此在 AutoCAD 中标注尺寸，应首先根据制图标准创建所需要的标注样式。标注样式控制着尺寸的 4 个要素。

创建了标注样式后，就能很容易地进行尺寸标注。AutoCAD 可实现标注直线尺寸、角度尺寸、直径尺寸、半径尺寸及公差等功能。例如，标注图 6.2 所示图形的直线长度，可通过选取该线段的两个端点，即给出尺寸界线的第"1"点和尺寸界线的第"2"点，再指定决定尺寸线位置的第"3"点，即可完成标注。

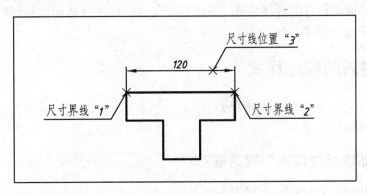

图 6.2 尺寸标注示例

6.2 标注样式管理器

在 AutoCAD 2008 中，用"标注样式管理器"对话框创建标注样式是最直观、最简捷的方法。

"标注样式管理器"对话框可用下列方法之一弹出:
- 从"标注"控制台(或"标注"工具栏)单击:"标注样式"按钮
- 下拉菜单选取:"标注" ⇨ "标注样式"
- 从键盘输入:<u>DIMSTYLE</u>

输入命令后,AutoCAD 弹出"标注样式管理器"对话框,如图 6.3 所示。

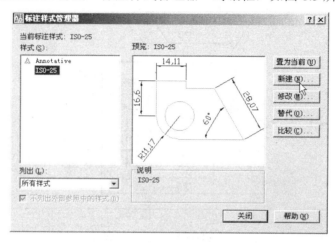

图 6.3 "标注样式管理器"对话框

对话框左边为"样式"列表框,其中显示当前图中已有的标注样式名称。其下的"列出"下拉列表中的选项,用来控制"样式"列表框中所显示的标注样式名称的范围,图 6.3 中选择的是"所有样式"项,即在"样式"列表框中显示当前图中全部标注样式的名称。

对话框中间为"预览"区,"预览:"冒号后显示的是当前标注样式的名称,该区中显示的图形为当前标注样式的示例,下部"说明"文字区显示对当前标注样式的描述。

"置为当前"、"新建"、"修改"、"替代"和"比较"5 个按钮用于设置当前标注样式、创建新的标注样式、修改已有的标注样式、替代当前实体的标注样式和比较两种标注样式,它们的具体操作将在下边几节中分别介绍。

6.3 创建新的标注样式

标注样式控制尺寸 4 要素的形式与大小。要创建新的标注样式,应首先理解"新建标注样式"对话框中各选项的含义。

6.3.1 "新建标注样式"对话框

"新建标注样式"对话框可用以下方法弹出:

单击"标注样式管理器"对话框中的"新建"按钮,先弹出"创建新标注样式"对话框,如图 6.4 所示。

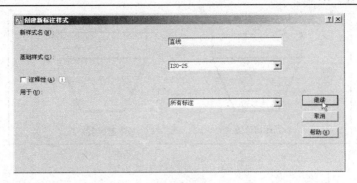

图 6.4 "创建新标注样式"对话框

在"创建新标注样式"对话框的"新样式名"文字编辑框中输入标注样式名称,单击"继续"按钮,将弹出"新建标注样式"对话框,如图 6.5 所示。

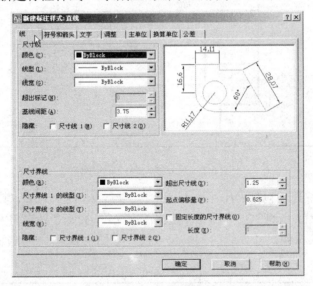

图 6.5 显示"线"选项卡的"新建标注样式"对话框

"新建标注样式"对话框中有 7 个选项卡,其中各项含义说明如下。

1. "线"选项卡

图 6.5 所示是显示"线"选项卡的"新建标注样式"对话框,该选项卡用来控制尺寸线和尺寸界线的标注形式。除预览区外,该选项卡中有"尺寸线"、"尺寸界线"两个区。

(1)"尺寸线"区

"颜色"下拉列表:用于设置尺寸线的颜色,一般使用默认设置或设置为 ByLayer。

"线型"下拉列表:用于设置尺寸线的线型,一般使用默认设置或设置为 ByLayer。

"线宽"下拉列表:用于设置尺寸线的线宽,一般使用默认设置或设置为 ByLayer。

"超出标记"文字编辑框:用来指定当尺寸起止符号为斜线时,尺寸线超出尺寸界线的长度,效果如图 6.6 所示(一般使用默认值 0)。

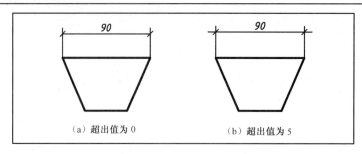

图6.6 尺寸线超出的示例

"基线间距"文字编辑框:用来指定执行基线尺寸标注方式时两条尺寸线间的距离,效果如图6.7所示。

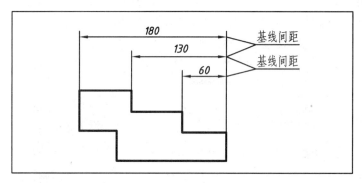

图6.7 尺寸线间距控制示例

"隐藏"选项:该选项包括"尺寸线1"和"尺寸线2"两个开关,其作用是分别消隐"尺寸线1"和"尺寸线2"。所谓"尺寸线1",是指靠近第一条尺寸界线的大半尺寸线;所谓"尺寸线2",是指靠近第二条尺寸界线的大半尺寸线。它们主要用于半剖视图的尺寸标注,效果如图6.8所示。

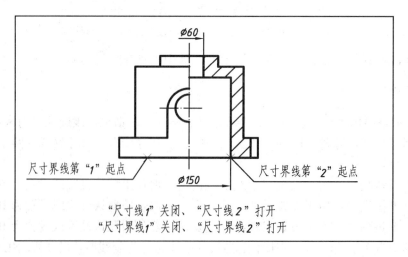

图6.8 隐藏尺寸线和尺寸界线的示例

(2)"尺寸界线"区

"颜色"下拉列表:用于设置尺寸界线的颜色,一般使用默认设置或设置为 ByLayer。

"尺寸界线 1 的线型"下拉列表:用于设置尺寸界线 1 的线型,一般使用默认设置或设置为 ByLayer。

"尺寸界线 2 的线型"下拉列表:用于设置尺寸界线 2 的线型,一般使用默认设置或设置为 ByLayer。

"线宽"下拉列表:用于设置尺寸界线的线宽,一般使用默认设置或设置为 ByLayer。

"隐藏"选项:该选项包括"尺寸界线 1"和"尺寸界线 2"两个开关,其作用是分别消隐"尺寸界线 1"或"尺寸界线 2"。它们主要用于半剖视图的尺寸标注,效果如图 6.8 所示。

"超出尺寸线"文字编辑框:用来指定尺寸界线超出尺寸线的长度,一般按制图标准规定设为 2mm。

"起点偏移量"文字编辑框:用来指定尺寸界线相对于起点偏移的距离。该起点是在进行尺寸标注时用对象捕捉方式指定的。例如,图 6.9 中的"1"点和"2"点是对象捕捉方式指定的尺寸界线起点,而实际的尺寸界线起点按所给的偏移距离与指定点空开一段。

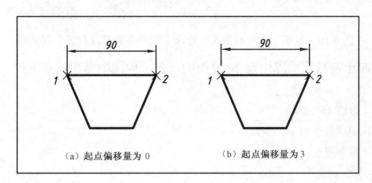

图 6.9 尺寸界线起点偏移示例

"固定长度的尺寸界线"开关:用来控制是否使用固定的尺寸界线长度来标注尺寸。若打开它,可在其下的"长度"文字编辑框中输入尺寸界线的固定长度。

2."符号和箭头"选项卡

如图 6.10 所示是显示"符号和箭头"选项卡的"新建标注样式"对话框,该选项卡用来控制尺寸起止符号(箭头)的形式与大小、圆心标记的形式与大小、弧长符号的形式、折断标注的折断长度、半径折弯标注的折弯角度、线性折弯标注的折弯高度。除预览区外,该选项卡中有"箭头"、"圆心标记"、"折断标注"、"弧长符号"、"半径折弯标注"、"线性折弯标注" 6 个区。

(1)"箭头"(即尺寸起止符号)区

"第一个"下拉列表:列出尺寸线第一个端点起止符号的名称及图例。

"第二个"下拉列表:列出尺寸线第二个端点起止符号的名称及图例。

"引线"下拉列表:列出执行引线标注方式时引线端点起止符号的名称及图例。

"箭头大小"文字编辑框：用于确定箭头（即尺寸起止符号）的大小。按制图标准应设成 3mm 左右。

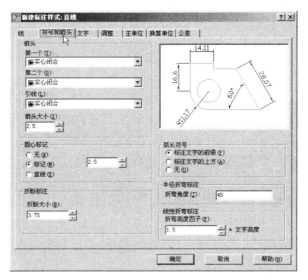

图 6.10　显示"符号和箭头"选项卡的"新建标注样式"对话框

说明：尺寸起止符号标准库中有 20 种图例，在工程图中常用的有下列 5 种：

▶ 实心闭合（即箭头）
⁄ 倾斜（即细 45°斜线）
⁄ 建筑标记（即中粗 45°斜线）
● 小点（即小圆点）
□ 无

（2）"圆心标记"区

"圆心标记"区用于确定执行"圆心标记" ⊕ 命令时，是否以及如何画出圆心标记。

单选钮组：用于选择圆心标记的类型，一般选择"无"。

文字编辑框：用于指定圆心标记的大小。

（3）"折断标注"区

"折断标注"区用于确定执行"折断标注" ⊥ 命令时，在所选尺寸上自动打断的长度。该区中只有一个文字编辑框，可在此指定尺寸界线上从起点开始自动打断的长度。

（4）"弧长符号"区

"弧长符号"区用于确定执行"弧长" ⌒ 命令时，是否以及如何画出弧长符号。该区中共有 3 个单选钮，可按需要选择其中一项。

（5）"半径折弯标注"区

"半径折弯标注"区用于确定执行"折弯" ⌒ 命令时，所标注半径尺寸的折弯角度。该区中只有一个文字编辑框，可在此指定半径尺寸折弯处的角度。

（6）"线性折弯标注"区

"线性折弯标注"区用于确定执行"折弯线性" ∿ 命令时，所选尺寸上的折弯高度。

该区中只有一个文字编辑框,可在此指定折弯高度因子,输入的数值与尺寸数字高度的乘积即为线性尺寸的折弯高度。

3. "文字"选项卡

如图 6.11 所示为显示"文字"选项卡的"新建标注样式"对话框,主要用来选定尺寸数字的样式及设定尺寸数字高度、位置和对齐方式,除预览区外,该选项卡中有"文字外观"、"文字位置"和"文字对齐"3 个区。

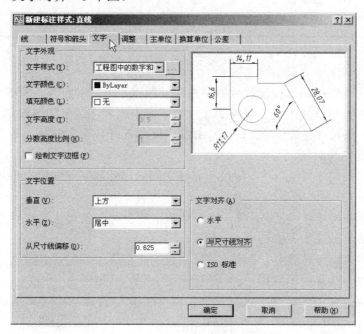

图 6.11 显示"文字"选项卡的"新建标注样式"对话框

(1)"文字外观"区

"文字样式"下拉列表:用来选择尺寸数字的文字样式,在此应选择"工程图中的数字和字母"文字样式。

"文字颜色"下拉列表:用来选择尺寸数字的颜色,一般使用默认设置或设置为 ByLayer。

"填充颜色"下拉列表:用来选择尺寸数字的背景颜色,一般设置为"无"。

"文字高度"文字编辑框:用来指定尺寸数字的字高(即字号),一般设置为 3.5mm。

"分数高度比例"文字编辑框:用来设置基本尺寸中分数数字的高度。在其中输入一个数值,AutoCAD 将用该数值与尺寸数字高度的乘积来指定基本尺寸中分数数字的高度。

"绘制文字边框"开关:控制是否给尺寸数字绘制边框。例如,打开它,尺寸数字 30 将注写为 30 的形式。

(2)"文字位置"区

"垂直"下拉列表:用来控制尺寸数字沿尺寸线垂直方向的位置,包括"居中"、"上方"、"外部"和"JIS"(日本工业标准)4 个选项,部分效果如图 6.12 所示。

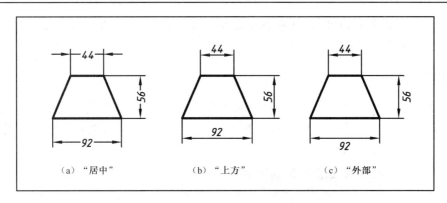

图 6.12 文字垂直位置选项示例

"水平"下拉列表：用来控制尺寸数字沿尺寸线水平方向的位置，有 5 个选项。
- 选"居中"项，使尺寸界线内的尺寸数字居中放置，效果如图 6.13（a）所示。
- 选"第一条尺寸界线"项，使尺寸界线之间的尺寸数字靠向第一条尺寸界线放置，效果如图 6.13（b）所示。
- 选"第二条尺寸界线"项，使尺寸界线之间的尺寸数字靠向第二条尺寸界线放置，效果如图 6.13（c）所示。
- 选"第一条尺寸界线上方"项，将尺寸数字放在第一条尺寸界线上方并平行于第一条尺寸界线，效果如图 6.13（d）所示。
- 选"第二条尺寸界线上方"项，将尺寸数字放在第二条尺寸界线上方并平行于第二条尺寸界线，效果如图 6.13（e）所示。

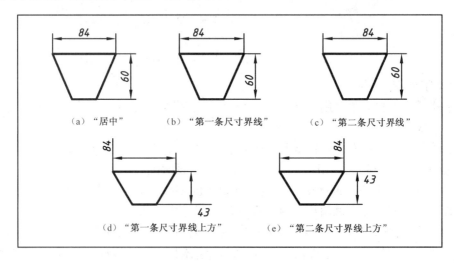

图 6.13 "水平对齐"选项示例

"从尺寸线偏移"文字编辑框：用来确定尺寸数字放在尺寸线上方时，尺寸数字底部与尺寸线之间的间隙。

（3）"文字对齐"区

"文字对齐"用来控制尺寸数字的字头方向是水平向上还是与尺寸线平行。

"水平"单选钮：选中时，尺寸数字字头永远向上，用于引出尺寸和角度尺寸的标注。

"与尺寸线对齐"单选钮：选中时，尺寸数字字头方向与尺寸线平行，用于直线尺寸标注。

"ISO 标准"单选钮：选中时，尺寸数字字头方向符合国际制图标准，即尺寸数字在尺寸界线内时，字头方向与尺寸线平行；在尺寸界线外时，字头永远向上。

4．"调整"选项卡

如图 6.14 所示为显示"调整"选项卡的"新建标注样式"对话框，主要用来调整各尺寸要素之间的相对位置。除预览区外，该选项卡中有"调整选项"、"文字位置"、"标注特征比例"和"优化"4 个区。

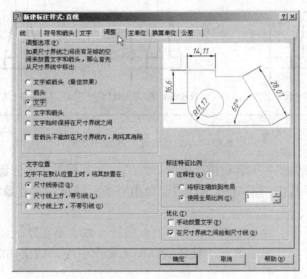

图 6.14　显示"调整"选项卡的"新建标注样式"对话框

（1）"调整选项"区

"调整选项"区用来确定当箭头或尺寸数字在尺寸界线内放不下的时候，在何处绘制箭头和尺寸数字。

"文字或箭头（最佳效果）"单选钮：选中时，将由 AutoCAD 根据两条尺寸界线间的距离确定放置尺寸数字与箭头的方式。其相当于以下方式的综合。

"箭头"单选钮：选中时，如果尺寸数字与箭头两者仅允许在尺寸界线内放一种，则将箭头放在尺寸界线外，尺寸数字放在尺寸界线内；如果尺寸数字也不足以放在尺寸界线内，则尺寸数字与箭头都放在尺寸界线外。

"文字"单选钮：选中时，如果箭头与尺寸数字两者仅允许在尺寸界线内放一种，则将尺寸数字放在尺寸界线外，尺寸箭头放在尺寸界线内；如果尺寸箭头也不足以放在尺寸界线内，则尺寸数字与箭头都放在尺寸界线外。

"文字和箭头"单选钮：选中时，如果空间允许，则将尺寸数字与箭头都放在尺寸界线之内；否则，都放在尺寸界线之外。

"文字始终保持在尺寸界线之间"单选钮：选中时，在任何情况下，都将尺寸数字放在两条尺寸界线之间（注意：选中该项，下面"文字位置"区中的各选项不起作用）。

"若箭头不能放在尺寸界线内，则将其消除"开关：打开时，如果尺寸界线内空间不够，就省略箭头。

（2）"文字位置"区

"尺寸线旁边"单选钮：选中时，当尺寸数字不在默认位置时，在尺寸线旁放置尺寸数字，效果如图 6.15（a）所示。

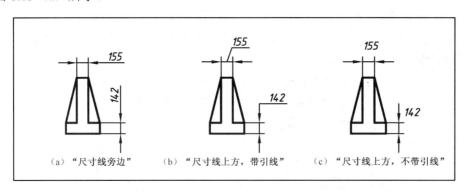

图 6.15 "文字位置"区选项示例

"尺寸线上方，带引线"单选钮：选中时，当尺寸数字不在默认位置时，若尺寸数字和箭头都不足以放到尺寸界线内，则 AutoCAD 自动绘出一条引线标注尺寸数字，效果如图 6.15（b）所示。

"尺寸线上方，不带引线"单选钮：选中时，当尺寸数字不在默认位置时，若尺寸数字和箭头都不足以放到尺寸界线内，则呈引线模式，但不画出引线，效果如图 6.15（c）所示。

（3）"标注特征比例"区

"将标注缩放到布局"单选钮：控制是在图纸空间上还是在当前的模型空间视口上使用全局比例。

"使用全局比例"单选钮：用来设定全局比例系数。选中时，该标注样式中所有尺寸要素的大小及偏移量的尺寸标注变量都会乘上全局比例系数。全局比例系数的默认值为 1，也可以在右边的文字编辑框中指定其他值。一般使用默认值 1。

"注释性"开关：打开该开关，将在尺寸标注时指定注释比例。注释比例用来改变尺寸要素的大小，其可在状态栏后面的"注释比例"下拉列表中实时选择。

（4）"优化"区

"手动放置文字"开关：打开该开关，进行尺寸标注时，AutoCAD 允许自行指定尺寸数字的位置。

"在尺寸界线之间绘制尺寸线"开关：该开关控制尺寸箭头在尺寸界线外时，两条尺寸界线之间是否画尺寸线。若打开该开关，则画尺寸线；则关闭该开关，则不画尺寸线。效果如图 6.16 所示。一般要打开该开关。

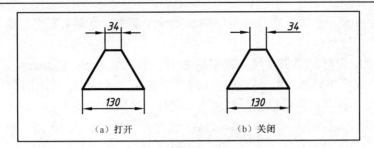

图 6.16 "在尺寸界线之间绘制尺寸线"开关效果示例

5. "主单位"选项卡

如图 6.17 所示为显示"主单位"选项卡的"新建标注样式"对话框,主要用来设置基本尺寸单位的格式和精度,指定绘图比例(以实现按形体的实际大小标注尺寸),并能设置尺寸数字的前缀和后缀。除预览区外,该选项卡中有"线性标注"、"角度标注"两个区。

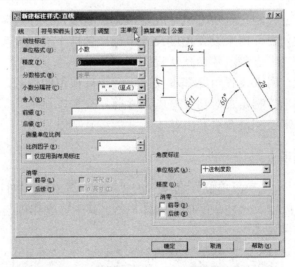

图 6.17 显示"主单位"选项卡的"新建标注样式"对话框

(1) "线性标注"区

"线性标注"区用于控制线性基本尺寸度量单位、比例、尺寸数字中的前缀、后缀和"0"的显示。

"单位格式"下拉列表:用来设置线性尺寸单位格式,包括科学、小数(即十进制数)、工程、分数等。其中,小数为默认设置。

"精度"下拉列表:用来设置线性基本尺寸小数点后保留的位数。

"分数格式"下拉列表:用来设置线性基本尺寸中分数的格式,包括"对角"、"水平"和"非重叠"3 个选项。

"小数分隔符"下拉列表:用来指定十进制数单位中小数分隔符的形式,包括句点(句号)、逗点(逗号)和空格 3 个选项。

"舍入"文字编辑框:用于设置线性基本尺寸值的舍入(即取近似值)规定。

"前缀"文字编辑框：用于在尺寸数字前加上一个前缀。前缀文字将替换掉任何默认的前缀（如半径"R"将被替换掉）。

"后缀"文字编辑框：用于在尺寸数字后加上一个后缀（如：183cm）。

"比例因子"文字编辑框：用于直接标注形体的真实大小。按绘图比例，输入相应的数值，在标注尺寸时，尺寸数字将会乘以该数值注出。例如，绘图比例为1:10，即图形缩小为原大的1/10来绘制，在此输入比例因子10，AutoCAD就将把测量值扩大10倍，使用形体真实的尺寸数值标注尺寸。

"仅应用到布局标注"开关：打开时，把比例因子仅用于布局中的尺寸。

"前导"开关：用来控制是否对前导0加以显示。打开前导开关，将不显示十进制尺寸整数0。例如，"0.80"显示为".80"。

"后续"开关：用来控制是否对后续0加以显示。打开后续开关，将不显示十进制尺寸小数后的0。例如，"0.80"显示为"0.8"。

（2）"角度标注"区

"角度标注"区用于控制角度基本尺寸度量单位、精度及尺寸数字中"0"的显示。

"单位格式"下拉列表：用来设置角度尺寸单位，包括十进制度数、度/分/秒、百分度、弧度等角度单位。其中，十进制度数为默认设置。

"精度"下拉列表：用来设置角度基本尺寸小数点后保留的位数。

"前导"开关：用来控制是否对角度基本尺寸前导0加以显示。

"后续"开关：用来控制是否对角度基本尺寸后续0加以显示。

6. "换算单位"选项卡

如图6.18所示为显示"换算单位"选项卡的"新建标注样式"对话框，主要用来设置换算尺寸单位的格式和精度以及尺寸数字的前缀和后缀。其中各操作项与"主单位"选项卡的同类项基本相同，在此不再详述。

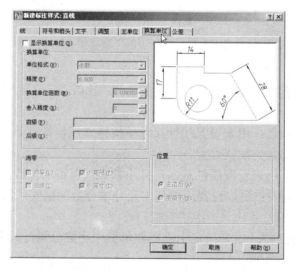

图6.18 显示"换算单位"选项卡的"新建标注样式"对话框

7. "公差"选项卡

如图 6.19 所示为显示"公差"选项卡的"新建标注样式"对话框，用来控制尺寸公差标注形式、公差值大小及公差数字的高度及位置，主要用于机械图。

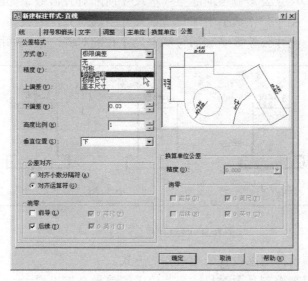

图 6.19 显示"公差"选项卡的"新建标注样式"对话框

"方式"下拉列表：用来指定公差标注方式，其中包括 5 个选项。

- "无"选项，表示不标注公差。
- "对称"选项，表示上下偏差同值标注，效果如图 6.20（a）所示。
- "极限偏差"选项，表示上下偏差不同值标注，效果如图 6.20（b）所示。
- "极限尺寸"选项，表示用上下极限值标注，效果如图 6.20（c）所示。
- "基本尺寸"选项，表示要在基本尺寸数字上加一个矩形框。

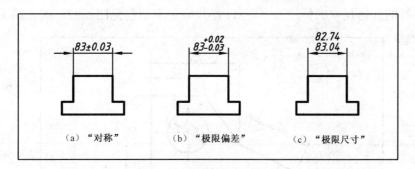

图 6.20 公差方式示例

"精度"下拉列表：用来指定公差值小数点后保留的位数。
"上偏差"文字编辑：用来设定尺寸的上偏差值。
"下偏差"文字编辑：用来设定尺寸的下偏差值。
"高度比例"文字编辑框：用来设定尺寸公差数字的高度。该高度由尺寸公差数字字高与基本尺寸数字高度的比值来确定。例如，设定 0.8，将使尺寸公差数字字高为基本尺寸数字高度的 8/10。

"垂直位置"下拉列表：用来控制尺寸公差相对于基本尺寸的位置，其中包括 3 个选项。

- "上"选项，尺寸公差数字顶部与基本尺寸顶部对齐，效果如图 6.21（a）所示。
- "中"选项，尺寸公差数字中部与基本尺寸中部对齐，效果如图 6.21（b）所示。
- "下"选项，尺寸公差数字底部与基本尺寸底部对齐，效果如图 6.21（c）所示。

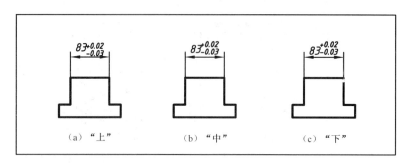

图 6.21　公差值对齐方式示例

"公差对齐"选项组：用来设置公差对齐的方式。

"前导"开关：用来控制是否对尺寸公差值中的前导 0 加以显示。

"后续"开关：用来控制是否对尺寸公差值中的后续 0 加以显示。

6.3.2　创建新标注样式实例

在绘制工程图中，通常都有多种尺寸标注的形式，应把绘图中常用的尺寸标注形式创建为标注样式。在标注尺寸时，需用哪种标注样式，就将它设为当前标注样式，这样可提高绘图效率，并且便于修改。下面介绍"直线"和"圆引出与角度"两种常用标注样式的创建。

【例 6-1】创建"直线"标注样式（该标注样式不仅用于直线段的尺寸标注，还可用于字头与尺寸线平行的任何尺寸的标注），该标注样式应用示例参见图 6.22、图 6.23 和图 6.24。

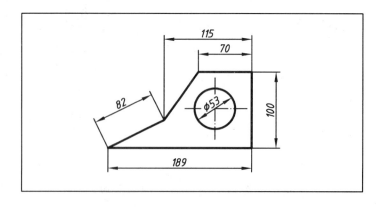

图 6.22　机械图"直线"标注样式应用示例

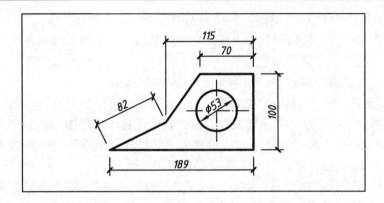

图 6.23 房建图 "直线" 标注样式应用示例

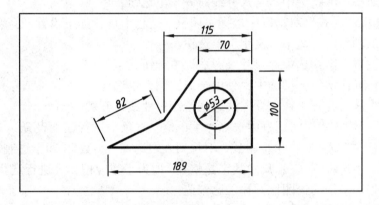

图 6.24 水工图 "直线" 标注样式应用示例

创建过程如下。

① 从 "标注" 控制台（或 "标注" 工具栏）单击 按钮，弹出 "标注样式管理器" 对话框。单击该对话框中的 "新建" 按钮，弹出 "创建新标注样式" 对话框。

② 在 "创建新标注样式" 对话框的 "基础样式" 下拉列表中选择一种与所要创建的标注样式相近的标注样式作为基础样式，在 "新样式名" 文字编辑框中输入所要创建的标注样式的名称 "直线"，单击 "继续" 按钮，弹出 "新建标注样式" 对话框。

③ 在 "新建标注样式" 对话框中选择 "线" 选项卡进行如下设置。

- "尺寸线" 区："颜色"、"线型" 和 "线宽" 使用默认设置或设置为随层（ByLayer），"超出标记" 设为 0，"基线间距" 框输入 7，关闭 "隐藏" 选项。
- "尺寸界线" 区："颜色"、"线型" 和 "线宽" 使用默认设置或设置为随层（ByLayer），"超出尺寸线" 框输入 2，"起点偏移量" 框，机械图输入 0，房屋建筑图及水工图应输入 3（左右），关闭 "隐藏" 选项。

④ 在 "新建标注样式" 对话框中选择 "符号和箭头" 选项卡进行如下设置。

- "箭头" 区：在 "第一个" 和 "第二个" 下拉列表中，机械图、水工图选择 "实心闭合" 选项，水工图在需要时也可选择 "倾斜"（即细 45°斜线）选项，房屋建筑图选择 "建筑标记"（即中粗 45°斜线）选项，"箭头大小" 框输入 3（45°斜线输入 2）。

- "圆心标记"区：在"类型"下拉列表中选择"无"选项。
- "弧长符号"区：机械图选中"标注文字的前缀"单选钮，房屋建筑图与水工图应选中"标注文字的上方"单选钮。
- "半径标注折弯"区：在"折弯角度"框中输入 30。

⑤ 在"新建标注样式"对话框中选择"文字"选项卡进行如下设置。
- "文字外观"区：在"文字样式"下拉列表中选择"工程图中的数字和字母"文字样式，"文字颜色"使用默认设置或设置为"随层"，"填充颜色"设置为"无"，"文字高度"框输入 3.5，关闭"绘制文字边框"开关。
- "文字位置"区：在"垂直"下拉列表中选择"上方"项，"水平"下拉列表中选择"居中"项，"从尺寸线偏移"框输入 1。
- "文字对齐"区：选中"与尺寸线对齐"单选钮。

⑥ 在"新建标注样式"对话框中选择"调整"选项卡进行如下设置。
- "调整选项"区：选中"文字"单选钮。
- "文字位置"区：选中"尺寸线旁边"单选钮。
- "标注特征比例"区：选中"使用全局比例"单选钮。
- "优化"区：打开"在尺寸界线之间绘制尺寸线"开关。

⑦ 在"新建标注样式"对话框中选择"主单位"选项卡进行如下设置。
- "线性标注"区：在"单位格式"下拉列表中选择"小数"（即十进制数）项，"精度"下拉列表中选择 0（表示尺寸数字是整数，如为小数应按需要进行选择），"比例因子"框应根据当前图的绘图比例输入比例值。
- "角度"标注区：在"单位格式"下拉列表中选择"十进制度数"项，"精度"下拉列表中选择 0。

⑧ 设置完成后，单击"确定"按钮，AutoCAD 将存储新创建的"直线"标注样式，返回"标注样式管理器"对话框，并在其"样式"列表框中显示"直线"标注样式名称，完成创建。

说明："公差"选项卡只在标注公差时才进行设置，"换算单位"选项卡也只在需要时才进行设置。

【例 6-2】创建"圆引出与角度"标注样式，其应用如图 6.25 所示。

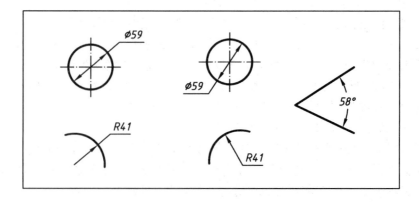

图 6.25 "圆引出与角度"标注样式的应用示例

"圆引出与角度"标注样式的创建应基于"直线"标注样式。

创建过程如下。

① 从"标注"控制台(或"标注"工具栏)单击 按钮,弹出"标注样式管理器"对话框。单击该对话框中的"新建"按钮,弹出"创建新标注样式"对话框。

② 在"基础样式"下拉列表中选择"直线"标注样式为基础样式,在"新样式名"文字编辑框中输入标注样式的名称"圆引出与角度",单击"继续"按钮,弹出"新建标注样式"对话框。

③ 在"新建标注样式"对话框中只需修改与"直线"标注样式不同的两处。

选择"文字"选项卡:在"文字对齐"区中改"与尺寸线对齐"为"水平"单选钮。

选择"调整"选项卡:在"优化"区中打开"手动放置文字"开关。

④ 设置完成后,单击"确定"按钮,AutoCAD 将存储新创建的"圆引出与角度"标注样式,返回"标注样式管理器"对话框,并在"样式"列表框中显示"圆引出与角度"标注样式名称,完成创建。

说明:

① 标注如图 6.26 所示的连续小尺寸,可基于"直线"标注样式,只修改箭头(即尺寸起至符号)来创建"连续小尺寸 1"、"连续小尺寸 2"等标注样式。标注连续小尺寸也常常不设标注样式,而是先用"直线"标注样式注出小尺寸,然后再应用"特性"选项板进行修改调整(详见 6.8.3 小节)。

② 在机械图中,标注有公差的尺寸,可基于"直线"标注样式,只修改"公差"选项卡中的相关内容来创建所需的标注样式,也可使用标注样式的"替代"功能。

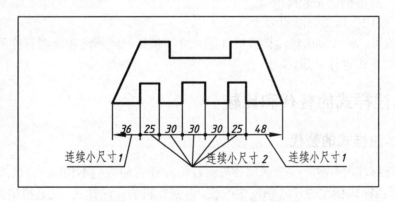

图 6.26 "连续小尺寸"标注样式应用示例

6.4 设置当前标注样式

创建了一系列所需的标注样式后,要标注哪一种尺寸就应把相应的标注样式设为当前标注样式。例如,要标注直线尺寸,就应先把"直线"标注样式设为当前标注样式。

操作"标注样式管理器"对话框中的"置为当前"按钮可将已有的标注样式设为当前标注样式。方法是:首先,在"标注样式管理器"对话框"样式"列表框中选择一种标注样式,然后，单击"置为当前"按钮，即将所选择的标注样式设为当前样式。

设置当前标注样式常用的方法是：从"标注"控制台（或"标注"工具栏）"样式名"下拉列表中选择一个标注样式，如图 6.27 所示，选中的标注样式即设为当前标注样式并显示在窗口中。

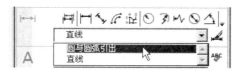

图 6.27 从"标注"控制台设置当前标注样式

6.5 修改标注样式

要修改某一标注样式，可按以下步骤操作。

① 从"标注"控制台（或"标注"工具栏）单击 按钮，弹出"标注样式管理器"对话框。

② 从"样式"列表框中选择所要修改的标注样式名，然后单击"修改"按钮，弹出"修改标注样式"对话框。

③ 在"修改标注样式"对话框中进行所需的修改（该对话框与"创建新标注样式"对话框内容完全相同，操作方法也一样）。

④ 修改完成后单击"确定"按钮，AutoCAD 按原有样式名存储所做的修改，并返回"标注样式管理器"对话框，完成修改。

⑤ 单击"关闭"按钮，结束命令。

说明：修改后，所有按该标注样式标注的尺寸（包括已经标注和将要标注的尺寸）均自动按新设置的标注样式进行更新。

6.6 标注样式的替代和比较

6.6.1 标注样式的替代

在进行尺寸标注时，常常有个别尺寸与所设标注样式相近但不相同，若修改相近的标注样式，将使所有用该样式标注的尺寸都发生改变，再创建新的标注样式，又显得很烦琐。AutoCAD 提供标注样式替代功能，可设置一种临时的标注样式，方便地解决了这一问题。操作过程如下。

① 从"标注"控制台（或"标注"工具栏）单击 按钮，弹出"标注样式管理器"对话框。

② 从"样式"列表框中选择相近的标注样式，然后单击"替代"按钮，弹出"替代标注样式"对话框。

③ 在"替代标注样式"对话框中进行所需的修改（该对话框与"创建新标注样式"对话框的内容完全相同，操作方法也一样）。

④ 修改后单击"确定"按钮，返回"标注样式管理器"对话框，AutoCAD 将在所选标注

样式下自动生成一个临时标注样式，并在"样式"列表框中显示 AutoCAD 定义的临时标注样式名称。

⑤ 选择"关闭"按钮，结束命令。

说明：当设另一个标注样式为当前样式时，AutoCAD 自动取消替代样式，结束替代功能。

6.6.2 两种标注样式的比较

尺寸样式比较功能用于显示两种标注样式之间标注系统变量的不同之处。需要时，可按以下步骤操作。

① 从"标注"控制台（或"标注"工具栏）单击 按钮，弹出"标注样式管理器"对话框。

② 从"样式"列表框中选择需要比较的两种标注样式之一，单击"比较"按钮，弹出"比较标注样式"对话框。

③ 在"比较标注样式"对话框上部的"与"下拉列表中选择另一种标注样式，该对话框中将显示两者的不同之处。

④ 阅览后单击"关闭"按钮，返回"标注样式管理器"对话框。

⑤ 单击"关闭"按钮，结束命令。

6.7 标注尺寸的方式

AutoCAD 2008 提供多种标注尺寸的方式，可根据需要进行选择。在标注尺寸时，一般应打开固定目标捕捉和极轴追踪，这样可准确、快速地进行尺寸标注。

使用如图 6.28 所示拉宽的"标注"控制台（也可不拉宽，单击该控制台中的 按钮以显示全部），是进行尺寸标注时输入命令的快捷方式，也可弹出"标注"工具栏进行尺寸标注。

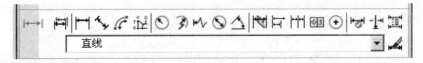

图 6.28 拉宽显示的"标注"控制台

6.7.1 标注水平或铅垂方向的线性尺寸

用 DIMLINEAR 命令可标注水平或铅垂方向的线性尺寸。设置所需的标注样式为当前标注样式后，可用该命令标注线性尺寸。图 6.29 所示是用"直线"标注样式标注的水平和铅垂方向的线性尺寸。

1. 输入命令

- 从"标注"控制台（或"标注"工具栏）单击："线性"按钮
- 从下拉菜单选取："标注" ⇨ "线性"
- 从键盘输入：<u>DIMLINEAR</u>

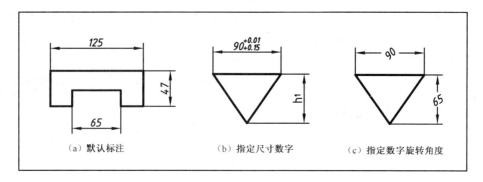

图 6.29 用"直线"标注样式标注的线性尺寸示例

2. 命令的操作

命令:（输入命令）
指定第一条尺寸界线原点或〈选择对象〉:（指定第一条尺寸界线起点）
指定第二条尺寸界线原点:（指定第二条尺寸界线起点）
指定尺寸线位置或 [多行文字(M)／文字(T)／角度(A)／水平(H)／垂直(V)／旋转(R)]:（指定尺寸线位置或选项）

若直接指定尺寸线位置，AutoCAD 将按测定的尺寸数字完成标注，效果如图 6.29（a）所示。若需要，可进行选项，上述提示行各选项含义说明如下。

- 选"M"：用多行文字编辑器重新指定尺寸数字，如图 6.29（b）所示。
- 选"T"：用单行文字方式重新指定尺寸数字。
- 选"A"：指定尺寸数字的旋转角度。图 6.29（c）所示是旋转角度指定为 30°的标注，（其默认值是 0，即字头向上）。
- 选"H"：指定尺寸线水平标注（实际可直接拖动）。
- 选"V"：指定尺寸线铅垂标注（实际可直接拖动）。
- 选"R"：指定尺寸线与尺寸界线的旋转角度（以原尺寸线为零起点）。

选项操作后，AutoCAD 会要求给出尺寸线位置，指定后，完成标注。

6.7.2 标注倾斜方向的线性尺寸

用 DIMALIGNED（对齐）命令可标注倾斜方向的线性尺寸。图 6.30 所示为"直线"标注样式标注的对齐尺寸。

1. 输入命令

- 从"标注"控制台（或"标注"工具栏）单击："对齐"按钮
- 从下拉菜单选取："标注" ⇨ "对齐"
- 从键盘输入：**DIMALIGNED**

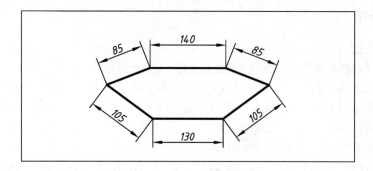

图 6.30 用"直线"标注样式标注的对齐尺寸示例

2. 命令的操作

命令:（输入命令）
指定第一条尺寸界线原点或〈选择对象〉:（指定第一条尺寸界线起点）
指定第二条尺寸界线原点:（指定第二条尺寸界线起点）
指定尺寸线位置或 [多行文字(M) / 文字(T) / 角度(A)]:（指定尺寸线位置或选项）

若直接指定尺寸线位置，AutoCAD 将按测定尺寸数字完成标注，效果如图 6.30 所示。若需要，可进行选项，各选项含义与线性尺寸标注方式的同类选项相同。

6.7.3 标注弧长尺寸

用 DIMARC 命令可标注弧长尺寸。设置所需的标注样式为当前标注样式后，可用该命令标注弧长尺寸。图 6.31 所示为用"直线"标注样式标注的弧长尺寸（机械图）。

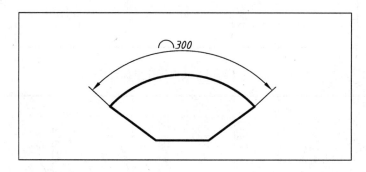

图 6.31 用"直线"标注样式标注弧长尺寸示例（机械图）

1. 输入命令

- 从"标注"控制台（或"标注"工具栏）单击："弧长"图标按钮
- 从下拉菜单选取："标注" ⇨ "弧长"
- 从键盘输入：**DIMARC**

2. 命令的操作

命令：（输入命令）

选择弧线段或多段线弧线段：（用直接点取方式选择需标注的圆弧）

指定弧长标注位置或 [多行文字(M)/文字(T)/角度(A)/部分(P)/引线(L)]：（给尺寸线位置或选项）

若直接给出尺寸线位置，AutoCAD 将按测定尺寸数字并加上弧长符号完成弧长尺寸标注，效果如图 6.31 所示。

若需要，可进行选项。上述提示行中各选项含义说明如下。

"多行文字(M)"、"文字(T)"、"角度(A)"选项与"DIMLINEAR"命令中的同类选项相同。

选"P"：标注选中圆弧中某一部分的弧长。

选"L"：在尺寸数字与圆心的连线上绘制一条引线。

6.7.4 标注坐标尺寸

用 DIMORDINATE 命令可标注坐标尺寸。设置所需的标注样式为当前标注样式后，可用该命令标注图形中特征点的 X 和 Y 坐标，如图 6.32 和图 6.33 所示。

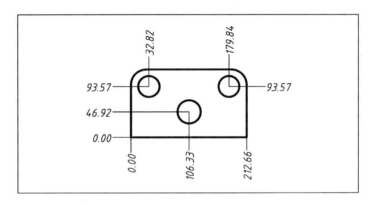

图 6.32　直接给引线端点标注坐标尺寸示例

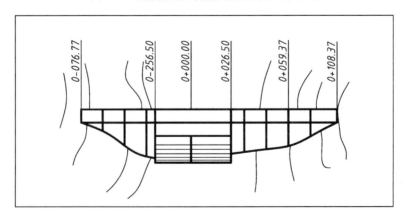

图 6.33　改变坐标值标注桩号尺寸示例

因为 AutoCAD 使用世界坐标系或当前用户坐标系的 X 和 Y 坐标轴，所以标注坐标尺寸时，应使图形的(0,0)基准点与坐标系的原点重合，否则需要重新输入坐标值。

1. 输入命令

- 从"标注"控制台（或"标注"工具栏）单击："坐标"按钮
- 从下拉菜单选取："标注" ⇨ "坐标"
- 从键盘输入：DIMORDINATE

2. 命令的操作

命令：（输入命令）
指定点坐标：（选择引线的起点）
指定引线端点或 [X 基准(X) / Y 基准(Y) / 多行文字(M) / 文字(T) / 角度(A)]：（指定引线端点或选项）

若直接指定引线端点，AutoCAD 将按测定坐标值完成尺寸标注，如图 6.32 所示。

若需改变坐标值，可选"T"或"M"项，给出新坐标值，再指定引线端点即完成标注，如图 6.33 所示。

6.7.5 标注半径尺寸

用 DIMRADIUS 命令可标注半径尺寸。设置所需的标注样式为当前标注样式后，可用该命令标注圆弧的半径。图 6.34（a）所示为用"直线"标注样式标注的半径尺寸，图 6.34（b）所示为用"圆引出与角度"标注样式标注的半径尺寸。

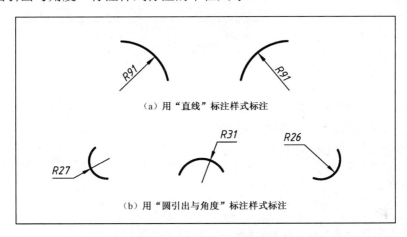

图 6.34 半径尺寸标注示例

1. 输入命令

- 从"标注"控制台（或"标注"工具栏）单击："半径"按钮
- 从下拉菜单选取："标注" ⇨ "半径"
- 从键盘输入：DIMRADIUS

2. 命令的操作

命令: (输入命令)

选择圆弧或圆: (选择圆弧或圆)

指定尺寸线位置或 [多行文字(M) / 文字(T) / 角度(A)]: (指定尺寸线位置或选项)

若直接给出尺寸线位置，AutoCAD 将按测定尺寸数字完成尺寸标注。

若需要，可进行选项，各选项含义与线性尺寸标注方式的同类选项相同。

6.7.6 标注折弯半径尺寸

用 DIMJOGGED 命令可标注折弯半径尺寸。设置所需的标注样式为当前标注样式后，用该命令可标注较大圆弧的折弯半径尺寸。图 6.35 所示是用"直线"标注样式所标注的折弯半径尺寸。

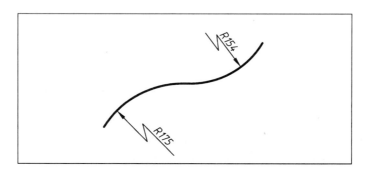

图 6.35 用"直线"标注样式标注的折弯半径尺寸示例

1. 输入命令

- 从"标注"控制台（或"标注"工具栏）单击："折弯"按钮
- 从下拉菜单选取："标注" ⇨ "折弯"
- 从键盘输入：**DIMJOGGED**

2. 命令的操作

命令: (输入命令)

选择圆弧或圆: (用直接点取方式选择需标注的圆弧或圆)

指定图示中心位置: (给折弯半径尺寸线起点)

标注文字 = 200　　　(信息行)

指定尺寸线位置或 [多行文字(M)/文字(T)/角度(A)]: (指定尺寸线位置或选项)

指定折弯位置: (拖动指定尺寸线折弯位置)

命令:

若需要，可进行选项，各选项含义与线性尺寸标注方式的同类选项相同。

6.7.7 标注直径尺寸

用 DIMDIAMETER 命令可标注直径尺寸。图 6.36（a）所示为用"直线"标注样式标注的直径尺寸，图 6.36（b）所示为用"圆引出与角度"标注样式标注的直径尺寸。

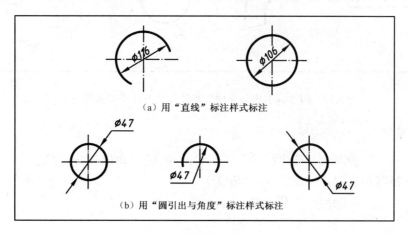

图 6.36 直径尺寸标注示例

1. 输入命令

- 从"标注"控制台（或"标注"工具栏）单击："直径"按钮
- 从下拉菜单选取："标注" ⇨ "直径"
- 从键盘输入：**DIMDIAMETER**

2. 命令的操作

命令:（输入命令）
选择圆弧或圆:（选择圆或圆弧）
指定尺寸线位置或 [多行文字(M) / 文字(T) / 角度(A)]:（拖动确定尺寸线位置或选项）

若直接指定尺寸线位置，AutoCAD 将按测定尺寸数字完成尺寸标注。
若需要，可进行选项，各选项含义与线性尺寸标注方式的同类选项相同。

6.7.8 标注角度尺寸

用 DIMANGULAR 命令可标注角度尺寸。设置所需的标注样式为当前标注样式后，可用该命令标注角度尺寸。操作该命令可标注两条非平行线间、圆弧及圆上两点间的角度，如图 6.37 所示。

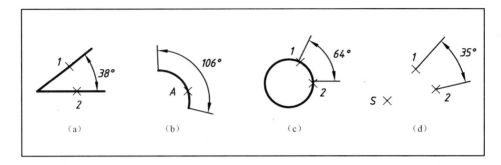

图 6.37 用"圆引出与角度"标注样式标注的角度尺寸示例

1. 输入命令

- 从"标注"控制台(或"标注"工具栏)单击:"角度"按钮 ⌂
- 从下拉菜单选取:"标注" ➪ "角度"
- 从键盘输入:**DIMANGULAR**

2. 命令的操作

(1) 在两条直线间标注角度尺寸

命令:(输入命令)
选择圆弧、圆、直线或 〈指定顶点〉:(点取第一条直线)
选择第二条直线:(点取第二条直线)
指定标注弧线位置或 [多行文字(M)/文字(T)/角度(A)/象限点(Q)]:(拖动确定尺寸线位置或选项)
效果如图 6.37(a)所示。

若直接指定尺寸线位置,AutoCAD 将按测定尺寸数字完成尺寸标注。

若需要,可进行选项。选项"多行文字(M)"、"文字(T)"、"角度(A)"的含义与线性尺寸标注方式的同类选项相同;若选择"象限点(Q)"选项,可按指定点的象限方位标注角度。

(2) 对整段圆弧标注角度尺寸

命令:(输入命令)
选择圆弧、圆、直线或 〈指定顶点〉:(选择圆弧上任意一点 A)
指定标注弧线位置或 [多行文字(M)/文字(T)/角度(A)/象限点(Q)]:(指定尺寸线位置或选项)
效果如图 6.37(b)所示。

若直接指定尺寸线位置,AutoCAD 将按测定尺寸数字完成尺寸标注。
若需要,可进行选项。

(3) 对圆上某部分标注角度尺寸

命令:(输入命令)
选择圆弧、圆、直线或 〈指定顶点〉:(选择圆上"1"点)
指定角的第二端点:(选择圆上"2"点)
指定标注弧线位置或 [多行文字(M)/文字(T)/角度(A)/象限点(Q)]:(指定尺寸线位置或选项)
效果如图 6.37(c)所示。

若直接指定尺寸线位置,AutoCAD 将按测定尺寸数字完成尺寸标注。

若需要，可进行选项。

（4）三点形式的角度标注

命令：（输入命令）
选择圆弧、圆、直线或 〈指定顶点〉：（直接按〈Enter〉键）
指定角的顶点：（指定角度顶点 S）
指定角的第一个端点：（指定第一条边端点 1）
指定角的第二个端点：（指定第二条边端点 2）
指定标注弧线位置或 [多行文字(M)/文字(T)/角度(A)/象限点(Q)]：（指定尺寸线位置或选项）

效果如图 6.37（d）所示。

若直接指定尺寸线位置，AutoCAD 将按测定尺寸数字完成尺寸标注。

若需要，可进行选项。

6.7.9 标注基线尺寸

用 DIMBASELINE 命令可标注基线尺寸。设置所需的标注样式为当前标注样式后，可用该命令快速地标注具有同一起点的若干个相互平行的尺寸，如图 6.38 所示为用"直线"标注样式标注的一组基线尺寸。

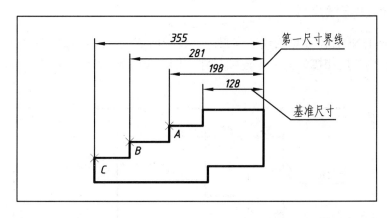

图 6.38 用"直线"标注样式标注的基线尺寸示例

1. 输入命令

- 从"标注"控制台（或"标注"工具栏）单击："基线"按钮
- 从下拉菜单选取："标注" ⇨ "基线"
- 从键盘输入：**DIMBASELINE**

2. 命令的操作

以图 6.38 所示的一组水平尺寸为例，先用线性尺寸标注命令标注基准尺寸，然后再标注基线尺寸，每一个基线尺寸都将以基准尺寸第一条尺寸界线为第一尺寸界线进行尺寸标注。基线尺寸标注命令的操作过程如下。

命令：（输入命令）

指定第二条尺寸界线原点或［放弃(U) / 选择(S)］〈选择〉：（指定第一个基线尺寸的第二条尺寸界线起点 A）（注出一个尺寸）

指定第二条尺寸界线原点或［放弃(U) / 选择(S)］〈选择〉：（指定第二个基线尺寸的第二条尺寸界线起点 B）（又注出一个尺寸）

指定第二条尺寸界线原点或［放弃(U) / 选择(S)］〈选择〉：（指定第三个基线尺寸的第二条尺寸界线起点 C）（又注出一个尺寸）

指定第二条尺寸界线原点或［放弃(U) / 选择(S)］〈选择〉：（按〈Enter〉键结束该基线标注）

选择基准标注：（可另选一个基准尺寸同上操作进行基线尺寸标注或按〈Enter〉键结束命令）

说明：

① 在"指定第二条尺寸界线原点或［放弃(U) / 选择(S)］〈选择〉："提示中选"U"，可撤销前一个基线尺寸，

② 在"指定第二条尺寸界线原点或［放弃(U) / 选择(S)］〈选择〉："提示中选"S"，允许重新指定基线尺寸第一尺寸界线的位置。

③ 各基线尺寸间距离是在标注样式中给定的（在"直线"标注样式中是 7mm）。

④ 所注基线尺寸数值只能使用 AutoCAD 内测值，不能重新指定。

6.7.10 标注连续尺寸

用 DIMCONTINUE 命令可标注连续尺寸。设置所需的标注样式为当前标注样式后，可用该命令快速地标注首尾相接的若干个连续尺寸，图 6.39 所示为用"直线"标注样式标注的一组连续尺寸。

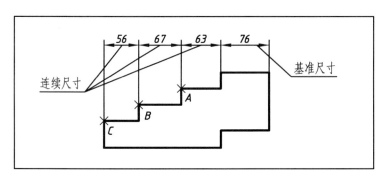

图 6.39　用"直线"标注样式标注的连续尺寸示例

1. 输入命令

- 从"标注"控制台（或"标注"工具栏）单击："连续"按钮
- 从下拉菜单选取："标注" ⇨ "连续"
- 从键盘输入：**DIMCONTINUE**

2. 命令的操作

以如图 6.39 所示的一组水平尺寸为例，先用线性尺寸标注命令注出基准尺寸，然后再进

行连续尺寸标注，每一个连续尺寸都以前一尺寸的第二尺寸界线为第一尺寸界线进行标注。连续尺寸标注命令的操作过程如下。

命令：（输入命令）
指定第二条尺寸界线原点或［放弃(U) / 选择(S)］〈选择〉：（指定第一个连续尺寸的第二条尺寸界线起点 A）（注出一个尺寸）
指定第二条尺寸界线原点或［放弃(U) / 选择(S)］〈选择〉：（指定第二个连续尺寸的第二条尺寸界线起点 B）（又注出一个尺寸）
指定第二条尺寸界线原点或［放弃(U) / 选择(S)］〈选择〉：（指定第三个连续尺寸的第二条尺寸界线起点 C）（又注出一个尺寸）
指定第二条尺寸界线原点或［放弃(U) / 选择(S)］〈选择〉：（按〈Enter〉键结束该连续标注）
选择连续标注：（可另选一个基准尺寸同上操作进行连续尺寸标注，或者按〈Enter〉键结束命令）

说明：
① 在"指定第二条尺寸界线原点或［放弃(U) / 选择(S)］〈选择〉："提示行中，"U"、"S"选项含义与基线尺寸标注命令同类选项相同。
② 所注连续尺寸数值也只能使用 AutoCAD 内测值，不能重新指定。

6.7.11 注写形位公差

用 TOLERANCE 命令可注写形位公差。形位公差注写方式确定形位公差的框格及框格内各项内容，并可动态地将其拖动到指定位置，该命令不绘制引线，也不能注写基准代号。

1．输入命令

- 从"标注"控制台（或"标注"工具栏）单击："公差"按钮
- 从下拉菜单选取："标注" ⇨ "公差"
- 从键盘输入：**TOLERANCE**

2．命令的操作

下面以图 6.40 所示 3 种情况为例，讲解该命令的操作方法。

【例 6-3】注写图 6.40 所示形位公差的框格及其内容。

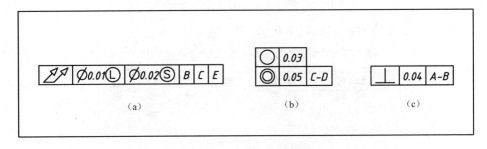

图 6.40　形位公差注写示例

操作步骤如下。

① 输入命令。

命令：（输入命令）

弹出"形位公差"对话框，如图 6.41 所示。

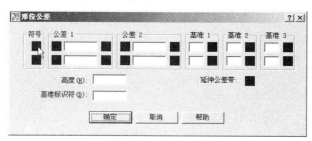

图 6.41 "形位公差"对话框

② 注写公差符号。

单击"形位公差"对话框中"符号"按钮，将弹出"符号"对话框，如图 6.42 所示。从中选取对称度位置公差符号，AutoCAD 自动关闭"特征符号"对话框并在"形位公差"对话框中"符号"按钮处显示所选择的对称度位置公差符号。

图 6.42 "特征符号"对话框

③ 注写公差框格内的其他内容。

用类似的方法，在"形位公差"对话框中输入或选定其他所需各项。

输入如图 6.43 所示内容，效果如图 6.40（a）所示。

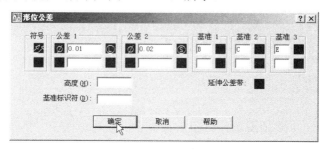

图 6.43 "形位公差"对话框输入示例（a）

输入如图 6.44 所示内容，效果如图 6.40（b）所示。

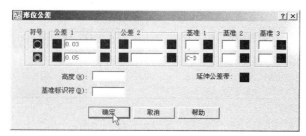

图 6.44 "形位公差"对话框输入示例（b）

输入如图 6.45 所示内容，效果如图 6.40（c）所示。

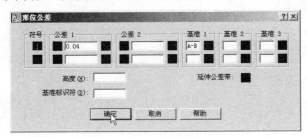

图 6.45　"形位公差"对话框输入示例（c）

④ 单击"确定"按钮，退出"形位公差"对话框，命令区出现提示行：

　　　输入公差位置:（拖动，确定形位公差框位置）
　　　命令:

说明：
① 公差框内文字高度、字型均由当前标注样式控制。
② 形位公差的引线可用多重引线绘制（有关多重引线参见 3.13 节）。
③ 基准代号可创建为属性图块绘制（有关图块参见 7.2 节）。

6.7.12　快速标注

用 QDIM 命令可一次标注一批形式相同的尺寸。

1. 输入命令

- 从"标注"控制台（或"标注"工具栏）单击："快速标注"按钮
- 从下拉菜单选取："标注" ⇨ "快速标注"
- 从键盘输入：**QDIM**

2. 命令的操作

　　　命令:（输入命令）
　　　选择要标注的几何图形:（选择要标注的实体）
　　　选择要标注的几何图形:（再选择实体或按〈Enter〉键结束选择）
　　　指定尺寸线位置或 [连续(C) / 并列(S) / 基线(B) / 坐标(O) / 半径(R) / 直径(D) / 基准点(P) / 编辑(E) / 设置(T)]〈连续〉:（拖动指定尺寸线位置或选项）

若直接指定尺寸线位置，确定后将按默认设置标注出一批连续尺寸并结束命令；要标注其他形式的尺寸应选项，按提示操作后，将重复上一行的提示，然后再指定尺寸线位置，AutoCAD 将按所选形式标注尺寸并结束命令。

说明："标注"控制台中的"圆心标记"命令，用来绘制圆心标记，其包括"无"、"标记"和"直线"3 种形式。圆心标记的形式和大小在标注样式中设定。

6.8 尺寸标注的修改

6.8.1 用控制台中的命令修改尺寸标注

1. "标注更新"命令

"标注更新"命令可将已有尺寸的标注样式改为当前标注样式。该命令的操作如下。

命令：（输入命令）
当前标注样式：圆引出与角度　注释性：否　　（信息行）
输入标注样式选项 [注释性(AN)/保存(S)/恢复(R)/状态(ST)/变量(V)/应用(A)/?]〈恢复〉：_apply
选择对象：（选择要更新为当前标注样式的尺寸）
选择对象：（继续选择或按〈Enter〉键结束命令）
命令：

说明：第一次执行该命令时，提示行"输入标注样式选项 [保存(S) / 恢复(R) / 状态(ST) / 变量(V) / 应用(A) / ?]〈恢复〉：_apply"不可操作，连续执行该命令才可操作。

2. "折弯线性"命令

"折弯线性"命令可在已有线性尺寸的尺寸线上加一个折弯，效果如图 6.46 所示。

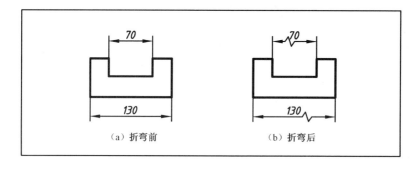

图 6.46　用"折弯线性"命令修改尺寸标注示例

该命令的操作如下。

命令：（输入命令）
选择要添加折弯的标注或 [删除(R)]：（选择一个线性尺寸）
指定折弯位置（或按 ENTER 键）：（指定折弯位置）
命令：

说明：
① 折弯的高度由当前标注样式设定。
② 在"选择要添加折弯的标注或 [删除(R)]："提示行中选择"删除"选项，按提示操作，可删除已有的折弯。

3. "折断标注"命令

"折断标注"命令可将已有线性尺寸的尺寸线或尺寸界线按指定位置删除一部分,效果如图 6.47 所示。

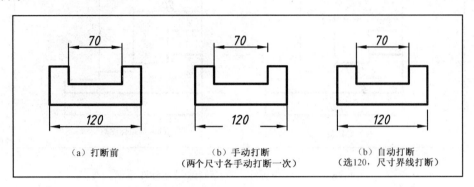

图 6.47 用"折断标注"命令修改尺寸标注示例

该命令的操作如下(以手动打断为例)。

命令:(输入命令)
选择标注或 [多个(M)]:(选择一个线性尺寸或选项选择多个)
选择要打断标注的对象或 [自动(A)/恢复(R)/手动(M)]〈自动〉:(选择手动"M"方式)
指定第一个打断点:(在尺寸线或尺寸界线上指定第一个打断点)
指定第二个打断点:(在尺寸线或尺寸界线上指定第二个打断点)
命令:

说明:

① 在"选择要打断标注的对象或 [自动(A)/恢复(R)/手动(M)]〈自动〉:"提示行中,选"自动"选项,AutoCAD 将所选尺寸的尺寸界线从起点开始打断一段长度,其打断的长度由当前标注样式设定。

② 在"选择要打断标注的对象或 [自动(A)/恢复(R)/手动(M)]〈自动〉:"提示行中,选"恢复"选项,AutoCAD 将所选尺寸的打断处恢复原状。

4. "等距标注"命令

"等距标注"命令可将选中的尺寸以指定的尺寸线间距均匀整齐地排列起来,效果如图 6.48 所示。

该命令的操作如下(以图 6.48 为例)。

命令:(输入命令)
选择基准标注:(选择尺寸 45)
选择要产生间距的标注:(选择尺寸 90)
选择要产生间距的标注:(选择尺寸 135)
选择要产生间距的标注:(按〈Enter〉键结束选择)
输入值或 [自动(A)]〈自动〉:(输入尺寸线间距 7)

命令:

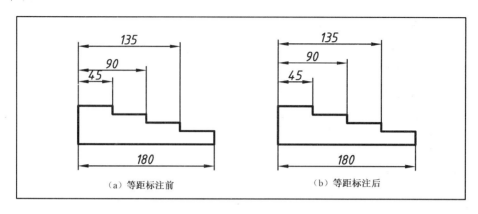

图 6.48 用"等距标注"命令修改尺寸标注示例

5. "检验"命令

"检验"命令可在选中尺寸的尺寸数字前、后加注所需的文字,并可在尺寸数字与加注的文字之间绘制分隔线并加注外框,效果如图 6.49 所示。

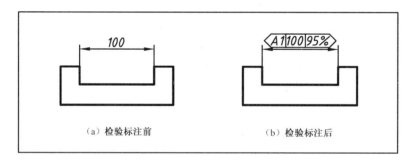

图 6.49 用"检验"命令修改尺寸标注示例

输入命令后,AutoCAD 弹出"检验标注"对话框,如图 6.50 所示。

图 6.50 "检验标注"对话框

在该对话框中进行相应的设置,再单击"选择标注"按钮返回图纸,选择所要修改的尺寸,单击右键返回"检验标注"对话框,然后单击"确定"按钮完成修改。

说明：

① "检验标注"对话框的"形状"区中有 3 个单选钮，用来设置在尺寸数字和加注的文字上所加画外框的形状。若选择"无"，将不画外框和分隔线。

② 打开"检验标注"对话框"标签/检验率"区中的"标签"开关，可在其下的文字编辑框中输入要加注在尺寸数字前的文字。

③ 打开"检验标注"对话框"标签/检验率"区中的"检验率"开关，可在其下的文字编辑框中输入要加注在尺寸数字后的文字。

6.8.2　用右键菜单中的命令修改尺寸标注

用右键菜单中的命令可方便地调整尺寸数字的位置、修改尺寸数字的精度、改变尺寸的标注样式、使尺寸箭头翻转，是修改尺寸最常用的方法。

具体操作步骤如下。

① 在"命令"状态下选取需要修改的尺寸，使尺寸显示夹点。

② 单击右键显示右键菜单，如图 6.51 所示。

③ 在右键菜单上部第 2 分栏中选择需要的选项。选项后，进入绘图状态，根据需要按提示操作后可完成修改。

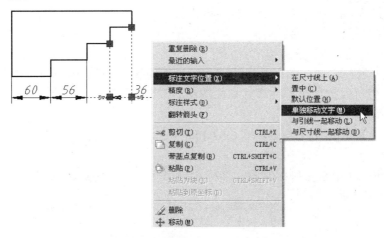

图 6.51　修改尺寸的右键菜单

6.8.3　用"特性"选项板全方位修改尺寸标注

要全方位地修改一个尺寸标注，应使用"特性"命令，该命令不仅能修改所选尺寸标注的颜色、图层、线型，还可修改尺寸数字的内容，并能重新编辑尺寸数字、重新选择标注样式、修改标注样式内容，操作方法同前所述。

提示：

① 要标注少数的半剖尺寸，先标注为完整尺寸，再用"特性"命令修改是一种实用的方法。

② 要标注连续的小尺寸，若中间的尺寸起止符号需要设为"小圆点"，先用"直线"样式标注尺寸，再用"特性"命令修改也是一种很实用的方法。

上机练习与指导

1. 基本操作训练

（1）进行绘图环境的初步设置（A3）。
（2）按 6.3.2 节实例练习创建工程图中"直线"和"圆引出与角度"基本标注样式。
（3）按教材依次练习各标注尺寸方式命令的操作方法。
（4）按教材依次练习各修改尺寸标注命令的操作方法。

2. 工程绘图训练

作业 1：

完成第 5 章中轴承座三视图的尺寸标注（见图 5.21）。

作业 1 指导：

① 标注尺寸前，先创建"直线"与"圆引出与角度"两种标注样式。
② 标注尺寸前，打开固定捕捉、极轴与对象捕捉。
③ 标注尺寸时，先把要应用的标注样式设置为当前样式。
④ 用"标注"控制台中相应的命令标注尺寸。
⑤ 检查、修改尺寸标注。

提示： 修改尺寸标注时，如果是标注样式的设置问题，不要一个一个地修改尺寸，只需修改该标注样式，就可以把用该标注样式标注的所有尺寸全部修正过来。

作业 2：

选做题。自定图幅和比例绘制如图 6.52 和图 6.53 所示的视图并标注尺寸。

作业 2 指导：

图 6.52 和图 6.53 中是按机械制图标准标注的尺寸，房屋建筑和水利专业绘图时可按本专业的制图标准标注尺寸。

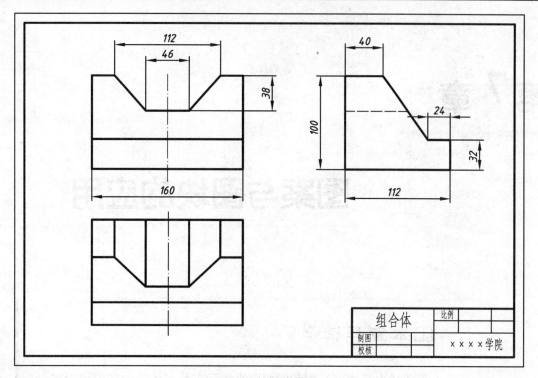

图 6.52　选做题 1

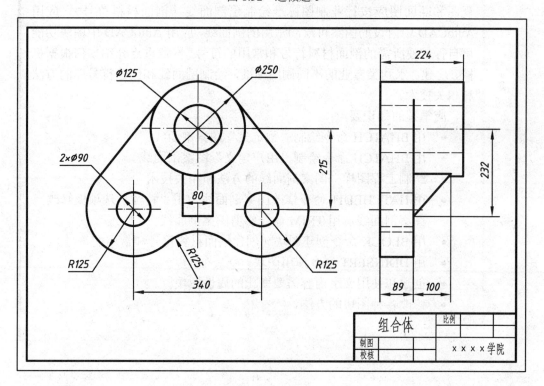

图 6.53　选做题 2

第 7 章

图案与图块的应用

📖 本章导读

工程图样中采用剖视图和断面图来表示工程形体的内部形状,绘制剖视图和断面图应按行业制图标准绘制出剖面线(剖面材料符号)。应用 AutoCAD 中内设的图案可绘制常用的剖面线,应用 AutoCAD 中图块功能可自行创建所需的剖面材料符号和常用的符号。本章重点介绍如何根据机械、房建、水利类专业的不同制图标准,绘制剖面线和创建符号库的方法和相关技术。

应掌握的知识要点:

- 用 BHATCH 命令绘制"预定义"图案剖面线。
- 用 BHATCH 命令绘制"用户定义"图案剖面线。
- 绘制工程图样中图案剖面线的方法和相关技术。
- 用 HATCHEDIT 命令修改图案剖面线,用"特性"选项板修改图案剖面线,用 TRIM 命令修剪图案剖面线。
- 用 BLOCK 命令创建图块(创建剖面材料符号和常用的符号)。
- 用 DDINSERT 命令使用图块。
- 创建和使用文字内容需要变化的属性图块。
- 修改各种图块的方法。

7.1 应用图案绘制剖面线

7.1.1 "图案填充和渐变色"对话框

用 BHATCH（图案填充）命令可方便地绘制 AutoCAD 中所提供的图案剖面线。
BHATCH 命令可用下列方法之一输入：
- 从"二维绘图"控制台（或"绘图"工具栏）单击："图案填充"按钮
- 从下拉菜单选取："绘图" ⇨ "图案填充"
- 从键盘输入：BHATCH

输入命令后，AutoCAD 2008 弹出显示"图案填充"选项卡的"图案填充和渐变色"对话框，如图 7.1 所示。

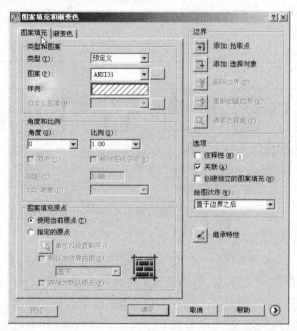

图 7.1 显示"图案填充"选项卡的"图案填充和渐变色"对话框

该对话框左侧为"类型和图案"区，右侧为"边界"区和"选项"区，还包括"继承特性"按钮和"预览"按钮等按钮，下面分别进行介绍。

1．类型和图案区

图案区用于选择和定义剖面线的类型和间距。该区中有"图案填充"和"渐变色"两个选项卡，其中，"图案填充"选项卡中提供有"预定义"、"自定义"和"用户定义"3 种类型的图案供选择和定义，"渐变色"选项卡用于填充渐变颜色（渐变颜色主要用于示意图，以增加图形的可视性，本书不做详细介绍）。选择和定义图案剖面线的操作方法如下。

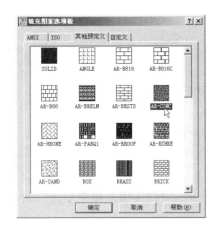

图7.2 "填充图案选项板"对话框

(1)"预定义"类型剖面线的选择和定义

在"图案填充"选项卡"类型和图案"区的"类型"下拉列表中选择"预定义"项,该选项允许从 ACAD.PAT 文件提供的图案中选择一种剖面线。

单击"图案"下拉列表后面的"…"按钮,弹出"填充图案选项板"对话框,如图 7.2 所示,可从中选择一种所需的图案。如果熟悉图案的名称,也可直接从"图案"下拉列表中选择预定义的图案。

选择预定义图案后,可在"角度和比例"区的"角度"和"比例"文字编辑框中改变图案的缩放比例和角度值。缩放比例默认值为 1,角度默认值为 0(此时,0 角度是指所选图案中线段的位置),改变这些设置可使剖面线的间距和角度发生变化,效果如图 7.3 所示。

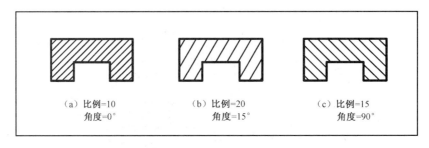

图 7.3 具有不同比例和角度的剖面线

(2)"用户定义"类型剖面线的选择和定义

在"类型"下拉列表中选择"用户定义"项,该选项允许使用者用当前线型定义一个简单的图案,即通过指定间距和角度来定义一组平行线或两组平行线(90°交叉)的图案。

选择了"用户定义"类型剖面线,"角度和比例"区下边的"间距"和"角度"文字编辑框变为可用,可在其中输入所定义剖面线中平行线间的距离和剖面线的角度(此时的 0 角度对应当前坐标系 UCS 的 X 轴)。

机械制图中常用的"金属材料"和"非金属材料"的剖面线用此方法定义非常方便。例如,定义"金属材料"剖面线,根据图形的大小,间距可在 3～10mm 之间给定,角度为 45°或-45°,如图 7.4 所示,选择"用户定义."项后,在"间距"文字编辑框中输入剖面线间距 3,在"角度"文字编辑框中输入 45。

要定义"非金属材料"剖面线,只需在以上设定的基础上,打开"双项"开关。打开"双项"开关后,AutoCAD 将在与原来的平行线成 90°角的方向上再画出一组平行线,效果如图 7.5 所示。

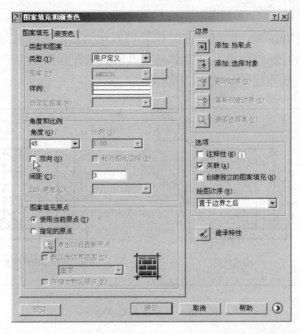

图 7.4　显示"用户定义"设定值的"图案填充和渐变色"对话框

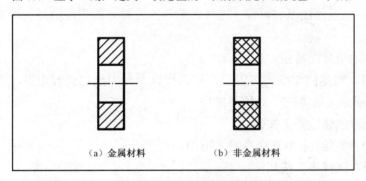

图 7.5　绘制"用户定义"图案剖面线示例

(3)"自定义"类型剖面线的选择和定义

在"类型"下拉列表中选择"自定义"项,可以从其他.PAT 文件中指定一种剖面线。

自定义类型的剖面线,通过在"自定义图案"文字编辑框中输入图案的名称来选择。另外,可在"角度"和"比例"文字编辑框中改变自定义图案的角度和缩放比例。

说明:该命令中,默认的图案填充原点(当前原点)在图案的左下角点,若选择"类型和图案"区中的"指定的原点"单选钮,可重新指定图案填充的原点。

2."边界"区

"边界"区用来选择剖面线的边界并控制定义剖面线边界的方法,该区中包含 5 个按钮,各项的含义及操作方法说明如下。

（1）"添加：拾取点"按钮

单击该按钮，将返回图纸，此时可在要绘制剖面线的封闭区域内分别单击来选择（点选）边界，选择后按〈Enter〉键或使用右键菜单返回"图案填充和渐变色"对话框。此时单击"确定"按钮，即可绘制出剖面线，如图7.6所示。

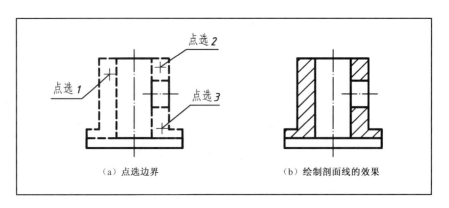

图7.6　"点选"边界示例

（2）"添加：选择对象"按钮

单击该按钮，将返回图纸，可按"选择对象"的各种方式指定边界。该方式要求作为边界的实体必须封闭。

（3）"删除边界"按钮

单击该按钮，将返回图纸，可用拾取框选择该命令中已定义的边界，选择一个，取消一个。当没有选择或定义边界时，此项不能用。

（4）"重新创建边界"按钮

该按钮在执行修改图案填充命令时才可用。

（5）"查看选择集"按钮

单击该按钮，将返回图纸，可以查看当前已选择的边界。当没有选择或定义边界时，此项不能用。

3．"选项"区

"选项"区中包含"注释性"开关、"关联"开关、"创建独立的图案填充"开关和"绘图次序"下拉列表4项。

（1）"注释性"开关

打开"注释性"开关，所填充的剖面线将成为注释性对象。需要时，可在待命状态下选中注释性对象，单击右键弹出右键菜单，其中将显示"注释性对象比例"选项，在此可选择添加（或删除等）该剖面线的注释性比例，确定后该剖面线的疏密程度，将随状态栏后设定的注释比例的改变而改变。"注释性"开关主要用于布局中。

（2）"关联"开关

所谓"关联"是指填充的剖面线与其边界相关联。它用于控制当前边界改变时，剖面线是否跟随变化。

打开"关联"开关，AutoCAD 将把图案剖面线作为与边界关联的实体来绘制；关闭"关联"开关，AutoCAD 将把图案剖面线作为一个独立的实体绘制，与边界不相关联。

若"关联"，在修改边界时，绘制的剖面线图案也将自动更新，如图 7.7 所示。

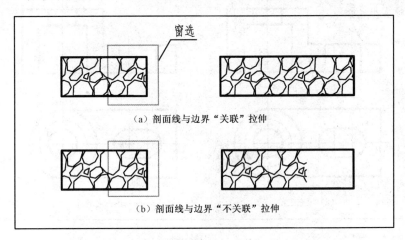

图 7.7 "关联"的应用

（3）"创建独立的图案填充"开关

关闭"创建独立的图案填充"开关，同一个命令中指定的各边界所绘制的剖面线是一个实体；打开"创建独立的图案填充"开关，将使同一个命令指定的各边界中所绘制的剖面线相互独立，即各自都是独立的实体。

（4）"绘图次序"下拉列表

所谓"绘图次序"，是指绘制的剖面线与其边界的绘图次序，用于控制两者重叠处的显示顺序。

"绘图顺序"下拉列表中有"置于边界之后"、"置于边界之前"、"前置"、"后置"、"不指定"5 个选项，默认状态为"置于边界之后"，即在边界与图案重叠处显示边界。

4."继承特性"按钮

单击"继承特性"按钮，返回图纸，可选择已填充在实体中的剖面线作为当前剖面线。

5."预览"按钮

选择并定义了剖面线图案和边界后，单击"预览"按钮，AutoCAD 将显示绘制剖面线的预览效果。预览满意，可单击右键结束命令；若不满意，应按〈Esc〉键返回"图案填充和渐变色"对话框进行修改，直至满意为止。

7.1.2 绘制图案剖面线实例

【例 7-1】绘制如图 7.8 所示图形中的剖面线。

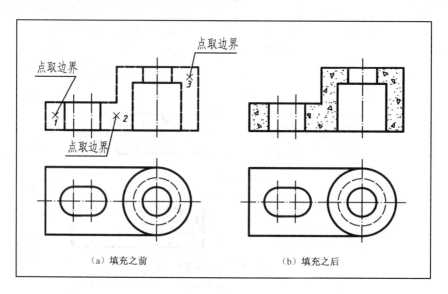

图 7.8 绘制图案剖面线

具体操作步骤如下。

① 输入命令。从"二维绘图"控制台(或"绘图"工具栏)单击"图案填充"按钮,弹出"图案填充和渐变色"对话框(见图 7.1)。

② 选择剖面线类型。在类型图案区,先在"类型和图案"区"类型"下拉列表中选择"预定义"项,再单击"图案"下拉列表后面的"…"按钮,在弹出的"填充图案选项板"对话框中选择所需的图案剖面线,单击"确定"按钮返回"图案填充和渐变色"对话框。

③ 设置剖面线的疏密和角度。在"图案填充和渐变色"对话框"角度和比例"区中设置"比例"为 0.7,"角度"为 0。

④ 其他设置。在"选项"区中打开"关联"和"创建独立的图案填充"开关,在"绘图次序"下拉列表中选择"置于边界之后"项。

⑤ 设置剖面线边界。单击"边界"区中的"添加:拾取点"按钮,返回图纸,分别在图 7.8 所示的"点选 1"、"点选 2"和"点选 3"3 个区域内单击,使其剖面线边界呈虚像显示,然后按〈Enter〉键返回"图案填充和渐变色"对话框。

⑥ 预览效果。单击"预览"按钮,返回图纸,显示绘制剖面线预览效果。按〈Esc〉键,返回"图案填充和渐变色"对话框。如果认为剖面线间距值不合适,可修改"比例"值,修改后再预览,直至满意为止。

⑦ 绘制出剖面线。预览效果满意后,单击右键结束该命令,绘制出剖面线。

说明：
① 在绘制剖面线时，也可先定边界再选图案，然后再进行相应的设置。
② 如果被选边界中包含有文字，AutoCAD 默认设置为在文字区域内不进行填充，以使文字清晰显示。

7.1.3 修改图案剖面线

用 HATCHEDIT 命令可修改已填充的图案剖面线类型、缩放比例、角度及填充方式等。HATCHEDIT 命令可用下列方法之一输入：

- 用鼠标直接双击要修改的剖面线
- 用右键菜单：选择剖面线 ⇨ 单击右键弹出右键菜单 ⇨ 选"编辑图案填充"
- 从下拉菜单选取："修改" ⇨ "对象" ⇨ "图案填充"
- 从键盘输入：HATCHEDIT

输入命令后，AutoCAD 将弹出"图案填充编辑"对话框，如图 7.9 所示。

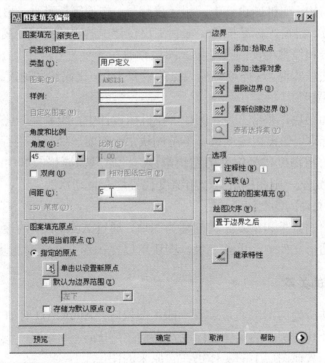

图 7.9 "图案填充编辑"对话框

"图案填充编辑"对话框中的内容与"图案填充和渐变色"对话框完全相同，不再赘述。
说明：
① 用"特性"PROPERTIES 命令，也可修改剖面线特性。
② 在 AutoCAD 2008 中，可用"修剪"TRIM 命令修剪填充的图案。

7.2 应用图块创建符号库

7.2.1 图块的基础知识

1．图块的概念

图块是由多个实体（也可以是一个实体）组成并赋予图块名的一个整体。AutoCAD 把图块当做一个单一的实体来处理。绘图时，可根据需要将制作的图块插入到图中任意指定的位置。插入时，可以指定缩放比例和旋转角度来改变它的大小和方位。

2．图块的功能

（1）建立符号库

有些工程图中需要用到的剖面材料符号 AutoCAD 没有提供。在工程图中，还常常有一些重复出现的符号和结构，如机械设计中的粗糙度代号、螺栓等标准件，房屋建筑设计中的定位轴线编号、高程符号、门窗等标准构件，水利工程设计中的水流符号、高程符号等。如果把需创建的剖面材料符号和经常出现的符号做成图块存放在一个符号库中，在需要绘制它们时，可以用插入图块的方法来实现，这样可避免大量的重复工作，提高绘图速度，并可节省存储空间。

（2）便于修改图形

修改一组相同的图块，非常方便。例如，在机械设计中，绘制完一张图样后，发现表面粗糙度代号绘制得不标准，如果粗糙度符号不是图块，就需要一处一处进行修改，既费时又不方便。如果在绘图时将粗糙度代号定义为图块绘制，此时只需要修改其中一个图块（或重新绘制），然后进行重新定义，则图中所有该粗糙度代号均会自动修改。

（3）便于图形文件间的交流

将工程图中常用的符号和重复结构创建为图块，通过 AutoCAD 的设计中心可将这些图块方便地复制到当前图形文件中，也就是说，图块可以在图形文件之间相互进行调用。

3．图块与图层的关系

组成图块的实体所处的图层非常重要。插入图块时，AutoCAD 有如下约定：
- 图块中位于 0 图层上的实体被绘制在当前图层上；
- 图块中位于其他图层上的实体仍在它原来的图层上；
- 若没有与图块同名的图层，AutoCAD 将给当前图形增加相应的图层。

提示：创建图块的实体必须事先画出，并应绘制在相应的图层上。

7.2.2 创建图块

用 BLOCK 命令可在当前图形文件中创建图块。

1. 输入命令
- 从"二维绘图"控制台（或"绘图"工具栏）单击："创建块"按钮
- 从下拉菜单选取："绘图" ⇨ "块" ⇨ "创建"
- 从键盘输入：BLOCK

2. 命令的操作

输入命令后，AutoCAD 立刻弹出如图 7.10 所示的"块定义"对话框。
具体操作过程如下。

① 输入要创建的图块名称。

在"名称"文字编辑框中输入要创建的图块名。

图 7.10 "块定义"对话框

② 确定图块的插入点。

单击"基点"区中的"拾取点"按钮返回图纸，同时命令区中出现提示：

指定插入点：（在图上指定图块的插入点）

指定插入点后，又重新显示"块定义"对话框。也可在"拾取点"按钮下边的"X"、"Y"、"Z"文字编辑框中输入坐标值来指定插入点。

③ 选择要定义的实体。

单击"对象"区中的"选择对象"按钮返回图纸，同时命令区中出现提示：

选择对象：（选择要定义的实体）

选择对象：↙

选定实体后，又重新显示"块定义"对话框。

④ 其他设置。

若希望图块插入后可用"分解"命令进行分解，则应在"方式"区中打开"允许分解"开关；反之，应关闭。

若希望在插入时，图块在 X 和 Y 方向以同一比例缩放，应打开"方式"区中"按统一比例缩放"开关；反之，应关闭。

若希望所创建的图块成为注释性对象，应打开"方式"区中"注释性"开关；反之，应关闭。其他一般使用默认设置。

⑤ 完成创建。

单击"确定"按钮，完成图块的创建。

"块定义"对话框中其他操作项的含义说明如下。

"对象"区中的"保留"单选钮：选中它，定义图块后将以原特性保留用来定义图块的实体。

"对象"区中的"转换为块"单选钮：选中它，定义图块后将定义图块的实体转换为图块。

"对象"区中的"删除"单选钮：选中它，定义图块后，删除当前图形中定义图块的实体。

"对象"区中的"快速选择"按钮：单击该按钮可从随后弹出的对话框中定义选择集。

"设置"区中的"块单位"下拉列表：用来选择图块插入时的单位。一般选"无单位"项。

右下角的"说明"文字编辑框：用来输入对所定义图块的用途或其他相关描述文字。

左下角的"在块编辑器中打开"开关：用来设置动态块。打开它，当完成图块创建单击"确定"按钮后，AutoCAD 将所创建的图块显示在"块编辑器"中，可在其中设置图块的相应参数和动作，保存后即将该图块设置为动态块。动态块可实现在位调整（如拉伸、移动、缩放、旋转、翻转图块等），而无须重新定义该图块或插入另一个图块。

7.2.3 使用图块

用 DDINSERT 命令可将已创建的图块插入到当前图形文件中，也可选择某图形文件作为图块插入到当前图形文件中。

1．输入命令

- 从"二维绘图"控制台（或"绘图"工具栏）单击："插入块"按钮
- 从下拉菜单选取："插入" ⇨ "块"
- 从键盘输入：**DDINSERT**

2．命令的操作

输入命令后，弹出"插入"对话框，如图 7.11 所示。

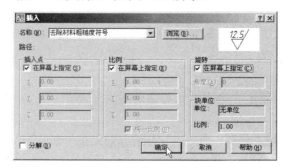

图 7.11 "插入"对话框

具体操作过程如下。

① 选择图块。

在"插入"对话框中,从"名称"下拉列表中选择一个已有的图块名。

单击"预览"按钮,可从随后弹出的对话框中指定路径,选择一个图块文件。

② 指定插入点、缩放比例、旋转角度。

在"插入"对话框中,将"插入点"、"比例"、"旋转"3 个区中的"在屏幕上指定"开关全部打开,单击"确定"按钮,AutoCAD 将退出"插入"对话框返回图纸,同时命令区出现以下提示:

指定插入点或 [基点(B) / 比例(S) / 旋转(R)]:(指定插入点)

输入 X 比例因子,指定对角点,或 [角点(C) / XYZ(XYZ)]〈1.00〉:(输入 X 方向的比例因子)

输入 Y 比例因子或〈使用 X 比例因子〉:(输入 Y 方向的比例因子)

指定旋转角度〈0.00〉:(输入图块相对于插入点的旋转角度)

说明:

① 在"插入"对话框"比例"区中打开"统一比例"开关(若在"块定义"对话框中打开了"按统一比例缩放"开关,则该开关呈灰色,表示已经定义了插入时 X 和 Y 方向同比例缩放),在指定插入点后,AutoCAD 将直接提示:

指定比例因子 〈1.00〉:(输入比例因子)

指定旋转角度 〈0.00〉:(输入图块相对于插入点的旋转角度)

② 插入图块时,若对比例因子及旋转角度提示均给予空响应(即使用默认值),所插入的图块不改变大小也不旋转。比例因子小于 1,将缩小图块;大于 1,将放大图块。因此定义图块的实体应按标准或常用大小绘制,以方便插入。

③ 插入图块时,比例因子可正可负,若为负值,其结果是插入镜像图,如图 7.12 所示。

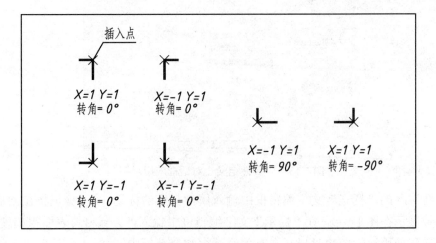

图 7.12 插入图块时比例因子正负号的应用示例

④ 在"插入"对话框中,如果打开"在屏幕上指定"开关,则表示要在绘图状态下指定插入点、缩放比例和旋转角度;如果关闭该开关,则表示要用对话框中的文字编辑框来指定。

⑤ 在"插入"对话框中,如果打开了"分解"开关,则表示图块插入后要分解回退成一个个单一的实体,这样将使这张图所占磁盘空间增大。一般按默认状态关闭它,需要编辑某个图块时,再使用 EXPLODE 命令分解它。

7.2.4 创建和使用属性图块

属性图块用于形状相同,而文字内容需要变化的情况,如机械图中的表面粗糙度代号、明细表行,房建图中的高程符号、定位轴线编号,水利工程图中的高程符号等,将它们创建为有属性的图块,使用时可按需要指定文字内容。

1. 创建属性图块

以创建机械图中去除材料粗糙度代号"12.5/∇"为例讲述操作过程。

(1) 绘制属性图块中的图形部分

在尺寸图层上,按制图标准 1:1 画出图块中的图形部分"∇"。

(2) 定义图块中内容需要变化的文字(即属性文字)

从下拉菜单选取:"绘图" ⇨ "块" ⇨ "定义属性",输入命令后,弹出"属性定义"对话框,如图 7.13 所示。

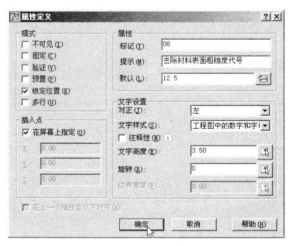

图 7.13 "属性定义"对话框应用示例

在"属性"区的"标记"文字编辑框中输入属性文字的标记 08(标记将在创建后作为属性文字的编号显示在图形中),在"提示"文字编辑框中输入"去除材料表面粗糙度代号"(该提示将在定义和使用属性图块时显示在有关对话框和命令行中),在"默认"文字编辑框中输入需要变化的值 12.5。

在"文字设置"区的"对正"下拉列表中选择"左"文字对正模式,在"文字样式"下拉列表中选择"工程图中的数字和字母"文字样式,在"文字高度"文字编辑框中输入属性文字的字高 3.5,在"旋转"文字编辑框中输入属性文字行的旋转角度 0。

在"插入点"区中打开"在屏幕上指定"开关。

单击"确定"按钮,关闭对话框,进入绘图状态,指定属性文字的插入点,完成属性文字的创建,图形中将显示"∇"。

说明:在"模式"区中可根据需要进行选项,一般使用默认设置。

(3)定义属性图块

单击"创建块"按钮 输入命令,弹出"块定义"对话框。在该对话框中以"∇"为要定义的实体,以图形符号最下点为图块的插入点,创建名称为"去除材料表面粗糙度代号"的图块。单击"确定"按钮后,AutoCAD 关闭"块定义"对话框,并弹出"编辑属性"对话框,如图 7.14 所示。单击"确定"按钮,完成属性图块的创建,图形中将显示"∇"。

2. 使用属性图块

单击"插入块"按钮 输入命令,选择属性图块"去除材料粗糙度代号",指定插入点、比例、角度后,AutoCAD 在命令行将继续提示:

  输入属性值　(信息行)

  去除材料表面粗糙度代号〈12.50〉:　3.2 ✓（输入一个新值,或按〈Enter〉键使用默认值）

确定后结束命令,AutoCAD 将插入一个属性图块"∇"。

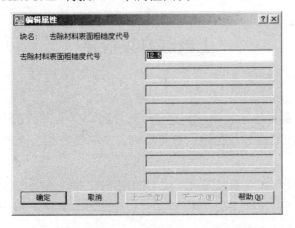

图 7.14　"编辑属性"对话框

7.2.5　修改图块

1. 修改用 BLOCK 命令创建的图块

要修改用 BLOCK 命令创建的图块,应先分解这种图块中的任意一个进行修改（或重新绘制）,然后以同样的图块名再用 BLOCK 命令重新定义一次。重新定义后,AutoCAD 将立即修改所有已插入的同名图块。

当图中已插入多个相同的图块，而且只需要修改其中一个时，切忌不要重新定义图块，应使用"分解"命令将该图块分解后直接进行修改。

2．修改属性图块中的文字

修改属性图块中文字的方法是：双击属性中的文字，AutoCAD 将弹出显示"属性"选项卡的"增强属性编辑器"对话框，如图 7.15 所示。当属性图块中有多个属性文字时（如机械图中的明细表行），应先在"属性"选项卡的列表框中选择要修改的属性文字，AutoCAD 将在"值"文字编辑框中显示该属性文字的值，在此输入一个新值，确定后即完成修改。

在"增强属性编辑器"对话框的"文字选项"选项卡中可修改属性文字的字高、文字样式等，在"特性"选项卡中可修改属性文字的图层、颜色、线型等。

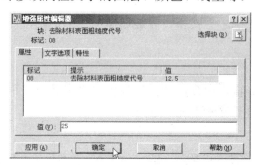

图 7.15　"增强属性编辑器"对话框

上机练习与指导

1．基本操作训练

（1）用 BHATCH 命令练习绘制"预定义"和"用户定义"的剖面线。

（2）用 HATCHEDIT 命令（使用右键菜单输入命令最方便）修改图案剖面线，用 TRIM 命令修剪图案剖面线。

（3）用 BLOCK 命令练习创建图块，用 DDINSERT 命令练习使用图块。

（4）练习创建和使用属性图块。

（5）练习修改图块。

2．工程绘图训练

作业 1：

按专业选择创建如图 7.16、图 7.17 或图 7.18 所示的图块和属性图块（为后面专业图绘制做准备）。

作业1指导：

① 图块的大小若有制图标准规定，则按制图标准 1:1 绘制，以方便插入。
② 图块的大小若没有制图标准规定，则应按常用的大小绘制，以方便插入。
③ 将绘制的图形用 SAVEAS 命令另存到移动盘中进行备份。

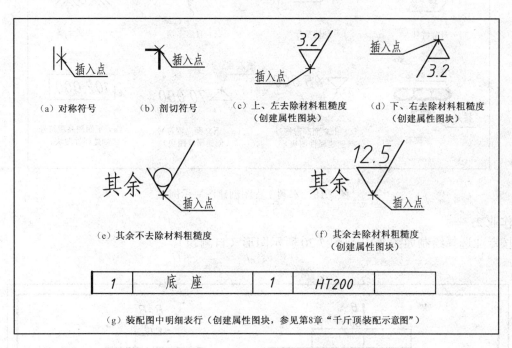

图 7.16 机械图创建图块示例

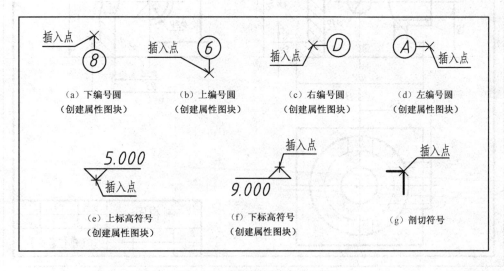

图 7.17 房屋图创建图块示例

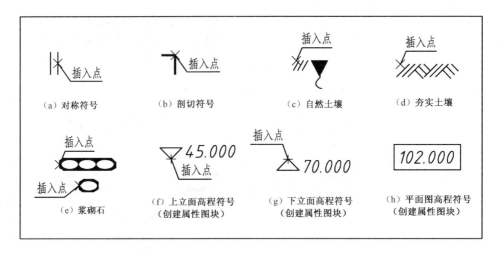

图 7.18 水利工程图创建图块示例

作业 2：

按专业选择绘制如图 7.19 或图 7.20 所示图形（自测题）。

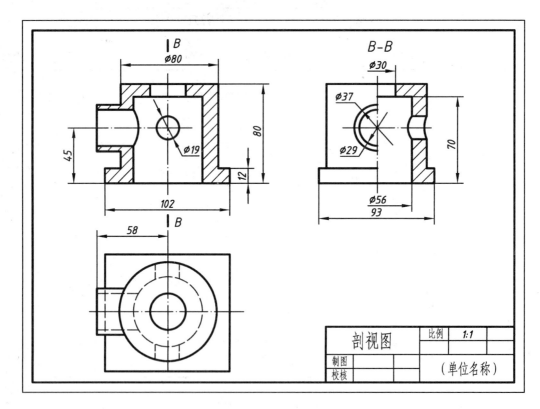

图 7.19 机械专业自测题

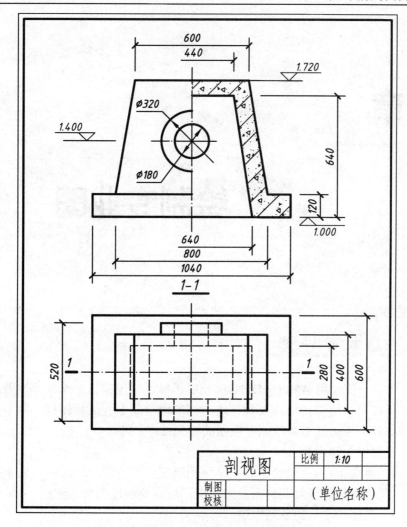

图 7.20　土建类专业自测题

作业 2 指导：

① 时间 80 分钟。

② 机械：图幅 A3，比例 1:1；
　　土建：图幅 A4，比例 1:10。

③ 设置 9 项基本绘图环境，设置精确绘图模式，创建两种基础标注样式。

④ 绘制图形并标注尺寸。

⑤ 均匀布图。

说明：图 7.20 中的尺寸与标高符号等是按房建图行业标准注写的，其他专业应按本行业制图标准标注。

第 8 章

绘制专业图

📖 本章导读

本章介绍使用 AutoCAD 2008 绘制机械、房屋建筑、水利等专业图的几项常用技术和绘图技巧。要快速地、标准地绘制专业工程图样，除掌握前面的知识外，还必须掌握绘制专业图的相关技术。

应掌握的知识要点：

- 用 AutoCAD 设计中心把其他图形文件中的图层、图块、文字样式、标注样式等复制到当前图形中，按需要创建工具选项板。
- 创建本专业的系列样图。
- 按形体真实大小绘图的方法和技巧。
- 用剪贴板功能实现 AutoCAD 2008 图形文件之间及其与其他应用程序文件之间的数据交流。
- 查询绘图信息的几种常用方法。
- 用 PURGE 命令清理图形文件，缩小图形文件占用的磁盘空间。
- 设置密码保护图形文件。
- 绘制专业图的方法和相关技术。

8.1 AutoCAD 设计中心

AutoCAD 2008 设计中心提供了用于管理、查看图形的强大工具与"工具"选项板的功能，在 AutoCAD 设计中心可以浏览本地系统、网络驱动器，甚至可以从 Internet 上下载文件。使用 AutoCAD 设计中心和"工具"选项板，可以轻而易举地将符号库中的符号或一张设计图中的图层、图块、文字样式、标注样式、线型及图形等复制到当前图形文件中。

8.1.1 AutoCAD 设计中心的启动和窗口

启动 AutoCAD 设计中心可按下述方法之一：
- 从"标准注释"工具栏单击："设计中心"按钮
- 从键盘输入：**ADCENTER**

输入命令后，AutoCAD 设计中心启动，显示设计中心窗口，如图 8.1 所示。

AutoCAD 2008 的设计中心窗口具有自动隐藏功能。其自动隐藏功能的激活或取消与"特性"选项板的相同，将光标移至设计中心的标题栏上，使用右键菜单中的选项也可激活或取消自动隐藏功能。

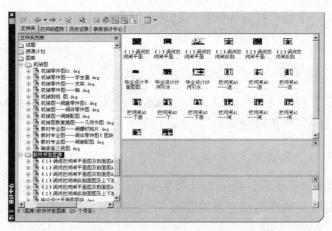

图 8.1 显示"文件夹"选项卡的设计中心窗口

AutoCAD 设计中心窗口上部是工具栏，下部是 4 个选项卡与相应的内容。

1. "文件夹"选项卡

图 8.1 所示为显示"文件夹"选项卡的设计中心窗口。该窗口左边是树状图，即 AutoCAD 设计中心的资源管理器，它与 Windows 资源管理器的内容和操作方法类同。窗口右边是内容显示框，也称控制板。在内容显示框的上部显示左边树状图中所选择图形文件的内容，下部是图形预览区和文字说明显示区。

在树状图中如果选择一个图形文件，内容显示框中将显示：标注样式、表格样式、布局、块、图层、外部参照、文字样式、线型 8 个图标（相当于文件夹），双击其中某个图标或在树状图中选择这些图标中的某一个，内容显示框中将显示该图标中所包含的所有内容。例如，选择了"块"图标，内容显示框中将显示该图形中所有图块的名称，单击某图块的名称，在内容显示框的下部预览框内将显示该图块的形状，如图 8.2 所示。

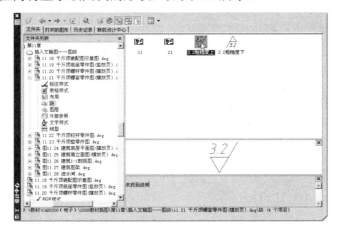

图 8.2　在设计中心窗口中选择图块

2．"打开的图形"选项卡

选择设计中心窗口中的"打开的图形"选项卡，在树状图中将只列出 AutoCAD 当前打开的所有图形文件名。

3．"历史记录"选项卡

选择"设计中心"窗口中"历史记录"选项卡，将使窗口内只显示 AutoCAD 设计中心最近访问过的图形文件的名称和路径。

4．"联机设计中心"选项卡

图 8.3 所示为显示"联机设计中心"选项卡的设计中心窗口。通过联机设计中心可以访问数以千计的符号、制造商的产品信息及内容搜集者的站点。

图 8.3　显示"联机设计中心"选项卡的设计中心窗口

5. 工具栏

设计中心工具栏上共有 11 个按钮，从左自右分别说明如下。

"加载"按钮：显示"加载设计中心模板"对话框，将选定的内容装入设计中心的内容显示框中。

"上一页"按钮：使设计中心显示上一页或指定页的内容。

"下一页"按钮：使设计中心显示下一页或指定页的内容。

"向上"按钮：使设计中心内容显示框内显示上一层的内容。

"搜索"按钮：显示"搜索"对话框。

"收藏夹"按钮：将一个位于 Windows Favorites 系统文件夹中名为 Autodesk 的文件夹，以常用内容的快捷方式存入，以方便快速查找。

"主页"按钮：用于在"联机设计中心"选项卡中返回主页。

"树状视图切换"按钮：控制树状图窗口的打开和关闭。

"预览"按钮：控制内容显示框下部图形预览区的打开或关闭。

"说明"按钮：控制内容显示框下部文字预览区的打开或关闭。

"视图"按钮：可使内容显示框中的内容在"大图标"、"小图标"、"列表"和"详细信息"4 种显示方式之间切换。

8.1.2 用 AutoCAD 设计中心查找

在 AutoCAD 设计中心工具栏上单击"搜索"按钮，AutoCAD 弹出"搜索"对话框，如图 8.4 所示。

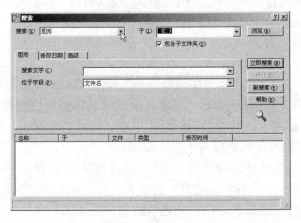

图 8.4 "搜索"对话框

1．查找图层、图块、标注样式、文字样式

利用"搜索"对话框可查找只知名称不知存放位置的图层、图块、标注样式、文字样式、线型和布局等，并可将查到的内容拖放到当前图形中。

下面以查找"直线"标注样式为例看操作过程。

① 在"搜索"对话框"搜索"下拉列表中选择"标注样式"项，如图 8.5 所示。

② 在"于"下拉列表中（或单击"浏览"按钮）指定搜索位置。
③ 在"搜索名称"文字编辑框中输入"直线"。
④ 单击"立即搜索"按钮，在对话框下部的查找栏内出现查找结果，如图 8.5 所示。如果在查找结束前已经找到需要的内容，可单击"停止"按钮结束查找。
⑤ 查找到需要的结果后，可直接将其拖曳到绘图区中，则该样式应用于当前图形。
⑥ 最后单击"关闭"按钮，结束查找。

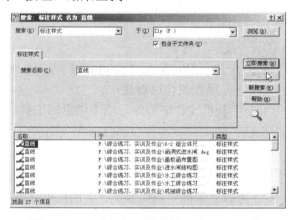

图 8.5　显示查找标注样式的"搜索"对话框

2．查找图形文件

在 AutoCAD 中为了便于管理和查找图形，应先用图形属性对话框对图形文件进行定义，把关于图样的描述信息保存在图形属性中，这样才可以利用 AutoCAD 设计中心的查找工具或 Windows 资源管理器快速检索该图形文件。

（1）用"图形属性"对话框定义图形

操作步骤如下。

① 从下拉菜单选取"文件"⇨"图形特性…"，AutoCAD 弹出图形属性对话框。该对话框有 4 个选项卡，如图 8.6 所示是显示"基本"选项卡的图形属性对话框。

② 单击"概要"选项卡，其中显示标题、主题、作者、关键字、注释等文字编辑框，如图 8.7 所示，可在其中输入任意字段用于描述图形。

③ 单击"统计信息"选项卡可查看当前图形的创建时间、修改时间、修订次数、总编辑时间等信息。如果需要，可单击"自定义"选项卡，自定义图形的属性。

④ 单击"图形属性"对话框中的"确定"按钮，完成图形属性定义。

（2）用设计中心查找图形文件

单击 AutoCAD 设计中心窗口中的"搜索"按钮，在弹出的"搜索"对话框中可根据图形文件名称查找文件存放的位置。如果不知道图形文件名，可根据该文件在图形属性对话框中定义的概要字段（标题、主题、作者或关键字），查找图形文件的名称和存放的位置。在查找图形文件时，还可以设置条件（如上次修改时间及文件的字节数等）来缩小搜索范围。

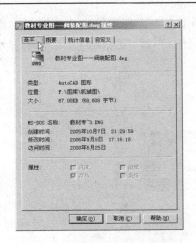 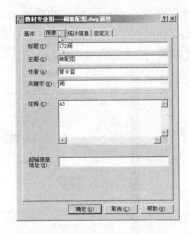

图 8.6　显示"基本"选项卡的"图形属性"对话框　　图 8.7　显示"概要"选项卡的"图形属性"对话框

8.1.3　用 AutoCAD 设计中心复制

利用 AutoCAD 设计中心，可以方便地把其他图形文件中的图层、图块、文字样式和标注样式等复制到当前图形中，具体有两种方法。

1. 用拖曳方式复制

在 AutoCAD 设计中心的内容显示框中，选择要复制的一个或多个图层（或图块、文字样式、标注样式、表格样式等），按住鼠标左键拖动所选的内容到当前图形中，然后松开左键，所选内容就被复制到当前图形中。

2. 通过剪贴板复制

在 AutoCAD 设计中心窗口的内容显示框中，选择要复制的内容后单击右键，在弹出的右键菜单中选择"复制"项，然后单击主窗口工具栏中的"粘贴"按钮，所选内容就被粘贴到当前图形中。

8.1.4　用 AutoCAD 设计中心创建工具选项板

要合理快捷地使用 AutoCAD 2008 符号库或自创建的符号等，应根据需要创建工具选项板。

1. 创建工具选项板的步骤

① 单击"标准注释"工具栏上的"工具选项板"按钮，弹出 AutoCAD 2008 默认的或上次所用的工具选项板，如图 8.8 所示。

② 在显示"文件夹"选项卡的设计中心窗口的树状图中

图 8.8　工具选项板和右键菜单

依次选择文件夹：AutoCAD 2008 ⇨ Sample ⇨ Design Center，使设计中心内容显示框中显示 AutoCAD 2008 中各符号库的图形文件（要创建自定义的符号，应使设计中心内容显示框中显示自定义的符号），如图 8.9 所示。

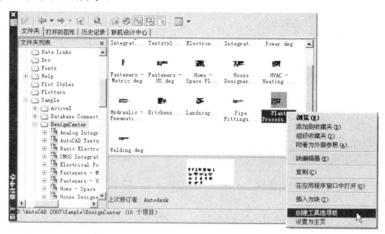

图 8.9　显示符号库内容的设计中心窗口

③ 在内容显示框中选择一个符号库并单击右键，在右键菜单中选择"创建工具选项板"选项。选择后，工具选项板上将增加一个选项卡（即一个符号库）。

同理，可选择其他需要的符号库添加到工具选项板中。

说明：

① 将光标移至工具选项板的标题栏上，使用右键菜单可按需要选择工具选项板显示的内容，还可进行"重命名"、"自定义"或"新建"等操作。

② 将光标移至某选项板的名称处，使用右键菜单可进行"删除选项板"、"上移"或"下移"选项板等操作。

③ AutoCAD 2008 的工具选项板具有自动隐藏功能。

2．使用工具选项板

使用 AutoCAD 2008 工具选项板中符号的方法是：将光标移至工具选项板中要选择的符号并单击，即选中该符号，此时命令提示区出现提示行："指定插入点或 [基点(B) / 比例(S) / X / Y / Z / 旋转(R)]:"，将光标移至绘图区（若需要可先选项，重新指定比例和旋转角度）指定插入点后，即将所选符号作为图块插入到当前图形中。

使用 AutoCAD 2008 工具选项板中的 ISO 图案可快速地进行图案填充操作，方法是：将选中的图案移至绘图区需要填充的边界中，单击确定即完成填充。若填充比例（即疏密）不合适，应再选择已填充的图案，使用右键菜单弹出"编辑图案填充"对话框对图案进行修改。

8.2　创建样图

AutoCAD 重要的功能之一就是允许创建自己所需的样图，并能在执行 NEW 命令出现的"选择样板"对话框中方便地调用它,这样,在新建图样时就不需要再进行绘图环境的设置了。在 AutoCAD 中,可根据需要创建系列样图,这将大大提高绘图效率,也使图样标准化。

8.2.1 样图的内容

创建样图前应首先用"选项"对话框修改系统配置,用"草图设置"对话框设置辅助绘图工具模式(固定捕捉设置和极轴设置等),弹出需用的工具栏,布置自己的工作界面。

创建样图的内容应根据需要而定,工程图样图的基本内容包括以下几个方面。

① 用"图形单位"对话框确定绘图单位。
② 用 LIMITS 命令选图幅。
③ 用"线型管理器"对话框装入虚线、点画线等线型,并设定适当的线型比例。
④ 用"图层特性管理器"对话框创建绘制工程图所需要的图层。
⑤ 用"文字样式"对话框设置"工程图中的汉字"和"工程图中的数字和字母"两种文字样式。
⑥ 用"标注样式"对话框设置"直线"和"圆引出与角度"两种基础标注样式。
⑦ 用相关的绘图命令画图框、标题栏(不注写具体内容)。
⑧ 创建常用的图块和属性图块。
⑨ 按需要创建常用的多线样式、表格样式、多重引线样式、点样式等。

8.2.2 创建样图的方法

创建样图的方法有多种,下面介绍 3 种常用的方法。

1. 用"选择样板"对话框中的 acadiso 样板创建样图

该方法主要用于首次创建样图,具体操作过程如下。

① 输入 NEW 命令,弹出"选择样板"对话框,选择"acadiso"样板项,单击"确定"按钮,进入绘图状态。
② 设置样图的所有基本内容及其他所需内容(详见 8.2.1 节)。
③ 执行 QSAVE 命令,弹出"图形另存为"对话框,在"文件类型"下拉列表中选择"AutoCAD 图形样板(*.dwt)"项,AutoCAD 将在"保存于"下拉列表框中自动显示"Template"文件夹,此时在"文件名"文字编辑框中输入样图名称,如"A1 样图"。
④ 单击"保存"按钮,弹出"样板选项"对话框,如图 8.10 所示。
⑤ 在"样板选项"对话框中选择所需的选项(一般使用默认项)并注写必要的文字说明,单击"确定"按钮,AutoCAD 将当前图形存储为 AutoCAD 中的样板文件。关闭该图形,完成样图的创建。

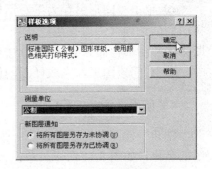

图 8.10 "样板选项"对话框

2. 用已有的图形文件创建样图

用本方法创建图幅大小不同，但其他内容相同的系列样图非常方便。具体操作过程如下。

① 输入 OPEN 命令，打开一张已有的图。

② 从下拉菜单输入命令："文件"⇨"另存为"，弹出"图形另存为"对话框。在"文件类型"下拉列表中选择"AutoCAD 图形样板（*.dwt）"项，AutoCAD 将在"保存于"下拉列表框中自动显示"Template"文件夹，此时在"文件名"文字编辑框中输入样图名称（不能与原图重名）。

③ 单击"图形另存为"对话框中的"保存"按钮，弹出"样板选项"对话框，在其中选择所需的选项（一般使用默认项）并注写必要的文字说明后，单击"确定"按钮。此时 AutoCAD 将打开的已有图另存储一份为样板的图形文件，并将此样板图设为当前图（可从最上边的标题行中看出，当前图形文件名由已有图的文件名改为样板图的文件名）。

④ 按样图所需内容修改当前图。

⑤ 执行 QSAVE 命令，保存修改。

⑥ 关闭该图形，完成样图的创建。

3. 用 AutoCAD 设计中心创建图样

如果所要创建的样图内容分别是已有几张图中的某部分，那么，用 AutoCAD 设计中心来创建将非常方便。具体操作过程如下。

① 输入 NEW 命令，弹出"选择样板"对话框，选择"acadiso"样板项，单击"确定"按钮，进入绘图状态。

② 单击"标准注释"工具栏上的"设计中心"按钮，打开 AutoCAD 设计中心。

③ 从设计中心树状图中分别打开要用的图形文件，使内容显示框中显示所需的内容，然后用拖曳的方法分别将其复制到新建的当前图中，关闭设计中心。

④ 执行 QSAVE 命令，弹出"图形另存为"对话框，在"文件类型"下拉列表中选择"AutoCAD 图形样板（*.dwt）"项，AutoCAD 将在"保存于"下拉列表框中自动显示"Template"文件夹，此时在"文件名"文字编辑框中输入样图名称。

⑤ 单击"图形另存为"对话框中的"保存"按钮，弹出"样板选项"对话框，在其中选择所需的选项（一般使用默认项）并注写必要的文字说明后，单击"确定"按钮，AutoCAD 即将当前图形存储为 AutoCAD 中的样板文件。

⑥ 关闭该图形，完成样图的创建。

4. 使用样图

创建了样图之后，再新建一张图时，"选择样板"对话框中间的列表框中将显示所创建样图的名称，如图 8.11 所示。单击该列表框中的"A1 样图"项，即可新建一张包括所设绘图环境的图样。

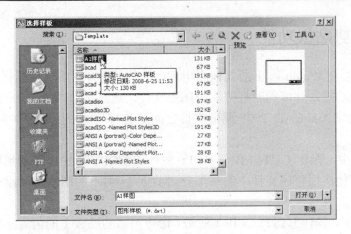

图 8.11 使用样图示例

8.3 按形体的真实大小绘图

当绘图比例不是 1:1 时,在 AutoCAD 中应按形体的真实大小绘图(即按尺寸直接绘图),不必按比例计算尺寸。要按形体的真实大小绘图,而且要使输出图中的线型、字体、尺寸、剖面线等都符合制图标准,有多种途径。

下面以绘制一张 A2 图幅,比例为 1:150 的专业图为例,介绍一种较易掌握且比较实用的方法。

具体操作如下。

① 选 A2 样图新建一张图。

② 用 SCALE 命令,基点定在坐标原点(0,0)处,输入比例系数 150,将整张图(包括图框标题栏)放大 150 倍。

③ 用 ZOOM 命令,选"A",使放大后的图形全屏显示(此时栅格不可用)。

④ 按形体真实大小(即按尺寸所注大小)画出所有视图,但不注尺寸、不写文字、不画剖面线。

⑤ 再用 SCALE 命令,基点仍定在坐标原点(0,0)处,选"R"(参照)方式,按提示输入参照长度 150,新长度 1,确定后将整张图缩小为原来的 1/150,即还原为 A2 图幅。

⑥ 绘制图中的剖面线(剖面材料符号)、注写文字、标注尺寸(该标注样式在"主单位"选项卡的"比例因子"框中应输入 150)。

说明:

① 要在放大的绘图状态下绘出图样的全部内容,再用 SCALE 命令缩回图形,或者在输出图时选定比例来缩小输出,这就要求在 1:1 绘图时,调整好图案填充比例、线型比例和尺寸样式中的某些值和字体等。在处理这些问题时稍有疏忽,就可能会输出废图。而用以上方法绘制图形就可避免出现这些问题,同时也实现了不用计算大小按尺寸 1:1 绘图的目的。

② 绘图时,如果想一部分一部分地绘制图形、剖面线和尺寸,应实时操作比例缩放 SCALE 命令。

8.4 使用剪贴板功能

AutoCAD 2008 与 Windows 下的其他应用程序一样，具有利用剪贴板将图形文件内容"剪下"和"贴上"的功能，并可同时打开多个图形文件，通过按〈Ctrl+Tab〉组合键来切换。利用此功能，可以实现 AutoCAD 2008 图形文件之间及其与其他应用程序（如 Word）文件之间的数据交流。

在 AutoCAD 中，操作 CUTCLIP（剪切）命令和 COPYCLIP（复制到剪贴板）命令可将图形的某部分或其他应用程序文件中的某部分"剪下"，剪下的图形将以原有的形式放入剪贴板中。

在 AutoCAD 中，操作 PASTECLIP（粘贴）命令可将剪贴板上的内容粘贴到当前图中。粘贴时，插入基点不能自定，AutoCAD 自动将插入基点定在选择窗口的左下角点。

在绘制一张专业图时，如果需要引用其他图形文件中的内容，而且只需引用一次，不必将其创建为图块，使用剪贴板功能将更合理、更快捷。具体操作步骤如下。

① 打开目标图。
② 打开源图。

说明：后打开的图是当前图。

③ 执行 COPYCLIP 命令。弹出"标准"工具栏，单击"复制"按钮 （按〈Ctrl+C〉组合键输入该命令更方便），输入命令后，命令区出现提示行：

  选择对象:（选择要复制的实体）
  选择对象: ✓（结束命令，所选实体复制到剪贴板中）

④ 按〈Ctrl+Tab〉组合键，把粘贴目标图设置为当前图。

⑤ 执行 PASTECLIP（粘贴）命令。弹出"标准"工具栏，单击"粘贴"按钮 （按〈Ctrl+V〉组合键输入该命令更方便），输入命令后，命令区出现提示行：

  指定插入点:（指定插入点）（剪贴板中的内容粘贴到当前图中指定的位置）
  命令:

说明：

① 在 AutoCAD 2008 中，允许在图形文件之间通过直接拖曳来复制实体，也可用格式刷在图形文件之间复制颜色、线型、线宽、剖面线、线型比例。

② 在 AutoCAD 2008 中，可在不同的图形文件之间执行多任务、无间断地操作，使绘图更加方便快捷。

8.5 查询绘图信息

1. 查询图形中选中实体的信息

用前面所讲的"特性"命令，在待命状态下选择实体，当被选中实体上显示夹点时，在"特性"选项板中将全方位地显示选中实体的信息。

2. 查询图形中区域或对象的面积

弹出如图 8.12 所示的"查询"工具栏，单击其中的"区域"按钮。

输入命令后，在命令区出现提示行：

命令：_area
指定第一个角点或 [对象(O)/加(A)/减(S)]：（指定要查询实体边界的第 1 个端点）（或选项）
指定下一个角点或按 ENTER 键全选：（指定要查询实体边界的第 2 个端点）
指定下一个角点或按 ENTER 键全选：（指定要查询实体边界的第 3 个端点）
指定下一个角点或按 ENTER 键全选：（继续指定要查询实体边界的端点或按〈Enter〉键结束）
面积 = 1350.355，周长 = 149.721

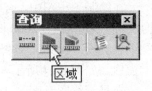

图 8.12 "查询"工具栏

按以上默认方式操作命令，当按〈Enter〉键完成边界端点指定时，AutoCAD 将在命令提示行中显示该封闭区域的面积和边界的周长。

若查询实体的边界是一个对象，应在提示行"指定第一个角点或[对象(O)/加(A)/减(S)]："中选"O"，然后按提示指定对象，AutoCAD 将在命令提示行中显示该对象的面积和边界的周长。

要查询多个区域或对象的面积和，应在提示行"指定第一个角点或[对象(O)/加(A)/减(S)]："中的"A"，然后按提示操作，AutoCAD 将在命令提示行中依次显示它们相加后的总面积。

要查询多个区域或对象的面积差，应在提示行"指定第一个角点或[对象(O)/加(A)/减(S)]："中选"A"，然后按提示指定被减区域或对象，按〈Enter〉键结束"加"模式选择对象后，再按提示依次选"A"选项以及要减去的区域或对象，AutoCAD 将在命令提示行中依次显示它们减后的总面积。

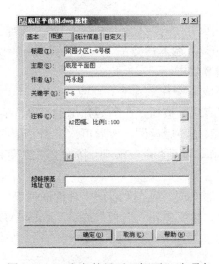

图 8.13 已定义的显示"概要"选项卡的"图形属性"对话框

提示：

要查询图形中三维实体的体积，应单击"查询"工具栏中的"面域/质量特性"按钮，按提示操作，AutoCAD 将在命令提示行和弹出的文本窗口中显示选中实体的体积。

3. 查询图形文件的属性

在现代化的生产管理中，为了科学地管理图形文件，用计算机绘制的工程图一般都要定义图形属性。在管理或绘图中，有时需要查询某图形文件的图形属性，查询图形属性的方法是：从下拉菜单选取"文件"⇨"图形特性"，输入命令后，AutoCAD 将弹出如图 8.13 所示已定义过的"图形属性"对话框，从中可查询该图形文件的图形属性，并可以进行修改。

4. 追踪图形文件的绘图时间

在绘制工程图中，有时需要了解某图形文件的创建时间、修订时间、累计编辑时间和当前时间等。AutoCAD 2008 的计时器功能在默认状态下是开启的，查询绘图时间的方法是：从下拉菜单选取"工具"➪"查询"➪"时间"，输入命令后，AutoCAD 将弹出显示绘图时间的文本窗口，如图 8.14 所示。

在显示绘图时间的文本窗口中，"上次更新时间"指的是最近一次保存绘图的时间和日期；"累计编辑时间"指的是花费在绘图上的累计时间，但不包括修改了没保存的时间和输出图的时间；"消耗时间计时器"指的也是花费在绘图上的累计时间，但可以打开、关闭或重新设置。

在该文本窗口下边的命令行中，输入"R"可将计时器重新归零，输入"D"可重新显示绘图时间状态，输入"ON"或"OFF"可打开或关闭计时器。

图 8.14　显示绘图时间的文本窗口

8.6　清理图形文件

图 8.15　"清理"对话框

用 PURGE 命令可对图形文件进行处理，去掉多余的图层、线型、标注样式、文字样式和图块等，以缩小图形文件占用磁盘的空间。

从下拉菜单选取"文件"➪"绘图实用程序"➪"清理"（或从键盘输入 PURGE），输入命令后，AutoCAD 将弹出"清理"对话框，如图 8.15 所示。

如果在图样绘制完成后操作该命令，则应在"清理"对话框中直接单击"全部清理"按钮，在随后弹出的"确认清理"对话框中选择"全部是"后返回，然后再次单击"全部清理"按钮重复以上操作，直至"全部清理"按钮变成灰色，即表示清理完毕。

说明：如果不用全部清理，应在"清理"对话框列表框中先选择要清理的项目，然后单击"清理"按钮，AutoCAD 将只清理所选的项目。

8.7 设置密码保护图形文件

如果图形文件不希望被他人打开,那么,在 AutoCAD 2008 中可以设置密码。具体操作步骤如下。

① 将需要设置密码的图形文件打开为当前图。

② 从下拉菜单选取:"文件" ⇨ "另存为",弹出"图形另存为"对话框。单击工具栏最右边的"工具"按钮,在弹出的菜单中选择"安全选项",如图 8.16 所示。

③ 在弹出的"安全选项"对话框中输入密码(即口令)。如果需要,还可进一步操作"高级选项"以提高加密级别。

④ 单击"确定"按钮,弹出"确认口令"对话框。在其中再次输入密码,以防止密码输入错误。

⑤ 单击"确定"按钮,返回"图形另存为"对话框,操作后单击"保存"按钮即完成加密。

说明:打开加密的图形文件时,AutoCAD 2008 将弹出"口令"对话框,正确输入密码后,才能打开该图形文件。

图 8.16 在"图形另存为"对话框中选择"安全选项"

8.8 绘制专业图实例

本节分别举例介绍绘制机械专业图、房建专业图和水利类工程图的基本思路。

8.8.1 绘制机械专业图实例

【例 8-1】千斤顶装配示意图如图 8.17 所示。分别绘制图 8.18、图 8.19、图 8.20、图 8.21 和图 8.22 所示千斤顶的 5 个零件图,并根据装配示意图由零件图拼画出装配图。

1. 绘制零件图

(1) 要求

- 按需要修改系统配置、设置辅助绘图工具模式、布置自己的工作界面;
- 创建 A2 样图,并以 A2 样图为基础创建 A3 和 A4 样图;
- 底座零件图——图幅 A4,比例 1:2;

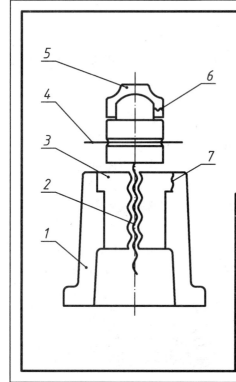

图 8.17 千斤顶装配示意图

- 螺杆零件图——图幅 A3，比例 1:1；
- 螺套零件图——图幅 A3，比例 1:1；
- 铰杆零件图——图幅 A4，比例 1:1；
- 顶垫零件图——图幅 A4，比例 2:1。

（2）绘制零件图的方法步骤

以绘制"底座"零件图为例。

① 用 NEW 命令，选样图 A4 新建一张图。

② 用 QSAVE 命令指定路径保存该图，图名为"底座零件图"。

③ 设文字图层为当前图层，填写标题栏。

④ 用 SCALE 命令，基点定在坐标原点（0,0）处，输入比例系数 2，将整张图（包括图框标题栏）放大 2 倍。

⑤ 设"点画线"图层为当前图层。在该图层上，用 LINE 命令绘制图中所有点画线（若需要可在 0 图层上用 XLINE 命令画基准线，搭图架）。

⑥ 换"粗实线"图层为当前图层。在该图层上，用适当的绘图命令和最快捷的编辑命令（注意，整体或局部对称的均可只画一半，另一半通过镜像获得）以适当的尺寸输入方式绘制主、俯视图中所有粗实线。注意，要确保视图间的投影规律。

⑦ 换"细实线"图层为当前图层。在该图层上，用适当的绘图命令和最快捷的编辑命令

绘制图中所有细实线。

⑧ 用 MOVE 命令 ✥ 平移图形，使布图匀称并留足标注尺寸的地方（若有图架线，应先擦去所有图架线或者关闭 0 图层）。

⑨ 再用 SCALE 命令，基点仍定在坐标原点（0，0）处，选用"R"（参照）方式，按提示输入参照长度 2，新长度 1，将整张图缩小为原来的 1/2，即还原为 A4 图幅。

⑩ 换"剖面线"图层为当前图层。在该图层上，用 BHATCH 命令 ▦ 中的"用户定义"类型绘制图中"金属材料"剖面线，剖面线的"比例"（即间距）可为 4，"角度"为 45 或–45。

⑪ 换"尺寸"图层为当前图层。在该图层上，用"直线"和"圆引出与角度"标注样式及尺寸标注命令标注图中尺寸。对于主视图中的几处引出标注的尺寸可用多重引线 MLEADER 命令 ⌒ 标注，也可用 PLINE 命令 ⤴ 画线，再用 DTEXT 命令注写文字。尺寸数字位置不合适时，应使用右键菜单中的相应命令进行调整。

⑫ 用 DDINSERT 命令 ⌂ 插入已创建为属性图块的粗糙度符号（插入时，应注意改变旋转角度来控制插入符号的方向，但符号大小不能改变）。

⑬ 用 DTEXT 命令注写图中其他文字。

⑭ 检查图形并用相关命令修改错误。

⑮ 用 PURGE 命令清理图形文件。

⑯ 用 QSAVE 命令存盘（绘图中应经常用该命令），完成绘制。

⑰ 用 SAVEAS 命令设置密码保护，并将所绘图形存入移动盘中。

同理，绘制其他的零件图。

2．绘制装配图

（1）要求
- 图幅：A2；
- 比例：1:1；
- 拼画单一全剖的主视图（注意，"螺杆"和"铰杆"属实心杆件，应按不剖绘制）；
- 拼贴螺纹的局部放大图；
- 补全俯视外形图；
- 补左视外形图；
- 标注规格性能尺寸：在主视图上标注矩形螺纹的外径和内径；
- 标注重要尺寸：在螺纹的局部放大图上标注矩形螺纹的细部尺寸；
- 标注总体尺寸：在主视图和左视图上标注千斤顶的总长、总高和总宽尺寸。

（2）绘制装配图的方法步骤

① 用 OPEN 命令打开底座零件图、螺杆零件图、螺套零件图、铰杆零件图和顶垫零件图，并关闭它们的"尺寸"图层。

② 用 NEW 命令，选 A2 样图新建一张图。

③ 用 QSAVE 命令保存该图，图名为"千斤顶装配图"。

④ 设"文字"图层为当前图层，填写标题并用属性图块绘制明细表。

⑤ 切换底座零件图为当前图。

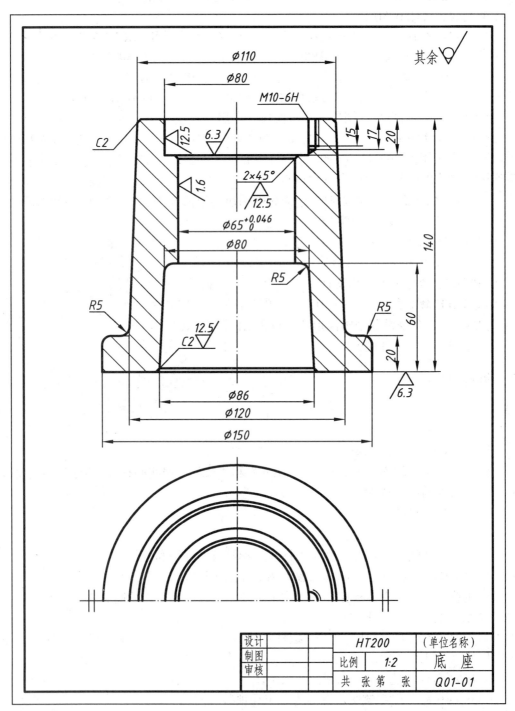

图 8.18 千斤顶的底座零件图

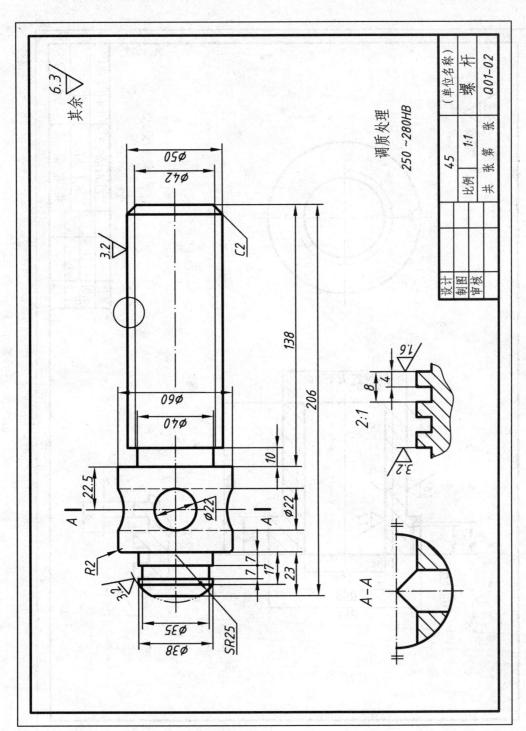

图 8.19 千斤顶的螺杆零件图

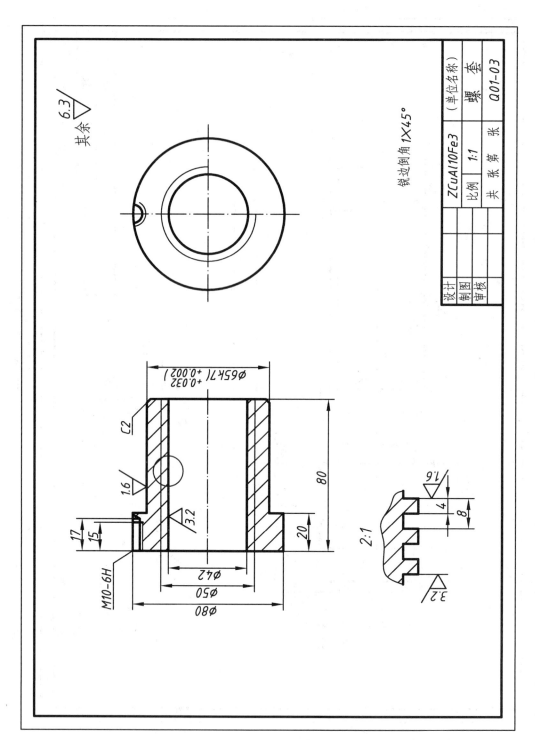

图 8.20 千斤顶的螺套零件图

第8章 绘制专业图 ·217·

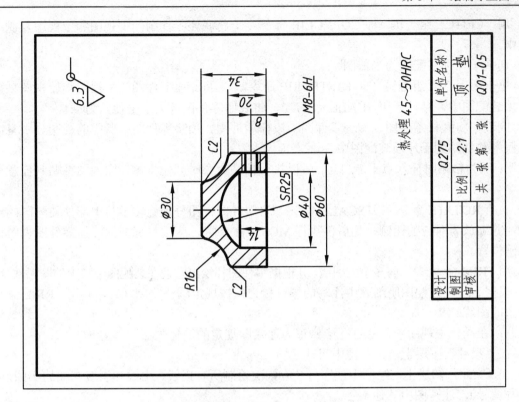

图 8.22 千斤顶的顶垫零件图

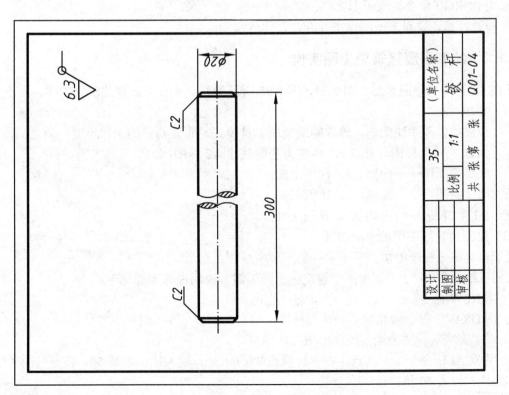

图 8.21 千斤顶的铰杆零件图

⑥ 用〈Ctrl+C〉组合键（即 COPYCLIP 命令 ）将底座零件图的主视图和俯视图复制到剪贴板中。

⑦ 切换千斤顶装配图为当前图。

⑧ 用〈Ctrl+V〉组合键（即 PASTECLIP 命令 ）将底座零件图的主视图和俯视图粘贴到千斤顶装配图中，粘贴后用 SCALE 命令 ，将底座零件图放大 2 倍使其为 1:1。

⑨ 同理，将螺杆零件图、螺套零件图、铰杆零件图、顶垫零件图中所需的视图分别复制到剪贴板中并粘贴到千斤顶装配图中。

说明：因为粘贴时插入点不能自定，所以执行粘贴命令时应先将零件图视图粘贴到任意空档处。

⑩ 执行 ROTATE 命令 和 SCALE 命令 将零件图视图分别旋转至与千斤顶装配图的对应位置，并缩放为对应的比例，然后再执行 MOVE 命令 ，应用目标捕捉，使零件图视图移动到准确位置。

⑪ 用 TRIM 命令 修剪多余的图线，并根据零件图补绘出它们在装配图中缺少的图形部分。

⑫ 根据千斤顶装配图明细表中注写的螺钉标记，按规定画法绘制螺钉，并用 TRIM 命令修剪多余的图线。

注意：在阀体主视图中，螺钉孔应修正为连接图规定的简化画法。

⑬ 在"尺寸"图层上，标注图中尺寸。

⑭ 在"文字"图层上，绘制零件序号（应依次绘制所有横线、引线和引线末端的小圆点，最后注写编号），注写图中其他文字。

⑮ 用 PURGE 命令清理图形文件。

⑯ 检查、修正、设置密码保护并存盘，完成绘制。

8.8.2 绘制房屋建筑施工图实例

【例 8-2】绘制如图 8.23、图 8.24、图 8.25 所示的住宅平、立、剖建筑施工图。

（1）要求

- 按需要修改系统配置，设置辅助绘图工具模式，布置自己的工作界面；
- 创建"A1"样图，并以 A1 样图为基础创建 A2 样图；
- 底层平面图——图幅 A1，比例 1:50；
- 南立面图 ——图幅 A2，比例 1:50；
- 1-1 剖视图 ——图幅 A2，比例 1:50。

（2）绘制建筑施工图的方法步骤

绘制建筑施工图一般按"平—立—剖"顺序绘制。

下面以绘制住宅"1-1 剖视图"建筑施工图为例，说明操作步骤如下。

① 用 NEW 命令 ，选样图 A2 新建一张图。

② 用 QSAVE 命令 指定路径保存该图，图名为"住宅 1-1 剖视图"。

③ 设"文字"图层为当前图层，填写标题栏。

④ 用 SCALE 命令 ，基点定在坐标原点（0，0）处，输入比例系数 50，将整张图（包括图框标题栏）放大 50 倍。

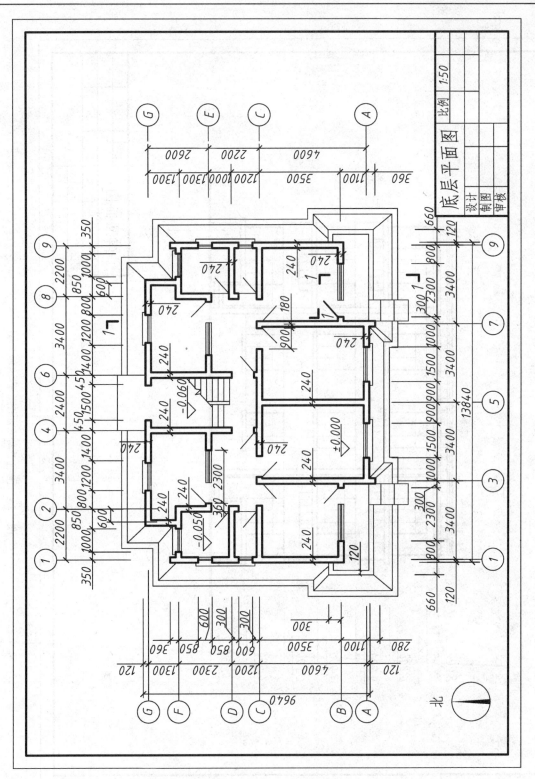

图 8.23 住宅"底层平面图"建筑施工图

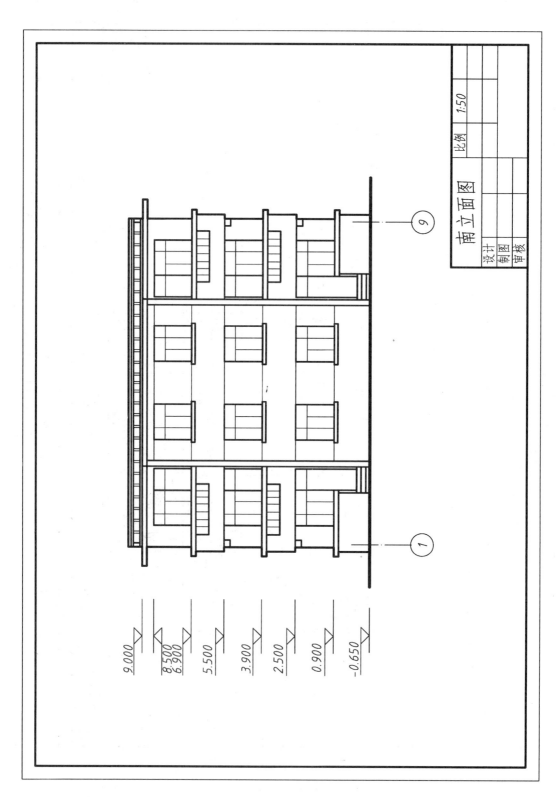

图 8.24 住宅"南立面图"建筑施工图

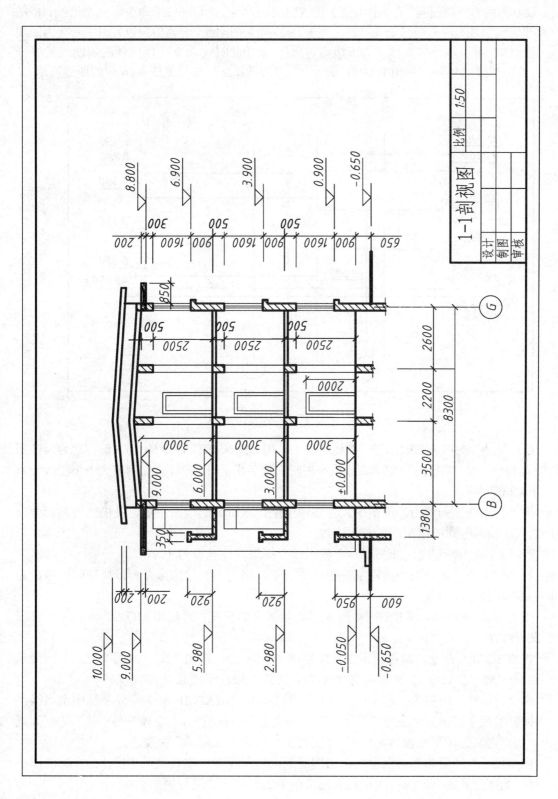

图 8.25 住宅"1-1 剖视图"建筑施工图

⑤ 设 0 图层为当前图层。在该图层上，用 XLINE 命令及 OFFSET 命令画基准线、搭图架（水平方向以注有高程符号处及高程值为±0.000 处为图架线，竖直方向以各墙中心线为图架线）。用 LINE 命令画辅助线（为下边修剪所用），用 TRIM 命令以所画的辅助线为界修剪无穷长图架线的外侧，再用 EARSE 命令擦去辅助线。效果如图 8.26 中的图线所示。

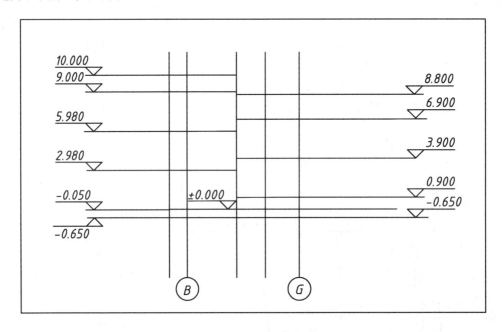

图 8.26　1-1 剖视图中改造后的图架

⑥ 换"尺寸"图层为当前图层。在该图层上，用 DDINSERT 命令插入已创建为属性图块的"标高符号"和"编号圆"（插入时，输入相应的数字或字母，应注意比例值大小不能改变）。效果如图 8.26 所示。

⑦ 换"粗实线"图层为当前图层。在该图层上，用所需的绘图命令、最快捷的编辑命令和适当的尺寸输入方式绘制图中所有粗实线。

注意：地面线为特粗线，应另设一"特粗线"图层，线宽设为 1。

⑧ 换"细实线"图层为当前图层。在该图层上，用适当的绘图命令和最快捷的编辑命令绘制图中所有细实线。

⑨ 用 ERASE 命令或 BREAK 命令删除多余的图线，然后用 MOVE 命令平移图形，使图形放在合适的位置。

⑩ 再用 SCALE 命令，基点仍定在坐标原点（0,0）处，选用"R"（参照）方式，按提示输入参照长度 50，新长度 1，将整张图缩小为原来的 1/50，即还原为 A2 图幅。

⑪ 换"剖面线"图层为当前图层。在该图层上，用 BHATCH 命令绘制图中剖面线。其中，"钢筋混凝土"剖面线应分"金属"和"混凝土"两次填充，"金属"与"砖"的剖面线填充选"用户定义"类型比较容易控制，"混凝土"应选"预定义"类型。

⑫ 换"尺寸"图层为当前图层。在该图层上，用所设标注样式及尺寸标注命令标注图中尺寸。尺寸数字位置不合适时，应使用右键菜单中的相应命令进行调整。

⑬ 换"文字"图层为当前图层，注写视图的名称。
⑭ 检查图形并用有关命令修改错误。
⑮ 用 PURGE 命令清理图形文件。
⑯ 用 QSAVE□命令存盘（绘图中应经常用该命令），完成绘制。
⑰ 用 SAVEAS 命令设置密码保护，并将所绘图形存入移动盘中。
同理，绘制平面图和南立面图。

8.8.3 绘制水工专业图实例

【例 8-3】绘制如图 8.27 所示的"进水闸三段结构图"。
（1）要求
- 按需要修改系统配置、设置辅助绘图工具模式、布置自己的工作界面；
- 创建 A1 样图，并以 A1 样图为基础创建 A0、A2 样图；
- 进水闸三段结构图——图幅 A2，比例 1:200；
- 平面图与 A—A 纵剖视图要"长对正"布置。

（2）绘制水闸结构图的方法步骤
① 用 NEW 命令□，选 A2 样图，新建一张图。
② 用 QSAVE 命令□指定路径保存该图，图名为"进水闸三段"。
③ 设"文字"图层为当前图层，填写标题栏。
④ 用 SCALE 命令□，基点定在坐标原点（0，0）处，输入比例系数 20（因为该图中的尺寸单位是 cm，所以应放大 20 倍按所注尺寸数字直接绘图），将整张图（包括图框标题栏）放大 20 倍。
⑤ 先绘制水闸结构图中闸室段的 A—A 纵剖视图和平面图，步骤如下。
换"粗实线"图层为当前图层。在该图层上，用所需的绘图命令、最快捷的编辑命令以及适当的尺寸输入方式，以闸室底板左下角点为起点绘制图中所有粗实线。绘图时要保持视图间的投影规律（注意，整体或局部对称的均可只画一半，另一半通过镜像获得）。
换"细实线"图层为当前图层。在该图层上，用适当的绘图命令和最快捷的编辑命令绘制图中所有细实线。
换"点画线"图层为当前图层。在该图层上，用 LINE 命令╱绘制图中所有点画线。
⑥ 同理，绘制水闸三段图中的消力池段和海漫段。
⑦ 依次绘制各断面图轮廓。
⑧ 用 MOVE 命令✥平移图形，使布图匀称并留足标注尺寸的空间。
⑨ 再用 SCALE 命令□，基点仍定在坐标原点（0，0）处，选用"R"方式，按提示输入参照长度 20，新长度为 1，将整张图缩小为原来的 1/20，即还原为 A2 图幅。
⑩ 用 BHATCH 命令□绘制"钢筋混凝土"剖面材料符号。换"剖面线"图层为当前图层，分"金属"和"混凝土"两次绘制。
⑪ 用图块绘制"自然土壤"、"夯实土壤"和"浆砌块石"剖面材料符号。插入时，要根据实际情况调整比例及旋转角度。
⑫ 标注尺寸。换"尺寸"图层为当前图层，用所设标注样式及尺寸标注命令标注图中尺寸。尺寸数字位置不合适时，应使用右键菜单中的相应命令进行调整。

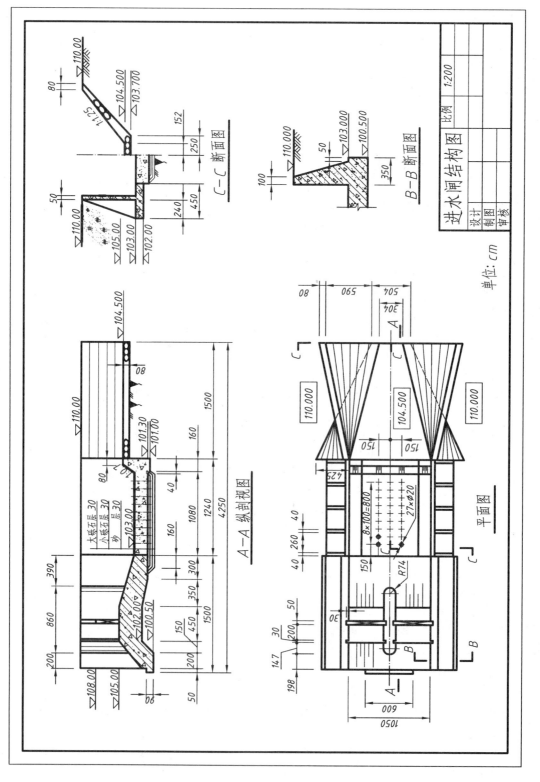

图 8.27 进水闸三段结构图

⑬ 用 DDINSERT 命令插入已创建为属性图块的高程符号（插入时，应注意改变旋转角度来控制插入符号的方向，但符号大小不能改变）。
⑭ 换"文字"图层为当前图层，注写各视图的名称。
⑮ 检查图形并用相关命令修改错误。
⑯ 用 PURGE 命令清理图形文件。
⑰ 用 QSAVE 命令存盘（绘图中应经常用该命令），完成绘制。
⑱ 用 SAVEAS 命令设置密码保护，并将所绘图形存入移动盘中。

上机练习与指导

1．基本操作训练

（1）按 8.1 节所述内容练习使用 AutoCAD 设计中心查找图形、图块、标注样式、文字样式、图层等，并练习使用 AutoCAD 设计中心复制图块、标注样式、文字样式、图层等。练习创建工具选项板。掌握用"图形属性"对话框定义图形属性。

（2）按 8.4 节所述内容练习使用 AutoCAD 剪贴板。用 OPEN 命令同时打开前边所保存的 2～3 个图形文件，用"水平平铺"方式显示所打开的一组图形文件，使用剪贴板功能或用拖曳的方法在图形文件间进行复制和移动实体操作。

（3）用 OPEN 命令打开一张图，按 8.5 节所述内容练习查询绘图信息。

2．工程绘图训练

作业 1：
创建系列样图。
作业 1 指导：
① 按 8.2 节所述步骤创建样图。机械专业创建 A1、A2、A3、A4 样图，房建专业创建 A1、A2、A3 系列样图，水利类专业创建 A0、A1、A2 系列样图。
② 将样图存入移动盘中备份。
作业 2：
绘制 8.8 节中的专业图。
作业 2 指导：
① 按 8.8 节所述步骤绘制本专业图。
② 绘图时，应遵循制图标准的规定，所绘图样的各方面都应符合制图标准。

第 9 章

绘制三维实体

📖 本章导读

AutoCAD 2008 有非常强大的三维功能,可以用多种方法进行三维建模,方便地进行编辑,还可实现动态观察。本章按照绘制工程形体的思路,循序渐进地介绍绘制工程形体的三维实体的方法和技巧。

应掌握的知识要点:
- 三维建模工作界面中面板的功能,将三维建模工作界面设置为三维真实视觉界面。
- 用实体命令绘制底面为水平面的基本实体、底面为正平面的基本实体和底面为侧平面的基本实体。
- 动态 UCS 的应用。
- 用拉伸的方法绘制底面为投影面平行面的柱和台实体。
- 用扫掠的方法绘制沿指定路径和截面生成的特殊实体。
- 用放样的方法绘制沿指定横截面生成的特殊实体。
- 用旋转的方法绘制轴线为铅垂线的回转实体、轴线为正垂线的回转实体和轴线为侧垂线的回转实体。
- 应用布尔运算绘制叠加类组合实体、切割类组合实体及综合类组合实体。
- 创建多视口,用多视口绘制三维实体。
- 用二维编辑命令编辑实体,用三维夹点改变基本实体的大小和形状,三维移动和三维旋转实体,拉压实体,剖切实体。
- 实时手动观察三维实体,用三维轨道手动观察三维实体,连续动态观察三维实体。

9.1 三维建模工作界面

在 AutoCAD 2008 中绘制三维实体，应首先进入三维建模工作空间，熟悉三维建模工作界面中面板的功能，并按需要进行界面设置。

9.1.1 进入三维建模工作空间

要从二维绘图工作空间转换到三维建模工作空间，应在 AutoCAD 2008 工作界面左上角"工作空间"工具栏的下拉列表中选择"三维建模"选项，如图 9.1 所示。

选项后，AutoCAD 2008 将显示由二维工作界面转换的三维建模初始工作界面（栅格是打开状态），如图 9.2 所示。

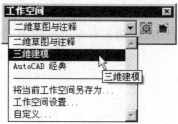

图 9.1 "工作空间"工具栏

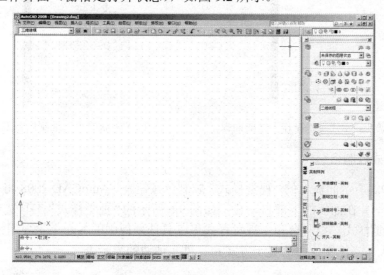

图 9.2 由二维转换的三维建模初始工作界面

9.1.2 三维工作界面中的面板

三维建模工作界面将隐藏三维建模不需要的界面项，仅显示与三维相关的工具栏、菜单、面板和选项板，从而最大化屏幕空间。

在默认状态下，AutoCAD 2008 三维工作界面中的面板布置在界面右侧的上部（见图 9.2）。当光标移动到面板左侧一列的控制台按钮并单击它时（或单击按钮下方的 ∨ 按钮），AutoCAD 将会展开显示带有其他控件的滑出式面板部分，并在面板的下部自动显示关联的工具选项板。

AutoCAD 2008 三维工作界面中的面板是浮动的，并具有自动隐藏功能。要使面板从固定状态变为浮动状态，可将光标移动到面板上部的移动控制柄（凸起条）处，按下鼠标左键即可将面板拖动到绘图区域的内部。要使其从浮动状态变为固定状态，可以将光标移动到面板的标题栏上，按住鼠标左键移动即可将面板拖动到绘图区域外。

1. 三维制作控制台

单击如图 9.3 所示面板上的"三维制作"控制台按钮，AutoCAD 2008 将会展开显示"三维制作"控制台，并在面板的下部自动显示如图 9.4 所示的"三维制作"工具选项板，其中包括常用的绘图命令和编辑命令。AutoCAD 2008 中的"三维制作"控制台和"三维制作"工具选项板中的各命令用来绘制三维实体。

图 9.3　展开显示"三维制作"区的面板　　　图 9.4　关联的"三维制作"工具选项板

2. 视觉样式控制台

单击如图 9.5 所示面板上的"视觉样式"控制台按钮，AutoCAD 2008 将会展开显示"视觉样式"控制台，并在面板的下部自动显示如图 9.6 所示的"视觉样式"工具选项板。AutoCAD 2008 中的"视觉样式"控制台和"视觉样式"工具选项板中的各命令主要用来设置显示三维实体的视觉样式、三维实体面的显示方式和三维实体边的显示方式。

图 9.5　展开显示"视觉样式"区的面板　　　图 9.6　关联的"视觉样式"工具选项板

① 设置三维实体视觉样式的方式主要包括：
- "视觉样式"下拉列表中的"二维线框"、"三维隐藏"、"三维线框"、"概念"和"真实"5 种常用的视觉样式；
- "视觉样式"工具选项板中的"X 射线视觉样式"（即半透明显示）、"勾画视觉样式"和"灰度视觉样式"3 种特殊的视觉样式；
- "视觉样式"下拉列表框上面的弹出式工具栏（按下相关按钮将弹出下拉工具栏）中的"无阴影" 、"地面阴影" 和"全阴影" 3 种设置阴影的视觉样式。

② 控制三维实体面显示的方式主要包括：
- "视觉样式"下拉列表框上面的弹出式工具栏中的"常规面颜色" 、"单色模式" 、"染色模式" 和"降饱和度模式" 4 种显示面的方式；
- "视觉样式"下拉列表框下面的弹出式工具栏中的"真实面样式" 、"古氏面样式" 和"全面样式" 3 种显示面的方式；
- "视觉样式"下拉列表框下面的"镶嵌面"命令按钮 和"光滑面"命令按钮 2 种显示面的方式。

③ 控制三维实体边显示的方式主要包括：
- "边颜色"下拉列表中的 "随图元"、"ByLayer"、"ByBlock"、"红"、"黑"等用来设置边显示的颜色；
- "边颜色"下拉列表框前面的弹出式工具栏中的"素线" 、"镶嵌面边" 和"无边" ，用来设置边显示的类型；
- "边颜色"下拉列表框下面的"边突出"命令按钮 ，单击它后，可拖动其后的滑块调整三维实体的素线或镶嵌面边超出实体的长度，单击"边抖动"命令按钮 ，可拖动其后的滑块调整三维实体边的抖动度（也可理解为光滑度），单击"轮廓边" 命令按钮，可拖动其后的滑块调整三维实体外轮廓线的粗细。

3. 三维导航控制台

单击如图 9.7 所示面板上的"三维导航"控制台按钮 ，AutoCAD 2008 将会展开显示"三维导航"控制台，并在面板的下部自动显示图 9.8 所示的"相机"工具选项板。AutoCAD 2008 中的"三维导航"控制台和"相机"工具选项板中的各命令主要用来设置显示三维实体的视图环境和观察（即浏览）三维实体的方式。

① 供选择的视图环境主要包括："选择或管理视图"下拉列表框中的"俯视"、"仰视"、"主视"、"后视"、"左视"、"右视"、"西南等轴测"、"东南等轴测"、"东北等轴测"和"西北等轴测"。

② 供观察（即浏览）三维实体的方式主要包括："受约束的动态观察"、"自由动态观察"、"连续动态观察"、"回旋"、"漫游"和"飞行"。

4. 光源、材质、渲染控制台

与前面类似，依次单击面板上的"光源"控制台按钮 、"材质"控制台按钮 、"渲染"控制台按钮 ，AutoCAD 2008 都将会展开显示相应的控制台，并在面板的下部自动显示关联的工具选项板。这些控制台和关联工具选项板中的各命令用来改变和强化三维实体的显示效果。

关于光源、材质、渲染的操作方法请参阅有关资料，本书不再详述。

图 9.7　展开显示"三维导航"区的面板

图 9.8　关联的"相机"工具选项板

9.1.3　设置三维建模工作界面

从二维工作界面转换到三维工作界面后，应首先进行如下设置。

1．显示三维视图

如图 9.9 所示，从面板"三维导航"控制台的下拉列表中选择"西南等轴测"项，或者从下拉菜单输入命令"视图"⇨"三维视图"⇨"西南等轴测"。

输入命令后，AutoCAD 2008 的绘图区中将显示西南等轴测方向的三维视图界面。

2．显示三维真实视觉

从面板"视觉样式"控制台的下拉列表中选择"真实"（或"概念"）项，如图 9.10 所示；或者从下拉菜单输入命令"视图"⇨"视觉样式"⇨"真实"（或"概念"）。

输入命令后，AutoCAD 2008 的绘图区中将显示具有地平面（UCS 的 XY 平面为水平面）及矩形栅格的三维真实视觉界面。

提示：如果计算机运行速度慢，那么，在绘制三维实体时，可先将视觉样式设置为"二维线框"。

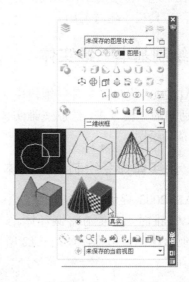

图 9.9　在面板中进行三维视图设置　　　图 9.10　在面板中进行三维真实视觉设置

3．弹出相应的工具栏

为方便地绘制三维实体，应弹出"绘制"、"修改"、"视口"等所需的工具栏，可将它们分别放在绘图区外的左右侧（或上下方）。

设置后，三维建模工作界面的效果如图 9.11 所示。

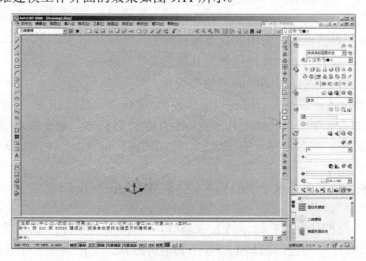

图 9.11　设置后的三维建模工作界面

说明：

① "草图设置"对话框"捕捉和栅格"选项卡中"显示超出界限的栅格"开关是关闭状态时，AutoCAD 将如图 9.11 所示仅在所设的图幅范围内显示矩形栅格。

② 在 AutoCAD 2008 中不仅可以按需要设置自己的工作界面，并可在"工作空间"工具

栏的下拉列表中选"将当前工作空间另存为"项保存自己的工作界面。保存后的工作界面可在"工作空间"工具栏中随时调用。

9.2 绘制基本三维实体

AutoCAD 2008 提供了多种三维建模（即绘制基本三维实体）的方法，可根据绘图的已知条件，选择适当的建模方式。绘制三维实体和二维平面图形一样，可综合应用按尺寸绘图的各种方式进行精确绘图。

9.2.1 用实体命令绘制基本实体

AutoCAD 2008 提供的基本实体包括：多段体、长方体、楔体（三棱柱体）、圆锥体、球体、圆柱体、棱锥面（棱锥体）、圆环体。绘制这些基本实体的命令按钮，依次布置在面板"三维制作"控制台中的最上行，如图 9.12 所示。

图 9.12　面板上绘制基本实体的命令按钮

1．绘制底面为水平面的基本实体

以绘制底面为水平面的圆柱为例，具体操作步骤如下。

① 新建一张图。用 NEW 命令新建一张图。

② 设置三维绘图环境。

- 用"选项"对话框修改常用的几项系统配置。
- 在状态栏中设置所需的辅助绘图工具模式。
- 创建所需的图层并赋予适当的彩色和线宽。
- 按 9.1.3 节所述内容设置三维建模工作界面（默认单一视口 UCS 的 *XY* 平面为水平面）。

③ 输入实体命令。单击"三维制作"控制台中的"圆柱体"命令按钮。

④ 进行三维建模。按命令提示依次指定：底面的圆心位置⇨半径（或直径）⇨圆柱高度，效果如图 9.13 所示。

同理，可绘制其他底面为水平面的基本实体，效果如图 9.14 所示。

说明：

① 绘制棱锥面（即棱锥体）时，输入 命令后，AutoCAD 首先提示："指定底面的中心点或［边(E)/侧面(S)］:"，要绘制四棱锥以外的其他棱锥体，应在该提示行中选择"S"项，来指定棱锥体的底面边数，然后再按提示依次指定：底面的中心点⇨底面的半径⇨棱锥的高度（也可选"顶面半径"项绘制棱台）。若在提示行中选择"E"项，可按底面边长绘制底面。

② 绘制多段体时，输入 命令后，AutoCAD 首先提示："指定起点或［对象(O)/高度(H)/宽度(W)/对正(J)]〈对象〉:"，应在该提示行中选择"H"和"W"选项，来指定所要绘制多段体的高度和厚度，然后再按提示依次指定：起点⇨下一个点（也可选项画圆弧）⇨下一个点，直至确定结束命令。

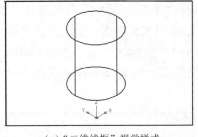 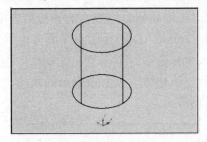

(a)"二维线框"视觉样式　　　　　　(b)"三维线框"视觉样式

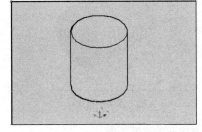 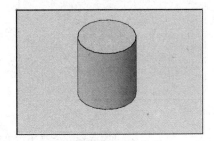

(c)"三维隐藏"视觉样式　　　　　　(d)"概念"视觉样式

图 9.13　底面为水平面的圆柱三维建模效果

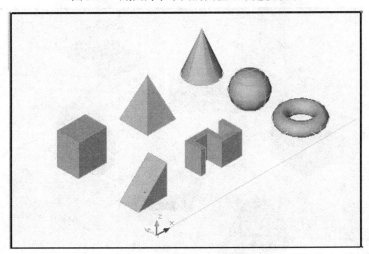

图 9.14　底面为水平面的基本实体的"真实"视觉样式显示效果

2. 绘制底面为正平面的基本实体

以绘制底面为正平面的圆柱为例，具体操作步骤如下。

① 新建一张图。用 NEW 命令新建一张图。
② 设置三维绘图环境。
- 用"选项"对话框修改常用的几项系统配置。
- 在状态栏中设置所需的辅助绘图工具模式。
- 创建所需的图层并设置适当的彩色和线宽。
- 按 9.1.3 节所述内容设置三维建模工作界面。

- 在"三维导航"控制台的下拉列表中先选择"主视"项,然后再选择"西南等轴测"项。AutoCAD 将显示正平面方位的工作平面(UCS 的 *XY* 平面为正平面)。

③ 输入实体命令。单击"三维制作"控制台中的"圆柱体"命令按钮 。

④ 进行三维建模。按命令提示依次指定:底面的圆心位置⇨半径(或直径)⇨圆柱高度,效果如图 9.15 所示。

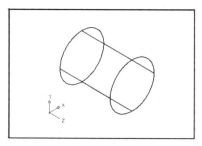 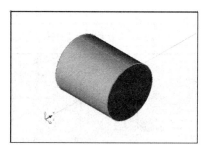

(a)"二维线框"视觉样式　　　　　　　　(b)"真实"视觉样式

图 9.15　底面为正平面的圆柱三维建模效果

同理,在可绘制其他底面为正平面的基本实体,效果如图 9.16 所示。

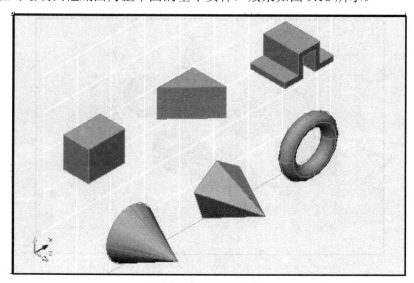

图 9.16　底面为正平面的基本实体的"真实"视觉样式显示效果

3. 绘制底面为侧平面的基本实体

以绘制底面为侧平面的圆柱为例,具体操作步骤如下。

① 新建一张图。用 NEW 命令新建一张图。

② 设置三维绘图环境。

- 用"选项"对话框修改常用的几项系统配置。
- 在状态栏中设置所需的辅助绘图工具模式。
- 创建所需的图层并设置适当的彩色和线宽。

- 按 9.1.3 节所述内容设置三维建模工作界面。
- 在"三维导航"控制台的下拉列表中先选择"左视"项，然后再选择"西南等轴测"项。AutoCAD 将显示侧平面方位的工作平面（UCS 的 XY 平面为侧平面）。

③ 输入实体命令。单击"三维制作"控制台中的"圆柱体"命令按钮 。

④ 进行三维建模。按命令提示依次指定：底面的圆心位置⇨ 半径（或直径）⇨ 圆柱高度，效果如图 9.17 所示。

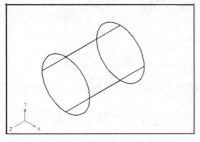 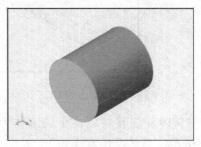

(a)"二维线框"视觉样式　　　　　　　(b)"真实"视觉样式

图 9.17　底面为侧平面的圆柱三维建模效果

同理，在可绘制其他底面为侧平面的基本实体，效果如图 9.18 所示。

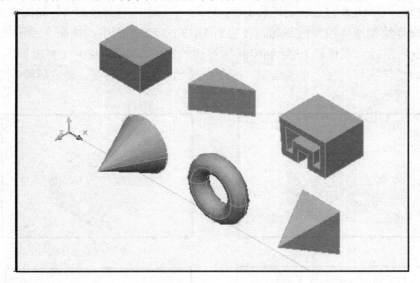

图 9.18　底面为侧平面的基本实体的"真实"视觉样式显示效果

4．应用动态的 UCS 在同一视图环境中绘制多种方位的基本实体

UCS 即为用户坐标系。前面是用手动更改 UCS 的方式（如变换 UCS 的 XY 平面方向）来绘制不同方位的基本实体。在 AutoCAD 2008 中激活动态的 UCS，可以不改变视图环境，直接绘制底面与选定平面（三维实体上的某平面）平行的基本实体，而无须手动更改 UCS，如图 9.19 所示。动态的 UCS 是 AutoCAD 2008 的新功能，非常实用。

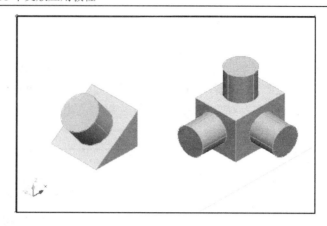

图 9.19　应用动态的 UCS 在同一视图环境中绘制多方位基本实体示例

以绘制图 9.19 中三棱柱斜面上的圆柱为例（圆柱底面与三棱柱斜面平行）。已知条件如图 9.20（a）所示，具体操作步骤如下。

① 激活动态的 UCS。单击状态栏上的 DUCS 按钮，使其变为下凹状态 DUCS 。

② 输入实体命令。单击面板中的"圆柱体"命令按钮 。

③ 选择与底面平行的平面。将光标移动到要选择的三棱柱实体斜面的上方（注意：不需要按下鼠标按键），动态 UCS 将会自动地将 UCS 的 XY 平面临时与该面对齐，如图 9.20（b）所示。

④ 操作命令绘制实体模型的底面。在临时 UCS 的 XY 平面中，按命令提示依次指定：底面的圆心位置⇨ 半径（或直径），绘制出圆柱实体的底面，如图 9.20（c）所示。

⑤ 操作命令给实体高度，完成绘制。按命令提示指定圆柱高度，确定后绘制出圆柱实体，如图 9.20（d）所示。

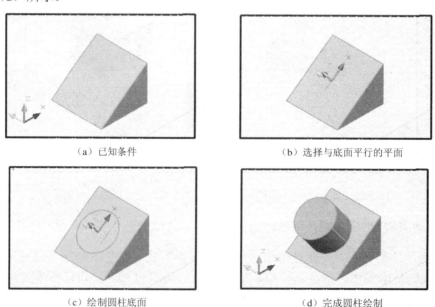

(a) 已知条件　　　　　　　　　　　　(b) 选择与底面平行的平面

(c) 绘制圆柱底面　　　　　　　　　　(d) 完成圆柱绘制

图 9.20　应用动态的 UCS 绘制选定方位基本实体示例

9.2.2 用拉伸的方法绘制直柱体和台体

用拉伸的方法绘制实体，就是将二维对象（如：多段线、多边形、矩形、圆、椭圆、闭合的样条曲线和圆环等）拉伸成三维对象。绘制实体的二维对象必须闭合，并且应是一个整体。如果用 LINE 命令或 ARC 命令绘制拉伸用的二维对象，则需要先用 PEDIT 命令将它们转换成一个整体（即成为一条多段线）或用 REGION 命令将它们变成一个面域，然后才能拉伸。在拉伸过程中，可以指定拉伸的高度和拉伸锥角来绘制直柱体和台体。

1. 绘制底面为水平面的直柱体和台体

绘制底面为水平面的直柱体和台体的操作步骤如下。

① 新建一张图。用 NEW 命令新建一张图。
② 设置三维绘图环境（同 9.2.1 节所述）。
③ 设"俯视"为当前绘图环境。从面板"三维导航"控制台的下拉列表中选择"俯视"项，AutoCAD 2008 三维绘图区将切换为俯视图状态。
④ 绘制底面实形。用相应的绘图命令绘制二维对象——下（或上）底面实形，如图 9.21 所示；用 PEDIT 或 REGION 命令将它们转换成一个整体。
⑤ 设水平面"西南等轴测"为当前绘图环境。从面板"三维导航"控制台的下拉列表中选择"西南等轴测"项，AutoCAD 2008 三维绘图区将切换为水平面等轴测图状态。
⑥ 输入拉伸命令。单击面板"三维制作"控制台第 2 行中的"拉伸"命令按钮 。
⑦ 创建直柱体或台体实体。

创建直柱体，按"拉伸"命令的提示依次：选择对象⇨指定拉伸高度。

创建台体，按"拉伸"命令的提示依次：选择对象⇨选"倾斜角"项⇨指定拉伸的倾斜角度（如 10°）⇨指定拉伸高度。

效果如图 9.22 所示。

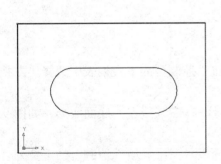
图 9.21 在"俯视"环境中绘制底面实形

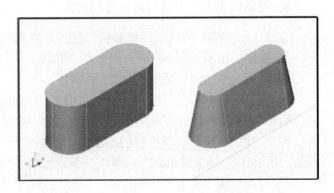
图 9.22 创建底面为水平面的直柱体或台体

2. 绘制底面为正平面的直柱体和台体

绘制底面为正平面的直柱体和台体的操作步骤如下。

① 新建一张图。用 NEW 命令新建一张图。
② 设置三维绘图环境（同 9.2.1 节所述）。
③ 设"主视"为当前绘图环境。从面板"三维导航控制台"区的下拉列表中选择"主视"项，AutoCAD 2008 三维绘图区将切换为主视图状态。
④ 绘制底面实形。用相应的绘图命令绘制二维对象——后（或前）底面实形，如图 9.23 所示；用 PEDIT 或 REGION 命令将它们转换成一个整体。
⑤ 设正平面"西南等轴测"为当前绘图环境。从面板"三维导航"控制台的下拉列表中选择"西南等轴测"项，AutoCAD 2008 三维绘图区将切换为正平面等轴测图状态。
⑥ 输入拉伸命令。单击面板"三维制作"控制台第 2 行中的"拉伸"命令按钮。
⑦ 创建直柱体或台体实体。

创建直柱体，按"拉伸"命令的提示依次：选择对象⇨指定拉伸高度。

创建台体，按"拉伸"命令的提示依次：选择对象⇨选"倾斜角"项⇨指定拉伸的倾斜角度（如 10°）⇨指定拉伸高度。

效果如图 9.24 所示。

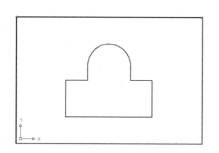

图 9.23 在"主视"环境中绘制底面实形

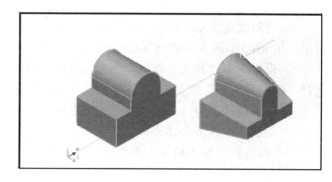

图 9.24 创建底面为正平面的直柱体或台体

3．绘制底面为侧平面的直柱体和台体

绘制底面为侧平面的直柱体和台体的操作步骤如下。
① 新建一张图。用 NEW 命令新建一张图。
② 设置三维绘图环境（同 9.2.1 节所述）。
③ 设"左视"为当前绘图环境。从面板"三维导航"控制台的下拉列表中选择"左视"项，AutoCAD 2008 三维绘图区将切换为左视图状态。
④ 绘制底面实形。用相应的绘图命令绘制二维对象——右（或左）底面实形，如图 9.25 所示；用 PEDIT 或 REGION 命令将它们转换成一个整体。
⑤ 设侧平面"西南等轴测"为当前绘图环境。从面板"三维导航"控制台的下拉列表中选择"西南等轴测"项，AutoCAD 2008 三维绘图区将切换为侧平面等轴测图状态。
⑥ 输入拉伸命令。单击面板"三维制作"控制台第 2 行中的"拉伸"命令按钮。
⑦ 创建直柱体或台体实体。

创建直柱体——按"拉伸"命令的提示依次：选择对象⇨指定拉伸高度。

创建台体——按"拉伸"命令的提示依次：选择对象⇨选"倾斜角"项⇨指定拉伸的倾斜角度（如 10°）⇨指定拉伸高度。

效果如图 9.26 所示。

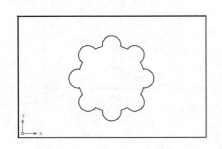
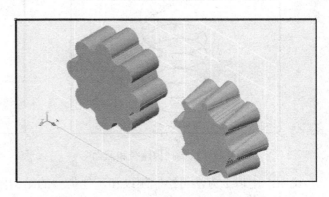

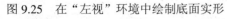

图 9.25　在"左视"环境中绘制底面实形　　图 9.26　创建底面为侧平面的直柱体或台体

说明：

① 若选择"拉伸"命令 提示行"指定拉伸的高度或 [方向(D)/路径(P)/倾斜角(T)] 〈30.0000〉："中的"方向"项，可绘制斜柱体。

② 若选择"拉伸"命令 提示行"指定拉伸的高度或 [方向(D)/路径(P)/倾斜角(T)] 〈30.0000〉："中的"路径"项，可指定拉伸路径绘制特殊柱体。

9.2.3　用扫掠的方法绘制特殊实体

用扫掠的方法绘制实体，就是将二维对象（如：多段线、圆、椭圆和样条曲线等）沿指定路径拉伸，形成三维对象。扫掠实体的二维截面必须闭合，并且应是一个整体。如果用 LINE 或 ARC 命令绘制扫掠的二维截面，则需要用 PEDIT 命令将它们转换为单条封闭的多段线，或用 REGION 命令将它们变成一个面域。扫掠实体的路径可以不闭合，但也应是一个整体。

用扫掠方法生成的实体，扫掠截面与扫掠路径垂直。

1．绘制弹簧

用扫掠的方法绘制弹簧的操作步骤如下。

① 新建一张图。用 NEW 命令新建一张图，并设置三维绘图环境。

② 设水平面"西南等轴测"为当前绘图环境。从面板"三维导航"控制台的下拉列表中先选择"俯视"项，再选择"西南等轴测"项，显示水平面等轴测图状态。

③ 绘制扫掠路径。单击面板"三维制作"控制台展开区中"螺旋"命令按钮 ，输入命令后，按"螺旋"命令的提示依次：指定底面的中心点⇨指定底面半径（或直径）⇨指定顶面半径（或直径）⇨指定螺旋的高度（或选择圈高或圈数后，再指定螺旋的高度）。参见图 9.27 中的螺旋线。

④ 绘制扫掠截面。用 CIRCLE 命令绘制二维对象——弹簧的截面圆，参见图 9.27 中的小圆。

⑤ 输入"扫掠"命令。单击面板"三维制作"控制台第 2 行中的"扫掠"命令按钮 。

⑥ 创建弹簧实体。按"扫掠"命令的提示依次：选择要扫掠的对象（截面）⇨单击右键结束扫掠对象的选择⇨选择扫掠路径（螺旋线）。效果如图 9.28 所示。

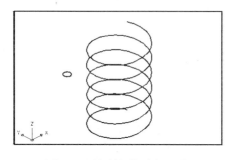
图 9.27　绘制扫掠路径和截面

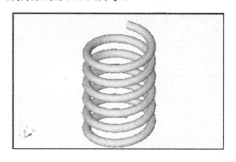
图 9.28　创建弹簧实体

说明：用以上方法可绘制螺纹和其他类似的结构图形。

2．绘制特殊柱体

用扫掠的方法绘制特殊柱体的操作步骤如下。

① 新建一张图。用 NEW 命令新建一张图，并设置三维绘图环境。

② 选择所需的视图或等轴测为当前绘图环境。本例设水平面等轴测图状态为当前绘图环境（也可选择相应的视图环境按尺寸精确绘制截面和路径）。

③ 绘制扫掠路径。用相应的绘图命令绘制二维对象——扫掠路径，参见图 9.29 中的曲线。

④ 绘制扫掠截面。用相应的绘图命令绘制二维对象——扫掠截面，参见图 9.29 中的平面。

⑤ 输入"扫掠"命令。单击面板"三维制作"控制台第 2 行中"扫掠"命令按钮 。

⑥ 创建特殊柱实体。按"扫掠"命令的提示依次：选择要扫掠的对象⇨单击右键结束扫掠对象的选择⇨选择扫掠路径。效果如图 9.30 所示。

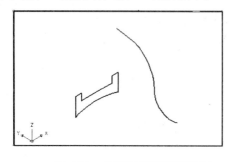
图 9.29　绘制扫掠路径和截面

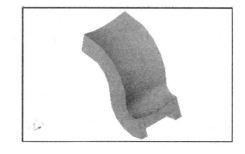
图 9.30　创建特殊柱体

9.2.4　用放样的方法绘制沿横截面生成的特殊实体

用放样的方法绘制实体，就是将二维对象（如：多段线、圆、椭圆和样条曲线等）沿指定的若干横截面（可仅指定两端面）形成三维对象。放样实体的二维横截面必须闭合，并应各为一个整体。需要时，可用 PEDIT 命令将它们分别转换为单条封闭的多段线，或用 REGION 命令将它们变成面域。

以绘制两端面为侧平面的方圆渐变三维实体为例，具体操作步骤如下。

① 新建一张图。用 NEW 命令新建一张图，并设置三维绘图环境。

② 设"左视"为当前绘图环境。从面板"三维导航"控制台的下拉列表中选择"左视"项，AutoCAD 2008 三维绘图区将切换为左视图状态。

③ 绘制两端面的实形。用相应的绘图命令绘制两端面——圆和矩形，如图 9.31 所示。

④ 设侧平面"西南等轴测"为当前绘图环境。从面板"三维导航"控制台的下拉列表中选择"西南等轴测"项，AutoCAD 2008 三维绘图区将切换为侧平面等轴测图状态。

⑤ 设置两端面之间的距离和相对位置。用 MOVE 命令移动，使两端面之间为设定的距离和相对位置，如图 9.32 所示。

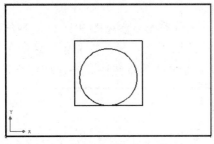
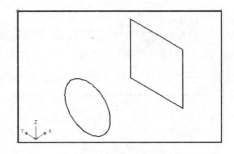

图 9.31　在"左视"环境中绘制两端面实形　　图 9.32　设置两端面之间的距离和相对位置

⑥ 输入放样命令。单击面板"三维制作"控制台第 2 行中的"放样"命令按钮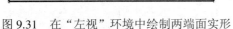。

⑦ 创建特殊柱实体。按"放样"命令的提示依次：选择要放样的起始横截面⇨继续按放样次序选择横截面⇨单击右键结束选择⇨按回车键确定（或选项），弹出"放样设置"对话框⇨在"放样设置"对话框中进行所需的设置，单击"确定"按钮完成。效果如图 9.33 所示。

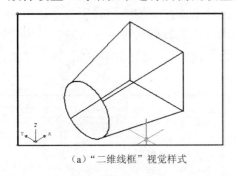
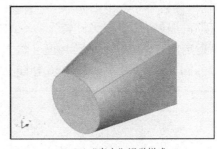

（a）"二维线框"视觉样式　　　　　　　　（b）"真实"视觉样式

图 9.33　用放样的方法绘制三维实体的效果

说明：选择"放样"命令 提示行"输入选项［导向(G)/路径(P)/仅横截面(C)]〈仅横截面〉:"中的"路径"项，可指定曲线路径绘制变截面特殊实体。

9.2.5　用旋转的方法绘制回转体

用旋转的方法绘制实体，就是将二维对象（如：多段线、圆、椭圆和样条曲线等）绕指定的轴线旋转，形成三维对象。旋转实体的二维对象必须闭合，并且应是一个整体。如果需要，可用 PEDIT 命令将它们转换为单条封闭的多段线，或用 REGION 将它们变成一个面域，然后再旋转。旋转的轴线可以是直线或多段线对象，也可以指定两个点来确定。

1．绘制轴线为铅垂线的回转体

用旋转的方法绘制轴线为铅垂线回转体的操作步骤如下。

① 新建一张图。用 NEW 命令新建一张图，并设置三维绘图环境。

② 设"主视"（或"左视"）为当前绘图环境。从面板"三维导航"控制台的下拉列表中选择"主视"（或"左视"）项，AutoCAD 2008 三维绘图区将切换为主视图（或左视图）状态。

③ 绘制旋转对象。用 PLINE 命令绘制旋转二维对象——正平面（或侧平面），参见图 9.34 中的平面。

④ 绘制旋转轴线。用 LINE 命令绘制旋转轴线——铅垂线，参见图 9.34 中的直线。

⑤ 设水平面"西南等轴测"为当前绘图环境。从面板"三维导航控制台"区的下拉列表中先选择"俯视"项，再选择"西南等轴测"项，显示水平面等轴测图状态，如图 9.35 所示。

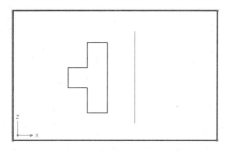 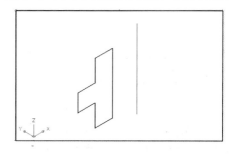

图 9.34　在"主视"中绘制旋转对象和旋转轴线　　　　图 9.35　水平面等轴测图状态

⑥ 输入旋转命令。单击面板"三维制作"控制台第 2 行中的"旋转"命令按钮。

⑦ 创建回转实体。按"旋转"命令的提示依次：选择旋转对象⇨单击右键结束旋转对象的选择⇨指定旋转轴⇨输入旋转角度（输入 360，将生成一个完整的回转体；输入其他角度，将生成部分回转体）。效果如图 9.36 和图 9.37 所示。

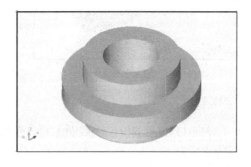 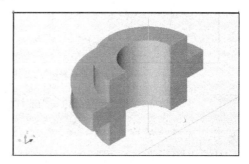

图 9.36　创建铅垂轴回转体（360°）　　　　图 9.37　创建铅垂轴回转体（180°）

2．绘制轴线为正垂线的回转体

用旋转的方法绘制轴线为正垂线回转体的操作步骤如下。

① 新建一张图。用 NEW 命令新建一张图，并设置三维绘图环境。

② 设"俯视"（或"左视"）为当前绘图环境。从面板"三维导航"控制台的下拉列表中选择"俯视"（或"左视"）项，AutoCAD 2008 三维绘图区将切换为俯视图（或左视图）状态。

③ 绘制旋转对象。用 PLINE 命令绘制旋转二维对象——水平面（或侧平面），参见图 9.38 中的平面。

④ 绘制旋转轴线。用 LINE 命令绘制旋转轴线——正垂线，参见图 9.38 中的直线。

⑤ 设水平面"西南等轴测"为当前绘图环境。从面板"三维导航"控制台的下拉列表中直接选择"西南等轴测"项，显示水平面等轴测图状态，如图 9.39 所示。

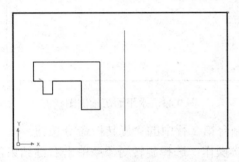 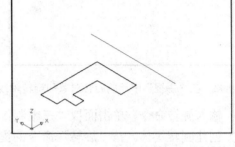

图 9.38　在"俯视"中绘制旋转对象和旋转轴线　　　图 9.39　水平面等轴测图状态

⑥ 输入旋转命令。单击面板"三维制作"控制台第 2 行中的"旋转"命令按钮。

⑦ 创建回转实体。按"旋转"命令的提示依次：选择旋转对象⇨单击右键结束旋转对象的选择⇨指定旋转轴⇨输入旋转角度（输入 360，将生成一个完整的回转体；输入其他角度，将生成部分回转体）。效果如图 9.40 和图 9.41 所示。

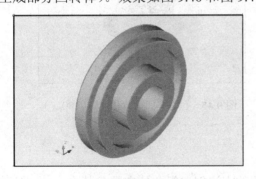 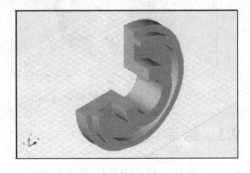

图 9.40　创建正垂轴回转体（360°）　　　图 9.41　创建正垂轴回转体（270°）

3. 绘制轴线为侧垂线的回转体

用旋转的方法绘制轴线为侧垂线回转体的操作步骤如下。

① 新建一张图。用 NEW 命令新建一张图，并设置三维绘图环境。

② 设"主视"（或"俯视"）为当前绘图环境。从面板"三维导航"控制台的下拉列表中选择"主视"（或"俯视"）项，AutoCAD 2008 三维绘图区将切换为主视图（或俯视图）状态。

③ 绘制旋转对象。用 PLINE 命令绘制旋转二维对象——正平面（或水平面），参见图 9.42

中的平面。

④ 绘制旋转轴线。用 LINE 命令绘制旋转轴线——侧垂线。参见图 9.42 中的直线。

⑤ 设水平面"西南等轴测"为当前绘图环境。从面板"三维导航"控制台的下拉列表中先选择"俯视"项，再选择"西南等轴测"项，显示水平面等轴测图状态，如图 9.43 所示。

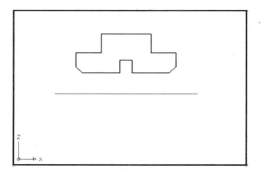 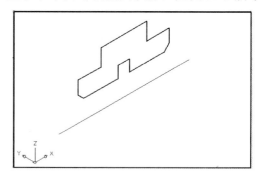

图 9.42 在"主视"中绘制旋转对象和旋转轴线　　图 9.43 水平面等轴测图状态

⑥ 输入旋转命令。单击面板"三维制作"控制台第 2 行中的"旋转"命令按钮。

⑦ 创建回转实体。按"旋转"命令的提示依次操作：选择旋转对象⇨单击右键结束旋转对象的选择⇨指定旋转轴⇨输入旋转角度（输入 360，将生成一个完整的回转体；输入其他角度，将生成部分回转体）。效果如图 9.44 和图 9.45 所示。

 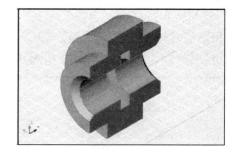

图 9.44 创建侧垂轴回转体（360°）　　图 9.45 创建侧垂轴回转体（180°）

9.3　绘制组合体

绘制组合体三维实体，应首先应用前边所介绍的方法创建组合体中的各基本实体，然后进行布尔运算即可。布尔运算包括"并集"、"差集"、"交集"3 种运算，可绘制叠加类组合体三维实体、切割类组合体三维实体和综合类组合体三维实体。

布尔运算的命令按钮布置在面板"三维制作"控制台第 3 行的中部，如图 9.46 所示。

图 9.46 面板上布尔运算的命令按钮

9.3.1 绘制叠加类组合体

绘制叠加类组合体，主要是对基本实体进行布尔的"并集"运算，有时是"交集"运算。"并集"运算是将两个或多个实体模型进行合并。"交集"运算是将两个或多个实体模型的公共部分构造成一个新的实体。

以绘制图 9.47 所示叠加类的三维实体为例，具体操作步骤如下。

① 创建要进行叠加的各基本实体。

首先将"视觉样式"设置为"二维线框"。

绘制叠加体第 1 部分：先选择"左视"，再选择"西南等轴测"绘图环境，进入侧平面等轴测图状态，用实体绘图命令绘制一个底面为侧平面的大圆柱，效果如图 9.47（a）所示。

绘制叠加体第 2 部分：将绘图环境切换为"俯视"，用实体绘图命令，准确定位绘制一个底面为水平面的小圆柱（若上下位置不准确，可将绘图环境切换为"主视"或"左视"进行移动对位），然后将绘图环境切换为"西南等轴测"，效果如图 9.47（b）所示。

② 进行"并集"运算。

单击面板上"并集"命令按钮⦿，按提示依次选择所有要叠加的实体，确定后，所选实体合并为一个实体，并显现立体表面交线，效果如图 9.47（c）所示。

③ 显示实体真实效果。

将"视觉样式"设置为"真实"，立即显示实体真实效果，如图 9.47（d）所示。

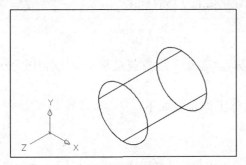

（a）绘制侧平圆柱

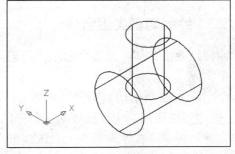

（b）绘制水平圆柱

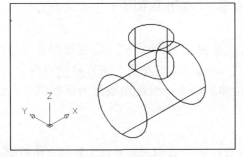

（c）进行"并集"运算

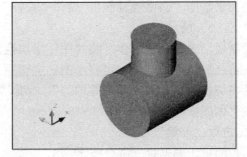

（d）显示实体真实效果

图 9.47 应用"并集"运算绘制三维实体的示例

说明：用"交集"运算绘制叠加类组合体的操作步骤基本同上。图 9.48 所示为两个轴线平行的水平圆柱进行"交集"运算的过程和效果。

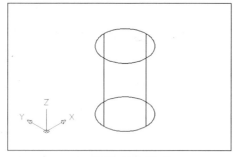
（a）绘制一个水平圆柱

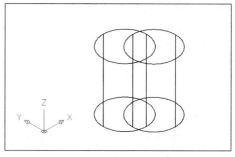
（b）再绘制一个水平圆柱

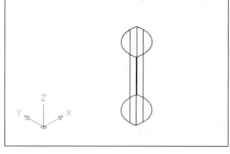
（c）进行"交集"运算

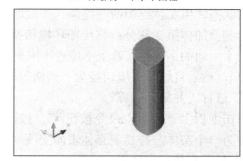
（d）显示"交集"后真实效果

图 9.48　应用"交集"运算绘制三维实体的示例

9.3.2　绘制切割类组合体

绘制切割类组合体，是进行布尔"差集"运算。"差集"运算就是从一个实体中减去另一个或多个实体。

以绘制图 9.49 所示切割类三维实体为例，具体操作步骤如下。

① 创建要被切割的实体和要切去部分的实体。

首先将"视觉样式"设置为"二维线框"。

绘制要被切割的原体：将绘图环境切换为"左视"，绘制原体的底面实形，然后将绘图环境切换为水平面"西南等轴测"，操作"拉伸"命令，绘制出底面为侧平面的直五棱柱，效果如图 9.49（a）所示。

绘制要切去部分的实体：将绘图环境切换为"主视"，准确定位，绘制要切去部分的底面实形（若前后位置不准确，可将绘图环境切换为"俯视"或"左视"进行移动对位），然后将绘图环境切换为水平面"西南等轴测"，操作"拉伸"命令，绘制出底面为正平面的六边直柱体，效果如图 9.49（b）所示。

② 进行"差集"运算。

单击面板上"差集"命令按钮，按提示依次选择要被切割的实体（原体）和要切去部分的实体，确定后所选原体被切割，效果如图 9.49（c）所示。

③ 显示实体真实效果。

将"视觉样式"设置为"真实"，立即显示实体真实效果，如图 9.49（d）所示。

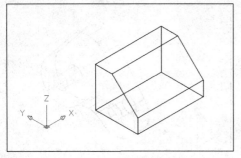
（a）绘制要被切割的实体（原体）

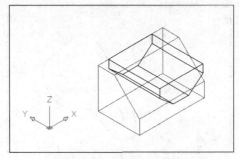
（b）绘制要切去部分的实体

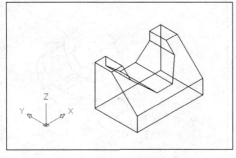
（c）进行差集运算

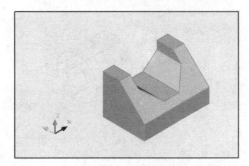
（d）显示实体真实效果

图 9.49　应用"差集"运算绘制三维实体的示例

9.3.3　绘制综合类组合体

绘制综合类组合体，就是根据需要对所创建的实体交替进行并集和差集运算，必要时还应进行交集运算。

以绘制图 9.50 所示综合类三维实体为例，具体操作步骤如下。

① 创建支板——挖去两圆柱孔的组合柱。

首先将"视觉样式"设置为"二维线框"。

将"主视"设置为当前绘图环境，绘制支板的底面实形组合线框，并使其成为一个整体，再绘制要挖去的两个圆柱的底面实形，然后将绘图环境切换为水平面"西南等轴测"，效果如图 9.50（a）所示。

在水平面"西南等轴测"绘图环境中，操作"拉伸"命令，依次选择 3 个对象，AutoCAD 同时绘制出底面为正平面的组合柱和两个圆柱，然后进行"差集"运算，从组合柱中减去两个圆柱形成两个圆柱孔，效果如图 9.50（b）所示。

② 创建主体——圆筒。

将"主视"设置为当前绘图环境，上下左右精确定位，绘制圆筒底面实形的两个圆（若前后位置不准确，可将绘图环境切换为"左视"或"俯视"进行移动定位），然后将绘图环境切换为水平面"西南等轴测"，操作"拉伸"命令，依次选择两个对象，AutoCAD 同时绘制出底面为正平面的两个圆柱；然后进行"差集"运算，从大圆柱中减去小圆柱形成圆筒，效果如图 9.50（c）所示。

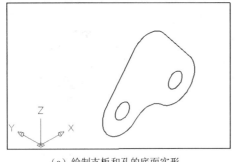
（a）绘制支板和孔的底面实形

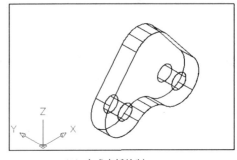
（b）完成支板绘制

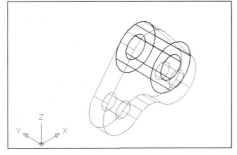
（c）绘制圆筒

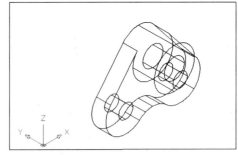
（d）支板和圆筒合并为一个实体

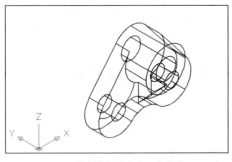
（e）绘制肋板并合为一个实体

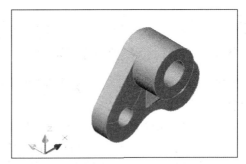
（f）显示实体真实效果

图 9.50　综合应用布尔运算绘制三维实体的示例

将支板和圆筒进行"并集"运算，确定后，支板和圆筒合并为一个实体，并显现立体表面交线，效果如图 9.50（d）所示。

③ 创建肋板——三棱柱。

将"左视"设置为当前绘图环境，确定上下前后位置，绘制肋板的底面实形，再将绘图环境切换为"主视"，将肋板移动到左右的准确位置，然后将绘图环境切换为水平面"西南等轴测"，操作"拉伸"命令，绘制出底面为侧平面的三棱柱。

将后肋板和支板圆筒进行"并集"运算，确定后，两者合并为一个实体，并显现立体表面交线，效果如图 9.50（e）所示。

④ 显示实体效果。

将"视觉样式"设置为"真实"样式，立即显示实体真实效果，如图 9.50（f）所示。

9.4 用多视口绘制三维实体

多视口是把屏幕划分成若干矩形框,用这些视口可以分别显示同一形体的不同视图。多视口可在不同的视口中分别建立主视图、俯视图、左视图、右视图、仰视图、后视图、等轴测图(AutoCAD 提供有 4 种等轴测图,分别用于将视口设置成从 4 个方向观察的等轴测图)。在多视口中,无论在哪一个视口中绘制和编辑图形,其他视口中的图形都将随之变化。

9.4.1 创建多视口

创建多视口的具体操作步骤如下。

① 输入命令。从"视口"工具栏单击"显示视口对话框"按钮 ![icon]，或从下拉菜单选取"视图"⇨"视口"⇨"新建视口",或从键盘输入 VPORTS 命令,弹出显示"新建视口"选项卡的"视口"对话框,如图 9.51 所示。

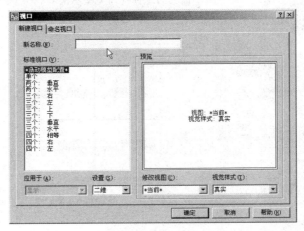

图 9.51 "视口"对话框

② 给视口命名。在"视口"对话框的"新名称"文字编辑框中输入新建视口的名称。图 9.52 所示的视口命名为"绘制工程实体 4 视口"。

③ 选择视口类型。在"标准视口"列表框中选择一项所需的视口类型,选中后,该视口的形式将显示在右边的"预览"框中。图 9.52 所示选择了绘制工程三维实体常用的 4 个相等视口。

④ 设置各视口的视图类型和视觉样式。首先在"视口"对话框的"设置"下拉列表中选择"三维"选项,在预览框中会看到每个视口已由 AutoCAD 自动分配给一种视图。这种设置往往不是所希望的,应使用下列方法重新设置:将光标移至需要重新设置视图的视口中单击,将该视口设置为当前视口(黑色边框显亮),然后从"视口"对话框的"修改视图"下拉列表和"视觉样式"下拉列表中选项,该视口将被设置成所选择的视图和视觉样式。同理,可设置其他各视口。

图 9.53 中,将 4 个视口设置为"主视图"、"左视图"、"俯视图"和"西南等轴测"。三视图的视口位置按制图标准规定排列,并且都设为"二维线框"视觉样式,"西南等轴测"视口

排列在右下角并设为所需的视觉样式。这些是绘制工程三维实体常用的多视口。

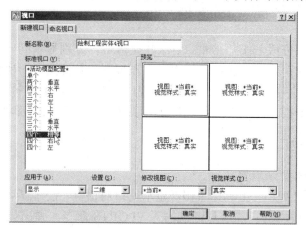

图 9.52　命名与选择视口类型示例

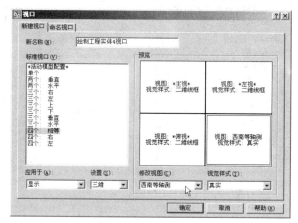

图 9.53　绘制工程实体常用的视口设置

⑤ 完成创建。修改完成后，单击"视口"对话框中的"确定"按钮，退出"视口"对话框，完成多视口的创建。所创建的视口将保存在该图形文件的"命名视口"中。

提示：单击"视口"对话框的"命名视口"选项卡，在其中选项，可实现各命名视口之间的切换（"活动模型配置"是 AutoCAD 默认的命名视口）。

说明："视口"对话框中的"应用于"下拉列表中有"显示"与"当前"两个选项。若选择"显示"选项，则将所选的多视口创建在所显示的全部绘图区中；若选择"当前"选项，则将所选的多视口创建在当前视口中。

9.4.2　用多视口绘制三维实体示例

以绘制图 9.54 所示底面为正平面的工形柱为例，具体操作步骤如下。
① 新建一张图。用 NEW 命令新建一张图。
② 设置三维绘图环境。创建所需的图层并设置适当的彩色和线宽，创建绘制工程实体常

用的 4 个视口。

③ 选择能反映底面实形的视口为当前视口。将光标移至"主视"视口中单击，将底面为正平面的"主视"视口设为当前视口。

④ 绘制底面实形。在"主视"视口中绘制正平面底面实形。

⑤ 绘制工形柱。设"西南等轴测"视口为当前视口，用拉伸的方法绘制工形柱三维实体。效果如图 9.54 所示。

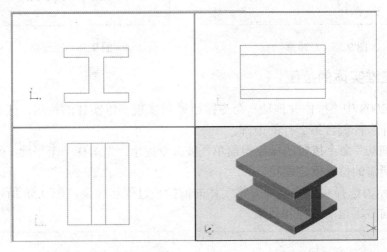

图 9.54　用多视口绘制三维实体的示例

9.5　编辑三维实体

在 AutoCAD 2008 中编辑三维实体，可以应用二维编辑命令，像编辑二维对象那样进行移动、复制、旋转、阵列、偏移、镜像、倒角等操作，也可以用三维编辑命令进行剖切实体、拉压实体等操作，还可以应用三维夹点功能改变基本实体的大小和形状。本节介绍几个常用三维实体编辑命令的操作和三维夹点编辑实体的方法。

9.5.1　三维移动和三维旋转

AutoCAD 中的"三维移动"命令按钮 和"三维旋转"命令按钮 ，依次布置在面板"三维制作"控制台第 2 行的左部。

使用"三维移动"和"三维旋转"命令，可使三维实体准确地沿着 UCS 的 X、Y、Z 3 个轴方向移动或旋转。这是它们与二维编辑命令中"移动"和"旋转"命令的主要区别。

"三维移动"和"三维旋转"命令的操作过程与相应的二维编辑命令基本相同，只是在指定基点后需要选择移动或旋转的轴方向，此时，AutoCAD 在基点处显示彩色三维轴向图标，移动鼠标选择轴线，选定轴方向的图标将变成黄色并在该方向上显现一条无穷长直线，按命令提示继续操作，实体将沿该无穷长直线移动或绕无穷长直线旋转。效果如图 9.55 和图 9.56 所示。

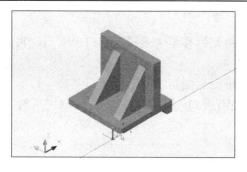
图 9.55　三维移动

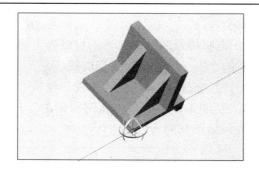
图 9.56　三维旋转

9.5.2　三维实体的拉压

AutoCAD 2008 中"按住并拖动"命令按钮 可实现三维实体的拉压，该命令按钮布置在面板"三维制作"控制台第 2 行的中部。

"按住并拖动"命令按钮的操作很简单，按命令提示：先选择一个平面，然后沿该面垂直的方向移动至所需的位置确定即可。

图 9.57 所示为选择实体的前端面将实体向前拉长过程和效果，图 9.58 所示为选择实体的左端面将实体向右压短的过程和效果。

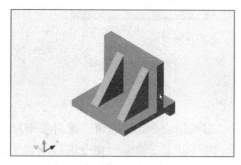
（a）拉压前——选择前端面

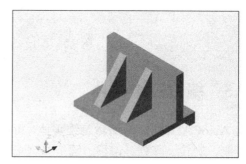
（b）拉压后——向前拉长

图 9.57　用"按住并拖动"命令按钮拉长三维实体的示例

（a）拉压前——选择左端面

（b）拉压后——向右压短

图 9.58　用"按住并拖动"命令按钮压短三维实体的示例

9.5.3 三维实体的剖切

剖切实体就是将已有的实体沿指定的平面切开，并移去指定的部分，从而创建新的实体。确定剖切平面的默认方法是指定平面上 3 点，也可以通过选择对象、XY 平面、YZ 平面、XZ 平面等方法来定义剖切平面。

以剖切图 9.59 所示三维实体为例，具体操作步骤如下。

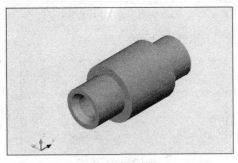 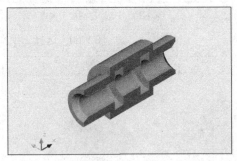

（a）剖切之前　　　　　　　　　　　　　（b）剖切之后

图 9.59　用"剖切"命令按钮剖切三维实体的示例

① 输入命令。单击面板"三维制作"控制台展开部分的"剖切"命令按钮 。
② 选择要剖切的实体。选中后，单击右键或按〈Enter〉键结束实体的选择。
③ 选择确定剖切平面的方式。按提示选项，确定剖切方式。
④ 按选择的方式确定剖切平面。若选择"3 点"方式，则应在实体上准确捕捉剖切平面上的任意 3 个点；若选择坐标平面方式，则应在实体上捕捉剖切平面上的任意一个点。
⑤ 选择要保留的部分。在要保留的实体一侧单击以确定保留部分。若选择"保留两侧"选项，则实体被剖切后两侧都保留。

效果如图 9.59 所示。

9.5.4　用三维夹点改变基本实体的大小和形状

AutoCAD 增强了三维夹点的功能，在"命令："状态下选择实体，可激活三维夹点，新的三维夹点不仅有矩形夹点，还有一些三角形（或称箭头）夹点。选中这些夹点中的任意一个进行操作，都可以沿指定方向改变基本实体的大小和形状。

图 9.60 所示为选择六棱柱左边侧棱上的矩形夹点，向右下方移动的过程和效果。

图 9.61 所示为选择四棱锥锥尖附近指向左方的三角形夹点，向左移动，将四棱锥变成四棱台的过程和效果（也可形成棱柱）。

图 9.62 所示为选择圆锥锥尖处指向上方的三角形夹点，向下移动，将正立圆锥变成倒立圆锥的过程和效果。

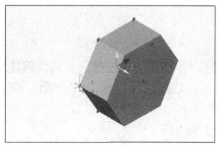 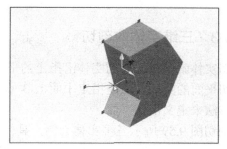

（a）激活并选择左侧棱上夹点　　　　　　　　（b）向右下方移动后的效果

图 9.60　选择三维实体上矩形夹点修改的示例

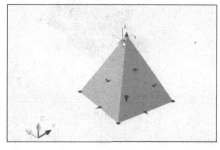 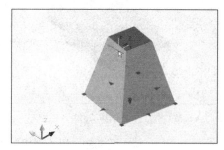

（a）激活并选择锥尖处指向左方的夹点　　　　　　（b）向左方移动后的效果

图 9.61　选择三维实体上三角形夹点修改的示例 1

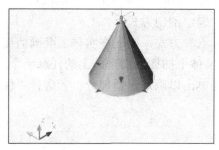 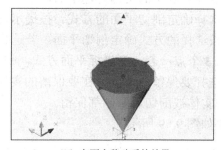

（a）激活并选择锥尖上指向方的夹点　　　　　　（b）向下方移动后的效果

图 9.62　选择三维实体上三角形夹点修改的示例 2

9.6　动态观察三维实体

前边都是使用标准视点静态观察三维实体，在 AutoCAD 2008 中，还可以用多种方式动态地观察三维实体。

图 9.63　动态观察三维实体的命令按钮

动态观察三维实体的命令按钮布置在面板"三维导航"控制台中。图 9.63 所示的弹出式下拉工具栏中的 3 个命令按钮，是动态观察平行投影三维实体的常用命令按钮，从上至下依次是"受约束的动态观察"（即实时手动观察）、"自由动态观察"（即用三维轨道手动观察）和"连续动态观察"。

9.6.1 实时手动观察三维实体

在绘制复杂三维实体的过程中，常需要改变三维实体的观察方位，以便精确绘图。在 AutoCAD 2008 中，操作"受约束的动态观察"命令，可将三维实体的观察方位实时手动变化到任意状态。该命令不仅可在待命状态下执行，还可以在其他命令的操作中执行。

"受约束的动态观察"命令最常用的操作方法是：先按住〈Shift〉键，再按住鼠标中键（即滚轮），此时光标变成梅花状，拖动鼠标即可按拖动的方向实时改变三维实体的方位（若松开〈Shift〉键，则光标变成小手状，可实时平移）。该命令使三维实体的绘制过程变得更加轻松快捷。图 9.64 所示为实时手动改变实体观察方位的示例。

9.6.2 用三维轨道手动观察三维实体

在 AutoCAD 2008 中操作"自由动态观察"命令，可使用三维轨道手动观察三维实体。该命令不能在其他命令中操作。

单击面板上"自由动态观察"命令按钮，输入命令后，在三维实体处显现出三维轨道——在 4 象限点各有一个小圆的"圆弧球"轨道，如图 9.65 所示。执行命令时，可使用右键菜单进行平移、缩放、退出等操作。

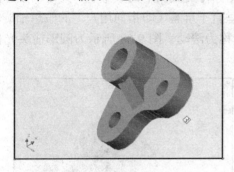 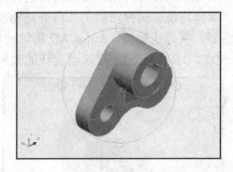

图 9.64　手动改变实体观察方位　　　　　图 9.65　三维"圆弧球"轨道

三维轨道有 4 个影响模型旋转的光标，每一个光标就是一个定位基准，将光标移动到一个新的位置，光标的形状和旋转的类型就会自动改变。

1. 使用水平椭圆光标——让实体绕铅垂轴旋转

显现三维轨道后，将光标移到轨道的左（或右）边的小圆中，光标将变成水平椭圆形状。此时，按住鼠标左键，使光标在左右小圆之间水平移动，实体将随光标的移动绕铅垂轴旋转；松开鼠标左键，停止旋转。若将光标移到左（或右）边的小圆中，按住鼠标左键移到对面的小圆中，然后松开鼠标左键，再将光标移回起点，按住鼠标左键再次沿同样方向移动，这样，实体就被旋转了 360°。如图 9.66 所示为使图 9.65 中实体绕铅垂轴旋转约 180°的效果。

2. 使用垂直椭圆光标——让实体绕水平轴旋转

显现三维轨道后，将光标移到轨道的上（或下）边的小圆中，光标将变成垂直椭圆形状。

此时，按住鼠标左键，使光标在上下小圆之间移动，实体将绕水平轴旋转；松开鼠标左键，停止旋转。若从上（或下）边的小圆中按住鼠标左键移到对面的小圆中，然后松开鼠标左键，移回起点，按住鼠标左键再次沿同样方向移动，这样，实体就被旋转了360°。如图9.67所示为使图9.65中实体绕水平轴旋转约180°的效果。

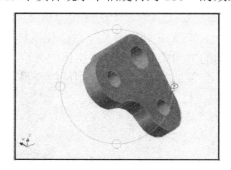
图 9.66　实体绕铅垂轴旋转约 180°

图 9.67　实体绕水平轴旋转约 180°

3. 使用圆形箭头光标 ——让实体滚动旋转

显现三维轨道后，将光标移到轨道的外侧，光标将变成圆形箭头形状。此时，按住鼠标左键拖动，实体将绕着圆弧球的中心向外延伸并绕垂直于屏幕（即指向用户）的假想轴旋转；松开鼠标左键，将停止旋转。AutoCAD将这种旋转称为滚动。图9.68所示为圆形箭头光标分别在0°、90°、180°和270°时滚动旋转的效果。

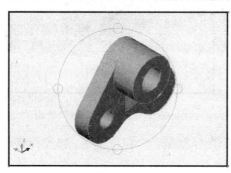
（a）0°时的滚动旋转效果

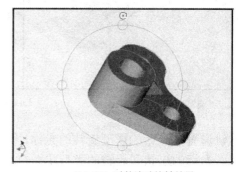
（b）90°时的滚动旋转效果

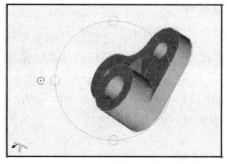
（c）180°时的滚动旋转效果

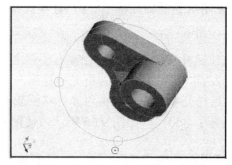
（d）270°时的滚动旋转效果

图 9.68　实体滚动旋转

4. 使用梅花加直线光标 ✿ ——让实体随意旋转

显现三维轨道后,将光标移到轨道的内侧,光标变成外部像梅花、内有直线的形状。此时,按住鼠标左键并拖动,实体将绕着轨道圆弧球的中心沿鼠标拖动的方向旋转;松开鼠标左键,将停止旋转。

9.6.3 连续动态观察三维实体

使用连续轨道可以连续动态观察三维实体,使实体自动连续旋转。

单击面板上的"连续动态观察"命令按钮 ⌘,输入命令后,光标变成球状,此时,按住鼠标左键沿所希望的旋转方向拖动一下,然后松开鼠标左键,实体将沿拖动的方向和拖动时的速度自动连续旋转。单击鼠标左键,即可停止旋转。旋转时,若想改变实体的旋转方向和旋转速度,可随时按住鼠标左键进行拖动引导。

说明:"回旋"观察三维实体的方式常应用于透视图,而"漫游"观察三维实体的方式仅应用于透视图。

上机练习与指导

1. 基本操作训练

(1) 按 9.1 节所述内容设置三维建模工作界面。
(2) 按 9.2 节所述内容依次绘制:各种方位的基本三维实体、各类直柱体和台体的三维实体、弹簧或螺纹的三维实体、变截面的三维实体、各种方位的回转体。
(3) 按 9.3 节所述内容依次绘制:叠加类、切割类和综合类组合体的三维实体。
(4) 按 9.4 节所述内容创建多视口,用多视口绘制三维实体。
(5) 按 9.5 节所述内容练习编辑三维实体的常用命令。
(6) 按 9.6 节所述内容练习动态观察三维实体的 3 种常用方式。

2. 工程绘图训练

作业 1:

按尺寸 1:1 分别绘制图 8.18~图 8.22(见第 8 章)所示千斤顶各零件的三维实体,实体显示效果如图 9.69~图 9.73 所示。按图 8.17(见第 8 章)所示千斤顶装配示意图,用已绘出的零件三维实体,组合成千斤顶装配体的三维实体,实体显示效果如图 9.74 所示。

作业 1 指导:

① 新建一张图。用 NEW 命令新建一张图,并进行三维绘图环境的设置(可创建多视口,用主、俯、左、西南等轴测 4 视口绘制)。

② 绘制底座零件的三维实体。

用"旋转"的方法绘制底座零件的主体(即原体)。

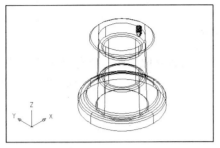 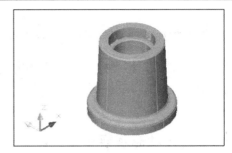

(a)"二维线框"视觉样式　　　　　　　　(b)"真实"视觉样式

图 9.69　千斤顶底座零件三维实体的显示效果

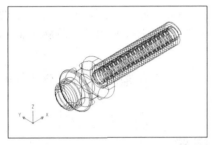 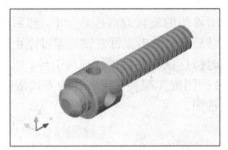

(a)"二维线框"视觉样式　　　　　　　　(b)"真实"视觉样式

图 9.70　千斤顶螺杆零件三维实体的显示效果

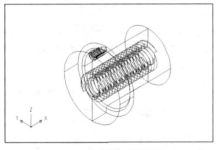 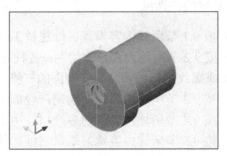

(a)"二维线框"视觉样式　　　　　　　　(b)"真实"视觉样式

图 9.71　千斤顶螺套零件三维实体的显示效果

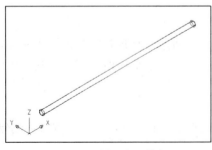 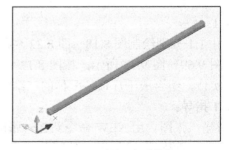

(a)"二维线框"视觉样式　　　　　　　　(b)"真实"视觉样式

图 9.72　千斤顶铰杆零件三维实体的显示效果

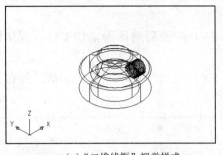 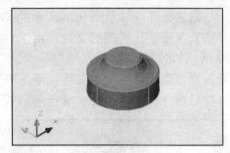

(a)"二维线框"视觉样式　　　　　　　　(b)"真实"视觉样式

图9.73　千斤顶顶垫零件三维实体的显示效果

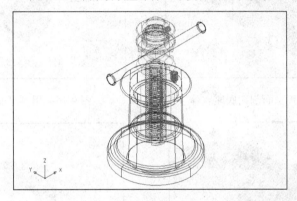

图9.74　千斤顶装配体三维实体的"二维线框"视觉样式显示效果

绘制底座零件上的螺纹孔时，应先绘制光孔实体，与主体进行"差集"布尔运算后，再绘制其上的螺纹。绘制螺纹的方法是：先用"扫掠"的方法绘制出截面为小三角形的螺旋状实体，准确定位后再进行"差集"布尔运算，即可在光孔中绘制出螺纹。

③ 绘制螺杆、螺套、铰杆、顶垫零件的三维实体。

将底座三维实体的图形文件另存为"螺杆"，擦去底座三维实体，同上思路进行绘制。同理，逐一绘制各零件的三维实体。

提示：顶垫上的螺纹截面为小三角形，螺杆和螺套上的螺纹截面为矩形。

④ 绘制标准件螺钉的三维实体。

依据图8.17（见第8章）明细表中两个标准件螺钉所注的国标号，查阅相关标准获得尺寸，按同上方法和思路完成绘制。

⑤ 绘制千斤顶装配体的三维实体。

打开底座三维实体的图形文件另存为"千斤顶装配体"，以底座三维实体为基础，用剪贴板功能，将其他各零件复制粘贴到该图中，再依据图8.17装配示意图将各零件依次移动（方位不对时应先进行旋转）到准确的位置。

⑥ 剖切零件的三维实体。

打开底座三维实体的图形文件，用正平面（ZX）沿前后对称面剖切实体，保留后侧，显示图9.75所示的效果。

打开螺杆三维实体的图形文件，用侧平面（YZ）沿交叉孔轴线剖切实体，保留两侧，移动左侧，与右侧错开，显示图 9.76 所示的效果。

打开螺套三维实体的图形文件，用正平面（ZX）沿前后对称面剖切实体，保留后侧，显示图 9.77 所示的效果。

打开顶垫三维实体的图形文件，用正平面（ZX）沿前后对称面剖切实体，保留两侧，移动前侧，与后侧分开，显示图 9.78 所示的效果。

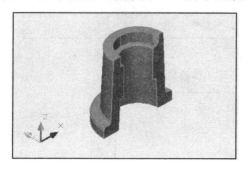

图 9.75 用正平面剖切底座实体

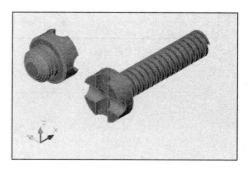

图 9.76 用侧平面剖切螺杆实体

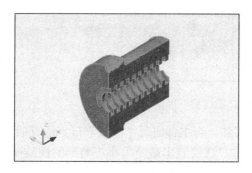

图 9.77 用正平面剖切螺套实体

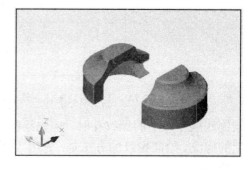

图 9.78 用正平面剖切顶垫实体

作业 2：

按尺寸 1:1 绘制图 9.79 所示旋转楼梯的三维实体。该旋转楼梯高 3000mm，有 20 个踏步（即台阶），旋转角为 360°；旋转楼梯外径圆的直径为 3400mm，内径圆的直径为 800mm，踏步高 150mm；两边扶手立柱圆心的位置距旋转楼梯内外径圆均为 50mm，扶手立柱的高度为 900mm，断面直径为 35mm；螺旋扶手的断面直径为 80mm。

作业 2 指导：

① 新建一张图。用 NEW 命令新建一张图，并进行三维绘图环境的设置。首先设"视觉样式"为"二维线框"并关闭栅格（用单一视口绘制）。

② 绘制基础线和定位线。将"俯视"设置为当前绘图环境，用"圆"命令先绘制出图 9.80 所示的旋转楼梯的外径圆（直径 3400mm）和内径圆（直径 800mm），再用适当的命令绘制出一条定位直线。

如图 9.81 所示，用"偏移"命令绘制确定扶手位置的两个圆，从内径圆向外偏移，从外径圆向内偏移（偏移距离均为 50mm），然后用"阵列"命令将定位直线环形阵列出 20 个。

图 9.79　旋转楼梯三维实体的显示效果

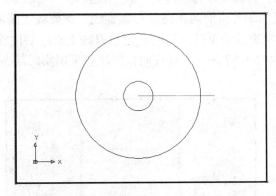

图 9.80　绘制旋转楼梯的内外径圆和定位直线

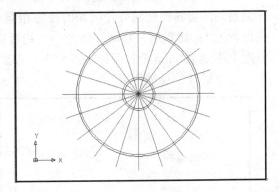

图 9.81　绘制楼梯扶手位置圆和定位线

③ 绘制一个踏步的底面。如图 9.82 所示，在"俯视"绘图环境中，用适当的命令擦去和修剪多余的线，形成图中粗线所显示的踏步底面形状，然后将踏步底面转换成一个整体。此时，因为定位直线已被当做底面的边，所以应再绘制一次定位直线。

④ 绘制出一个踏步。将绘图环境切换到"西南等轴测"或应用实时动态观察将其切换到合适的方位，然后用"拉伸"（向上拉伸 150mm）的方式绘制出第一个踏步，效果如图 9.83 所示。

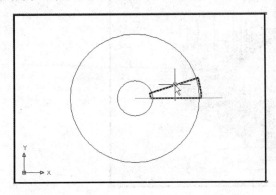

图 9.82　绘制出一个踏步的底面和定位直线

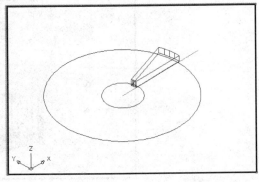

图 9.83　一个踏步的立体效果

⑤ 绘制踏步中的扶手立柱。将绘图环境切换到"俯视",如图 9.84 所示,绘制踏步中线作为辅助线,准确定位绘制两个立柱的底面圆(直径 35),然后应用实时动态观察将其切换到合适的位置,用"拉伸"的方式(向上拉伸 900mm)绘制出一个踏步中的两个(一对)扶手立柱。擦去踏步中线。

⑥ 完成一个单元的绘制。应用实时动态观察选择适当的方位和绘图环境,用适当的命令,目测绘制出踏步的切角;然后操作"并集"命令将踏步和两个立柱合并为一个实体,并将"视觉样式"设置为"真实",效果如图 9.85 所示。

⑦ 完成 20 个单元的绘制。用"阵列"命令,环形阵列出 20 个单元,然后以定位直线为起点,从第 2 个单元开始,依次将各单元按高差 150mm 向正上方移动,效果如图 9.86 所示。操作时,应注意用实时动态观察选择最佳的视觉位置。

⑧ 绘制螺旋扶手。

先绘制扶手的路径线:将绘图环境切换到"俯视"并将"视觉样式"设置为"二维线框",分别绘制与旋转楼梯的外径圆和内径圆相同直径和方位的两条圆柱形螺旋线,螺旋线"圈数"应设置为 1;然后用"移动"命令,先将两条螺旋线的下端点移动到定位直线上对应的位置,再向上移动 100mm 至扶手路径线位置,效果如图 9.87 所示。操作时,应注意采用实时动态观察,选择最佳的视觉位置。

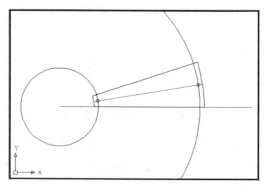

图 9.84 绘制踏步中的一对扶手立柱

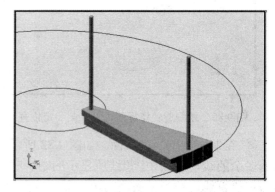

图 9.85 完成一个单元后的实体效果

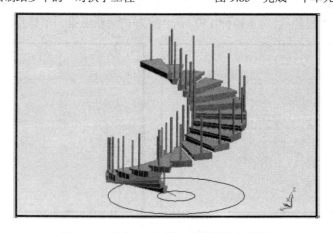

图 9.86 完成 20 个单元绘制的实体效果

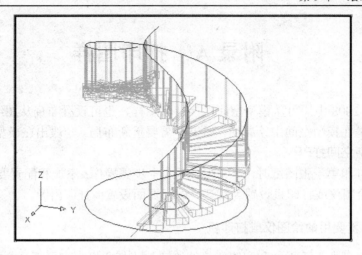

图 9.87 绘制扶手的路径线

采用实时动态观察,选择最佳的视觉位置,在空当处绘制两个扶手的断面圆,然后用"扫掠"的方法绘制出扶手主体。再将"视觉样式"设置为"真实",打开动态的 UCS,在扶手的各端(4 处)绘制直径与扶手截面相同的圆球,效果如图 9.88 所示。

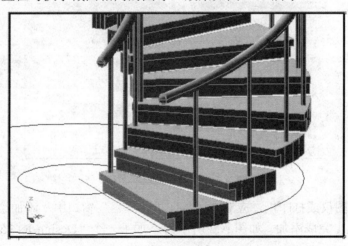

图 9.88 完成螺旋扶手的绘制

⑨ 显现实体效果。擦去定位直线,用"并集"命令将旋转楼梯的各部分合并为一个实体,然后选择适当的绘图环境显示旋转楼梯。最终得到如图 9.79 所示的在"东北等轴测"绘图环境中显示的旋转楼梯的三维实体效果。

注意:绘图时,应经常保存图形。

附录 A 打印图样

在 AutoCAD 2008 中，可从模型空间直接打印图样，也可设置布局从图纸空间打印图样。

工程图样都是在模型空间中绘制的，如果不需要重新布局，一般出在模型空间中打印。下面重点介绍从模型空间打印。

从模型空间打印第一张图纸时，一般按以下 4 个步骤操作：添加和配置要用的绘图仪或打印机⇨将要用的绘图仪或打印机设置为默认⇨进行页面设置⇨打印出图。

1. 添加和配置要用的绘图仪或打印机

用"绘图仪管理器"可添加和配置所需的绘图仪或打印机。可用下列方式之一输入命令。
- 从下拉菜单选取："文件"⇨"绘图仪管理器"
- 从键盘输入：**PLOTTERMANAGER**

输入命令后，打开"Plotters"（绘图仪管理器）窗口，如图 A.1 所示。

图 A.1 绘图仪管理器窗口

要添加新的绘图仪或打印机，应双击"打印机管理器"窗口中"添加绘图仪向导"图标，然后按向导提示逐步完成添加。如图 A.2 所示为添加了一个"Design Jet 755CM C3198A"绘图仪。

图 A.2 添加新的绘图仪

双击"绘图仪管理器"窗口中需配置的绘图仪或打印机名称，AutoCAD 将弹出"绘图仪配置编辑器"对话框，如图 A.3 所示。"绘图仪配置编辑器"对话框有 3 个选项卡："基本"、"端口"、"设备和文档设置"，可根据需要重新配置。

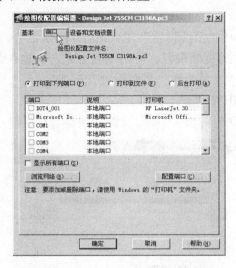

图 A.3　"绘图仪配置编辑器"对话框

2. 将要用的绘图仪或打印机设置为默认

配置了要用的绘图仪或打印机之后，应在系统配置中将它设置为默认。用"选项"对话框可将要用的绘图仪或打印机设置为默认。具体操作方法如下。

从下拉菜单中选取"工具"⇨"选项"，弹出"选项"对话框，选择其中的"打印和发布"选项卡，将显示有关打印的系统配置内容，如图 A.4 所示。在其中的"新图形的默认打印设置"区中选择"用作默认输出设备"单选钮，在其下的下拉列表中选择要设置为默认的绘图仪或打印机名称，确定后，即将该绘图仪或打印机设置为默认。

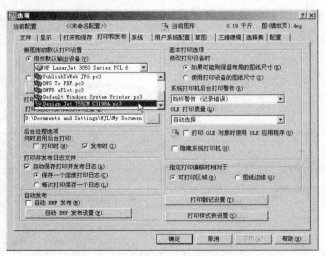

图 A.4　显示"打印和发布"选项卡的"选项"对话框

说明:"打印和发布"选项卡中的其他内容,初学者一般使用默认即可。如果需要进行选项和设置,可参阅其他有关书籍。

3. 进行页面设置

在 AutoCAD 2008 中,用"页面设置"(PAGESETUP)命令,对同一图形文件可创建多种页面设置,并能修改已创建的页面设置。可用下列方式之一输入命令。

- 从下拉菜单选取:"文件" ⇨ "页面设置管理器"
- 从键盘输入:**PAGESETUP**

输入命令后,AutoCAD 将弹出 "页面设置管理器"对话框,如图 A.5 所示。

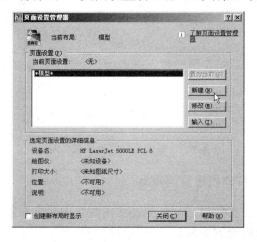

图 A.5 "页面设置管理器"对话框

单击"页面设置管理器"对话框中的"新建"按钮,在弹出的"新建页面设置"对话框中选择相应的基础样式,并输入新建页面的名称,确定后,弹出"页面设置-模型"对话框,如图 A.6 所示。

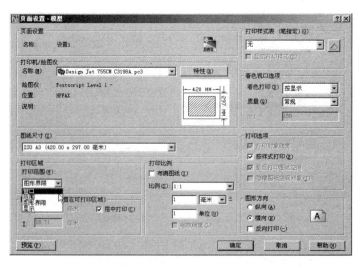

图 A.6 "页面设置-模型"对话框

在"页面设置-模型"对话框中可进行如下设置。

(1) 选择绘图仪或打印机

在"打印机/绘图仪"区的"名称"下拉列表框中显示的是所选择的默认绘图仪或打印机的名称。若需要,可在其下拉列表中重新选择绘图仪或打印机。

(2) 设置打印图纸的尺寸

在"图纸尺寸"区的下拉列表中选择要打印图样的图纸尺寸(即图幅大小)。

(3) 设置打印区域

在"打印区域"区的"打印范围"下拉列表中选项,确定打印的范围。该下拉列表中有4个选项。

"窗口"选项:选中它,将打印指定窗口内的图形部分。单击右边的"窗口"按钮可重新指定窗口的范围。

"范围"选项:选中它,将打印当前图形中所有实体。

"图形界限"选项:选中它,将打印"图形界线"命令所建立图幅内的所有图形。

"显示"选项:选中它,将打印当前所看到的图形。

(4) 设置打印图样的原点

在"打印偏移"区,可打开"居中打印"开关,将图样打印在图纸的中央;也可在原点偏移量"X"和"Y"文字编辑框内输入坐标值,调整打印图样的原点位置。

(5) 设置打印比例

在"打印比例"区,可打开"布满图纸"开关,让 AutoCAD 自动调整比例,将所选打印区域的图形在指定图纸上以能达到的最大尺寸打印出来;也可从"比例"下拉列表中选择标准的打印比例或自定义比例。

说明:

① 从"比例"下拉列表中选择一个标准比例,比例值将自动显示在其下的文字编辑框中,若在"比例"下拉列表中选择"自定义"选项,则需要在其下的文字编辑框中输入自定义比例值。

② 该区文字编辑框右边是图纸单位下拉列表,应选择"毫米"选项。

(6) 设置打印图样的方向

在"图形方向"区,可选项确定图样打印时在图纸上的方向。该区有两个单选钮和一个开关。

"纵向"单选钮:选择该项,无论图纸是纵向还是横向,要打印图样的长边将与图纸的长边垂直。

"横向"单选钮:选择该项,无论图纸是纵向还是横向,要打印图样的长边将与图纸的长边平行。

"反向打印"开关:打开它,将在图样指定了"横向"或"纵向"的基础上旋转180°。

(7) 完成页面设置

"打印样式表"区一般使用默认。"着色视口选项"区用来设置三维图形打印时着色的方式和质量。

设置后,可单击"预览"按钮进行预览,预览后按〈Esc〉键返回,可继续修改设置,满意后，单击"确定"按钮，完成当前图形的页面设置。

说明：再次输入该命令，单击"页面设置管理器"对话框中的"修改"按钮，可修改已有的页面设置，也可单击"新建"按钮再创建一个新的页面设置。

4. 打印出图

在 AutoCAD 2008 中，用"打印"（PLOT）命令可打印输出图样。可用下列方式之一输入命令。

- 从"标准"工具栏中单击："打印"图标按钮
- 从下拉菜单选取："文件" ⇨ "打印"
- 从键盘输入：<u>PLOT</u>

输入命令后，AutoCAD 将自动弹出"打印-模型"对话框，如图 A.7 所示。

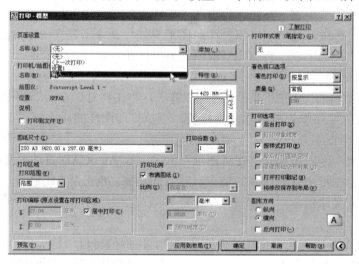

图 A.7 "打印-模型"对话框

具体操作过程如下。

（1）选择页面设置

在"打印-模型"对话框"页面设置"区的"名称"下拉列表中，选中要应用的页面设置名称。选中后，对话框中将显示该"页面设置"的各有关内容。

说明：该"页面设置"所显示的各项内容也可在此进行修改。

（2）指定打印份数

在"打印-模型"对话框"打印份数"区的文字编辑框内输入或翻页指定要打印的份数。

（3）打印预览

单击"打印-模型"对话框中的"预览"按钮，即开始预览，效果如图 A.8 所示。要退出预览，在该预览画面上单击右键，在弹出的右键快捷菜单中选取"退出"选项，也可按〈Esc〉键返回"打印-模型"对话框。

如果预览效果不理想，可再修改设置，再预览，直至满意为止。

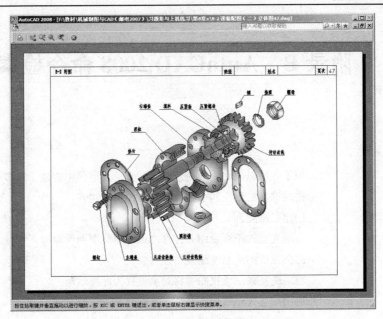

图 A.8　打印预览

（4）开始打印

预览满意后，单击"确定"按钮，开始打印出图。

说明：如果要打印的第 2 张图样和上一张图样的打印设置完全相同，只需在"打印-模型"对话框"页面设置"区"名称"下拉列表中，选中"〈上一次打印〉"选项，确定后，即可打印出与上次打印设置完全相同的图样。

5. 关于从图纸空间打印图样

从图纸空间打印图样，可为同一个图形文件创建多个图纸布局和打印方案。在模型空间中所绘制的图形，输出时，如果需要用不同的比例来显示某部分（如：绘制局部放大图），或需要用不同的视点来显示在模型空间中所绘的同一个图形（如：平面图和轴测图），就要重新布局，从图纸空间输出图形。布局是一个图纸空间环境，它模拟一张图纸并提供打印预设置。在布局中，用户可以创建和定位视口对象并增添标题块或其他几何对象。视口是图形屏幕上用于显示图形的一个区域，它可以是任意形状的。默认时，AutoCAD 把整个绘图区作为一个单一的视口；需要时，也可把绘图区设置成多个视口，每个视口用来显示图形的不同部分。通过布局，用户可以多侧面地表现同一设置图形。其详细内容可参见有关手册。

在 AutoCAD 2008 中，在绘图区的底部有"模型"选项卡和两个默认的布局选项卡，单击它们可在模型和两种布局之间进行切换。单击状态栏上的 模型 按钮，可在模型空间和图纸空间之间进行切换。

附录 B AutoCAD 2008 命令检索

3D

3D	用于在可以隐藏、着色或渲染的常见几何体中创建三维多边形网格对象
3DALIGN	在二维和三维空间中将对象与其他对象对齐
3DARRAY	创建三维阵列
3DCLIP	启动交互式三维视图并打开"调整剪裁平面"窗口
3DCONFIG	提供三维图形系统配置设置
3DCORBIT	启用交互式三维视图并将对象设置为连续运动
3DDISTANCE	启用交互式三维视图并使对象看起来更近或更远
3DDWF	创建三维模型的三维 DWF 文件并将其显示在 DWF Viewer 中
3DFACE	在三维空间中的任意位置创建三侧面或四侧面
3DFLY	交互式更改三维图形的视图,使用户就像在模型中飞行一样
3DFORBIT	使用不受约束的动态观察,控制三维空间中对象的交互式查看
3DMESH	创建自由格式的多边形网格
3DMOVE	在三维视图中显示移动夹点工具,并沿指定方向将对象移动指定的距离
3DORBIT	控制在三维空间中交互式查看对象
3DORBITCTR	在三维动态观察视图中设置旋转的中心
3DPAN	当图形位于"透视"视图时,启用交互式三维视图,并允许用户水平和垂直拖动视图
3DPOLY	在三维空间中创建多段线
3DROTATE	在三维视图中显示旋转夹点工具并围绕基点旋转对象
3DSIN	输入 3D Studio(3DS)文件
3DSWIVEL	沿拖动的方向更改视图的目标
3DWALK	交互式更改三维图形的视图,使用户就像在模型中漫游一样
3DZOOM	在"透视"视图中放大或缩小

A

ABOUT	显示关于 AutoCAD 的信息
ACISIN	输入 ACIS 文件并在图形中创建体对象、实体或面域
ACISOUT	将体对象、实体或面域输出到 ACIS 文件中
ADCCLOSE	关闭设计中心
ADCENTER	管理和插入块、外部参照和填充图案等内容

ADCNAVIGATE	加载指定的设计中心图形文件、文件夹或网络路径
ALIGN	在二维和三维空间中将对象与其他对象对齐
AMECONVERT	将 AME 实体模型转换为 AutoCAD 实体对象
ANIPATH	保存在三维模型中沿路径的动画
ANNORESET	将 annotative 对象的所有比例表示法的位置重置为当前比例表示法的位置
ANNOUPDATE	更新现有的 annotative 对象，使之与其样式的当前特性相匹配
APERTURE	控制对象捕捉靶框大小
APPLOAD	加载和卸载应用程序，定义要在启动时加载的应用程序
ARC	创建圆弧
ARCHIVE	将当前要归档的图纸集文件打包
AREA	计算对象或指定区域的面积和周长
ARRAY	创建按指定方式排列的多个对象副本
ARX	加载、卸载 ObjectARX 应用程序并提供相关信息
ATTACHURL	将超链接附着到图形中的对象或区域上
ATTDEF	创建属性定义
ATTDISP	全局控制图形中块属性的可见性
ATTEDIT	改变属性信息
ATTEXT	将与块关联的属性数据、文字信息提取到文件中
ATTIPEDIT	更改块中属性的文本内容
ATTREDEF	重定义块并更新关联属性
ATTSYNC	用块的当前属性定义更新指定块的全部实例
AUDIT	检查图形的完整性并更正某些错误
AUTOPUBLISH	将图形自动发布到 DWF 文件中

B

BACTION	向动态块定义中添加动作
BACTIONSET	指定与动态块定义中的动作相关联的对象选择集
BACTIONTOOL	向动态块定义中添加动作
BASE	设置当前图形的插入基点
BASSOCIATE	将动作与动态块定义中的参数相关联
BATTMAN	编辑块定义的属性特性
BATTORDER	指定块属性的顺序
BAUTHORPALETTE	打开块编辑器中的"块编写选项板"窗口
BAUTHORPALETTECLOSE	关闭块编辑器中的"块编写选项板"窗口
BCLOSE	关闭块编辑器
BCYCLEORDER	更改动态块参照夹点的循环次序
BEDIT	打开"编辑块定义"对话框，然后打开块编辑器

BGRIPSET	创建、删除或重置与参数相关联的夹点
BHATCH	用填充图案或渐变填充来填充封闭区域或选定对象
BLIPMODE	控制点标记的显示
BLOCK	根据选定对象创建块定义
BLOCKICON	为 AutoCAD 设计中心中显示的块生成预览图像
BLOOKUPTABLE	显示或创建动态块定义查寻表
BMPOUT	按与设备无关的位图格式将选定对象保存到文件中
BOUNDARY	从封闭区域创建面域或多段线
BOX	创建三维实体长方体
BPARAMETER	向动态块定义中添加带有夹点的参数
BREAK	在两点之间打断选定对象
BREP	从三维实体图元和复合实体中删除历史记录
BROWSER	启动系统注册表中定义的默认 Web 浏览器
BSAVE	保存当前块定义
BSAVEAS	用新名称保存当前块定义的副本
BVHIDE	使对象在动态块定义中的当前可见性状态或所有可见性状态中不可见
BVSHOW	使对象在动态块定义中的当前可见性状态或所有可见性状态中均可见
BVSTATE	创建、设置或删除动态块中的可见性状态

C

CAL	计算数学和几何表达式
CAMERA	设置相机位置和目标位置,以创建并保存对象的三维透视视图
CHAMFER	给对象加倒角
CHANGE	修改现有对象的特性
CHECKSTANDARDS	检查当前图形的标准冲突情况
CHPROP	更改对象的特性
CHSPACE	将对象从模型空间移至图纸空间,或将其从图纸空间移至模型空间
CIRCLE	创建圆
CLEANSCREENOFF	恢复工具栏和可固定窗口(命令行除外)的显示
CLEANSCREENON	清除工具栏和可固定窗口(命令行除外)的屏幕
CLOSE	关闭当前图形
CLOSEALL	关闭当前所有打开的图形
COLOR	设置新对象的颜色
COMMANDLINE	显示命令行
COMMANDLINEHIDE	隐藏命令行
COMPILE	将形文件和 PostScript 字体文件编译成 SHX 文件

CONE	创建一个三维实体，该实体以圆或椭圆为底，以对称方式形成锥体表面，最后交于一点，或者交于圆或椭圆平面
CONVERT	优化用 AutoCAD R13 或更早版本创建的二维多段线和关联填充
CONVERTCTB	将颜色相关的打印样式表（CTB）转换为命名打印样式表（STB）
CONVERTOLDLIGHTS	将早期版本中创建的光源转换为 AutoCAD 2007 格式的光源
CONVERTOLDMATERIALS	将早期版本中创建的材质转换为 AutoCAD 2007 格式的材质
CONVERTPSTYLES	将当前图形转换为命名或颜色相关打印样式
CONVTOSOLID	将具有厚度的多段线和圆转换为三维实体
CONVTOSURFACE	将对象转换为曲面
COPY	在指定方向上按指定距离复制对象
COPYBASE	使用指定基点复制对象
COPYCLIP	将对象或命令提示文本复制到剪贴板中
COPYHIST	将命令提示历史记录文字复制到剪贴板中
COPYLINK	将当前视图复制到剪贴板中以便链接到其他 OLE 应用程序
COPYTOLAYER	将一个或多个对象复制到其他图层中
CUI	管理自定义用户界面元素，如：工作空间、工具栏、菜单、快捷菜单和键盘快捷键
CUIEXPORT	将自定义设置输出到企业或局部 CUI 文件中
CUIIMPORT	将自定义设置从企业或局部 CUI 文件输入到 acad.cui 中
CUILOAD	加载 CUI 文件
CUIUNLOAD	卸载 CUI 文件
CUSTOMIZE	自定义工具选项板和工具选项板组
CUTCLIP	将对象复制到剪贴板中并从图形中删除对象
CYLINDER	创建一个以圆或椭圆为底面和顶面的三侧三维实体

D

DASHBOARD	打开"面板"窗口
DASHBOARDCLOSE	关闭"面板"窗口
DATAEXTRACTION	将对象特性、块属性和图形信息输出到数据提取处理表或外部文件中，并指定 Excel 电子表格的数据链接
DATALINK	显示"数据链接管理器"
DATALINKUPDATE	将数据更新至已建立的外部数据链接或从已建立的外部数据链接更新数据
DBCONNECT	提供到外部数据库表的接口
DBLIST	列出图形中每个对象的数据库信息
DDEDIT	编辑单行文字、标注文字、属性定义和特征控制框
DDPTYPE	指定点对象的显示样式及大小
DDVPOINT	设置三维观察方向

DELAY	在脚本文件中提供指定时间的暂停
DETACHURL	删除图形中的超链接
DGNADJUST	更改选定的 DGN 参考底图的显示选项
DGNATTACH	将 DGN 参考底图附着到当前图形中
DGNCLIP	定义选定的 DGN 参考底图的剪裁边界
DGNEXPORT	从当前图形创建一个或多个 V8 DGN 文件
DGNIMPORT	将数据从 V8 DGN 文件输入到新 DWG 文件中
DIM	访问标注模式
DIMALIGNED	创建对齐线性标注
DIMANGULAR	创建角度标注
DIMARC	创建圆弧长度标注
DIMBASELINE	从上一个标注或选定标注的基线处创建线性标注、角度标注或坐标标注
DIMBREAK	添加或删除标注打断
DIMCENTER	创建圆和圆弧的圆心标记或中心线
DIMCONTINUE	从上一个标注或选定标注的第二条尺寸界线处创建线性标注、角度标注或坐标标注
DIMDIAMETER	创建圆和圆弧的直径标注
DIMDISASSOCIATE	删除选定标注的关联性
DIMEDIT	编辑标注对象上的标注文字和尺寸界线
DIMINSPECT	创建或删除检验标注
DIMJOGGED	创建折弯半径标注
DIMJOGLINE	在线性标注或对齐标注中添加或删除折弯线
DIMLINEAR	创建线性标注
DIMORDINATE	创建坐标点标注
DIMOVERRIDE	替代尺寸标注系统变量
DIMRADIUS	创建圆和圆弧的半径标注
DIMREASSOCIATE	将选定标注与几何对象相关联
DIMREGEN	更新所有关联标注的位置
DIMSPACE	对平行线性标注和角度标注之间的间距做同样的调整
DIMSTYLE	创建和修改标注样式
DIMTEDIT	移动或旋转标注文字
DIST	测量两点之间的距离和角度
DIVIDE	将点对象或块沿对象的长度或周长等间隔排列
DONUT	绘制填充的圆和环
DRAGMODE	控制拖动对象的显示方式
DRAWINGRECOVERY	显示可以在程序或系统失败后修复的图形文件的列表
DRAWINGRECOVERYHIDE	关闭"图形修复管理器"
DRAWORDER	修改图像和其他对象的绘图顺序

DSETTINGS	设置栅格和捕捉、极轴和对象捕捉追踪、对象捕捉模式和动态输入
DSVIEWER	打开"鸟瞰视图"窗口
DVIEW	使用相机和目标来定义平行投影或透视视图
DWFADJUST	允许从命令行调整 DWF 参考底图
DWFATTACH	将 DWF 参考底图附着到当前图形中
DWFCLIP	使用剪裁边界来定义 DWF 参考底图的子面域
DWFLAYERS	控制 DWF 参考底图中图层的显示
DWGPROPS	设置和显示当前图形的特性
DXBIN	输入特殊编码的二进制文件
DISTANTLIGHT	创建平行光

E

EATTEDIT	在块参照中编辑属性
EATTEXT	将特性数据从对象、块属性信息和图形信息输出到表格或外部文件中
EDGE	修改三维面的边的可见性
EDGESURF	创建三维多边形网格
ELEV	设置新对象的标高和拉伸厚度
ELLIPSE	创建椭圆或椭圆弧
ERASE	从图形中删除对象
ETRANSMIT	将一组文件打包以进行 Internet 传递
EXPLODE	将合成对象分解为其部件对象
EXPORT	以其他文件格式保存对象
EXPORTTOAUTOCAD	创建分解所有 AEC 对象的新 DWG 文件
EXTEND	将对象延伸到另一对象
EXTERNALREFERENCES	显示"外部参照"选项板
Externalreferencesclose	关闭"外部参照"选项板
EXTRUDE	通过沿指定的方向将对象或平面拉伸出指定距离来创建三维实体或曲面

F

FIELD	创建带字段的多行文字对象,该对象可以随着字段值的更改而自动更新
FILL	控制诸如图案填充、二维实体和宽多段线等对象的填充
FILLET	给对象加圆角
FILTER	创建一个要求列表,对象必须符合这些要求才能包含在选择集中
FIND	查找、替换、选择或缩放到指定的文字
FLATSHOT	创建当前视图中所有三维对象的二维表示
FREESPOT	创建与未指定目标的聚光灯相似的自由聚光灯
FREEWEB	创建与光域灯光相似但未指定目标的自由光域灯光

G

GEOGRAPHICLOCATION	指定某个位置的纬度和经度
GOTOURL	打开文件或与附加到对象的超链接关联的网页
GRADIENT	使用渐变填充来填充封闭区域或选定对象
GRAPHSCR	从文本窗口切换到绘图区域
GRID	在未打印的当前视口中显示栅格
GROUP	创建和管理已保存的对象集（称为编组）

H

HATCH	使用填充图案、实体填充或渐变填充来填充封闭区域或选定对象
HATCHEDIT	修改现有的图案填充
HELIX	创建二维螺旋或三维螺旋
HELP	显示帮助
HIDE	重新生成不显示隐藏线的三维线框模型
HLSETTINGS	控制模型的显示特性
HYPERLINK	在对象上附着超链接或修改现有超链接
HYPERLINKOPTIONS	控制超链接光标、工具栏提示和快捷菜单的显示

I

ID	显示位置的坐标
IMAGE	显示"外部参照"选项板
IMAGEADJUST	控制图像的亮度、对比度和褪色度
IMAGEATTACH	将新的图像附着到当前图形中
IMAGECLIP	使用剪裁边界定义图像对象的子区域
IMAGEFRAME	控制是否显示和打印图像边框
IMAGEQUALITY	控制图像的显示质量
IMPORT	以不同格式输入文件
IMPRINT	将边压印到三维实体上
INSERT	将图形或命名块放到当前图形中
INSERTOBJ	插入链接对象或内嵌对象
INTERFERE	亮显重叠的三维实体
INTERSECT	从两个或多个实体或面域的交集中创建复合实体或面域，然后删除交集外的区域
ISOPLANE	指定当前等轴测平面

J

JOGSECTION	将折弯线段添加至截面对象
JOIN	将对象合并以形成一个完整的对象
JPGOUT	将选定对象保存为 JPEG 文件格式的文件
JUSTIFYTEXT	改变选定文字对象的对齐点而不改变其位置

L

LAYCUR	将选定对象所在的图层更改为当前图层
LAYDEL	删除选定对象所在的图层和图层上的所有对象，然后从图形中清理图层
LAYER	管理图层和图层特性
LAYERP	放弃对图层设置所做的上一个或一组更改
LAYERPMODE	打开或关闭对图层设置所做更改的追踪
LAYERSTATE	保存、恢复和管理已命名的图层状态
LAYFRZ	冻结选定对象所在的图层
LAYISO	隐藏或锁定除选定对象所在图层外的所有图层
LAYLCK	锁定选定对象所在的图层
LAYMCH	更改选定对象所在的图层，以使其匹配目标图层
LAYMCUR	将选定对象所在的图层设置为当前图层
LAYMRG	将选定的图层合并到目标图层
LAYOFF	关闭选定对象所在的图层
LAYON	打开所有图层
LAYOUT	创建并修改图形布局选项卡
LAYOUTWIZARD	创建新的布局选项卡并指定页面和打印设置
LAYTHW	解冻所有图层
LAYTRANS	将图形的图层更改为指定的图层标准
LAYULK	解锁选定对象所在的图层
LAYUNISO	打开使用上一个 LAYISO 命令关闭的图层
LAYVPI	将对象的图层隔离到当前视口
LAYWALK	动态显示图形中的图层
LEADER	创建连接注释与几何特征的引线
LENGTHEN	修改对象的长度和圆弧的包含角
LIGHT	创建光源
LIGHTLIST	打开"模型中的光源"窗口以添加和修改光源
LIGHTLISTCLOSE	关闭"模型中的光源"窗口
LIMITS	在当前模型选项卡或布局选项卡上，设置并控制栅格显示的界限
LINE	创建直线段

LINETYPE	加载、设置和修改线型
LIST	显示选定对象的数据库信息
LIVESECTION	打开选定截面对象的活动截面
LOAD	为 SHAPE 命令加载可调用的形
LOFT	通过一组两个或多个曲线之间的放样来创建三维实体或曲面
LOGFILEOFF	关闭用 LOGFILEON 命令打开的文本窗口日志文件
LOGFILEON	将文本窗口中的内容写入文件中
LTSCALE	设置全局线型比例因子
LWEIGHT	设置当前线宽、线宽显示选项和线宽单位

M

MARKUP	显示标记详细信息并允许用户更改其状态
MARKUPCLOSE	关闭标记集管理器
MASSPROP	计算面域或三维实体的质量特性
MATCHCELL	将选定表格单元的特性应用到其他表格单元上
MATCHPROP	将选定对象的特性应用到其他对象上
MATERIALATTACH	将材质随层应用到对象上
MATERIALMAP	显示材质贴图工具,以调整面或对象上的贴图
MATERIALS	管理、应用和修改材质
MATERIALSCLOSE	关闭"材质"窗口
MEASURE	将点对象或块在对象上指定间隔处放置
MENU	加载自定义文件
MINSERT	在矩形阵列中插入一个块的多个引用
MIRROR	创建对象的镜像图像副本
MIRROR3D	创建相对于某一平面的镜像对象
MLEADER	创建连接注释与几何特征的引线
MLEADERALIGN	沿指定的线组织选定的多重引线
MLEADERCOLLECT	将选定的包含块的多重引线作为内容组织为一组并附着到单引线上
MLEADEREDIT	将引线添加至多重引线对象中或从多重引线对象中删除引线
MLEADERSTYLE	定义新多重引线样式
MLEDIT	编辑多线交点、打断和顶点
MLINE	创建多条平行线
MLSTYLE	创建、修改和管理多线样式
MODEL	从"布局"选项卡切换到"模型"选项卡
MOVE	在指定方向上按指定距离移动对象
MREDO	恢复前面几个用 UNDO 或 U 命令放弃的效果
MSLIDE	创建当前模型视口或当前布局的幻灯文件

MSPACE	从图纸空间切换到模型空间视口
MTEDIT	编辑多行文字
MTEXT	将文字段落创建为单个多线（多行文字）文字对象
MULTIPLE	重复下一条命令直到被取消
MVIEW	创建并控制布局视口
MVSETUP	设置图形规格

N

NETLOAD	加载 .NET 应用程序
NEW	创建新图形
NEWSHEETSET	创建新图纸集

O

OBJECTSCALE	添加或删除 annotative 对象支持的比例
OFFSET	创建同心圆、平行线和平行曲线
OLELINKS	更新、改变和取消现有的 OLE 链接
OLESCALE	控制选定的 OLE 对象的大小、比例和其他特性
OOPS	恢复删除的对象
OPEN	打开现有的图形文件
OPENDWFMARKUP	打开包含标记的 DWF 文件
OPENSHEETSET	打开选定的图纸集
OPTIONS	自定义程序设置
ORTHO	限定光标只在水平方向或垂直方向上移动
OSNAP	设置执行对象捕捉模式

P

PAGESETUP	控制每个新建布局的页面布局、打印设备、图纸尺寸和其他设置
PAN	在当前视口中移动视图
PARTIALOAD	在局部打开的图形中加载附加几何图形
PARTIALOPEN	将选定视图或图层中的几何图形和命名对象加载到图形中
PASTEASHYPERLINK	将剪贴板中的数据作为超链接插入
PASTEBLOCK	将复制对象粘贴为块
PASTECLIP	插入剪贴板数据
PASTEORIG	使用原图形的坐标将复制的对象粘贴到新图形中
PASTESPEC	插入剪贴板数据并控制数据格式
PCINWIZARD	显示向导，将 PCP 和 PC2 配置文件中的打印设置输入到模型选项卡或当前布局中

命令	说明
PEDIT	编辑多段线和三维多边形网格
PFACE	逐点创建三维多面网格
PLAN	显示指定用户坐标系的平面视图
PLANESURF	创建平面曲面
PLINE	创建二维多段线
PLOT	将图形输出到绘图仪、打印机或文件中
PLOTSTAMP	在每一个图形的指定角放置打印戳记并将其记录到文件中
PLOTSTYLE	设置新对象的当前打印样式或指定选定对象的打印样式
PLOTTERMANAGER	显示"绘图仪管理器",从中可以添加或编辑绘图仪配置
PNGOUT	将选定对象保存为"便携式网络图形"格式的文件
POINT	创建点对象
POINTLIGHT	创建点光源
POLYGON	创建闭合的等边多段线
POLYSOLID	创建三维多实体
PRESSPULL	按住或拖动有限区域
PREVIEW	显示图形的打印效果
PROPERTIES	控制现有对象的特性
PROPERTIESCLOSE	关闭"特性"选项板
PSETUPIN	将用户定义的页面设置输入到新的图形布局中
PSPACE	从模型空间视口切换到图纸空间
PUBLISH	将图形发布到 DWF 文件或绘图仪
PUBLISHTOWEB	创建包括选定图形的图像的网页
PURGE	删除图形中未使用的命名项目,如:块定义和图层
PYRAMID	创建三维实体棱锥面

Q

命令	说明
QCCLOSE	关闭"快速计算"
QDIM	快速创建标注
QLEADER	创建引线和引线注释
QNEW	通过使用默认图形样板文件的选项启动新图形
QSAVE	用"选项"对话框中指定的文件格式保存当前图形
QSELECT	基于过滤条件创建选择集
QTEXT	控制文字和属性对象的显示和打印
QUICKCALC	打开"快速计算"计算器
QUICKCUI	以收拢状态显示"自定义用户界面"对话框
QUIT	退出程序

R

RAY	创建单向无限长的线
RECOVER	修复损坏的图形
RECOVERALL	修复损坏的图形和外部参照
RECTANG	绘制矩形多段线
REDEFINE	恢复被 UNDEFINE 忽略的 AutoCAD 内部命令
REDO	恢复上一个用 UNDO 或 U 命令放弃的效果
REDRAW	刷新当前视口中的显示
REDRAWALL	刷新显示所有视口
REFCLOSE	保存或放弃在位编辑参照（外部参照或块）时所做的修改
REFEDIT	选择要编辑的外部参照或块参照
REFSET	在位编辑参照（外部参照或块）时在工作集中添加或删除对象
REGEN	从当前视口重生成整个图形
REGENALL	重生成图形并刷新所有视口
REGENAUTO	控制图形的自动重生成
REGION	将包含封闭区域的对象转换为面域对象
REINIT	重初始化数字化仪、数字化仪的输入/输出端口和程序参数文件
RENAME	更改命名对象的名称
RENDER	创建三维线框或实体模型的照片级真实感着色图像
RENDERCROP	选择图像中要进行渲染的特定区域（修剪窗口）
RENDERENVIRONMENT	提供对象外观距离的视觉提示
RENDEREXPOSURE	提供设置以交互调整最近渲染的输出的全局光源
RENDERPRESETS	指定渲染预设和可重复使用的渲染参数来渲染图像
RENDERWIN	显示"渲染"窗口而不调用渲染任务
RESETBLOCK	将一个或多个动态块参照重置为块定义的默认值
RESUME	继续执行被中断的脚本文件
REVCLOUD	创建由连续圆弧组成的多段线以构成云线形
REVOLVE	通过绕轴旋转二维对象来创建三维实体或曲面
REVSURF	创建绕选定轴旋转而成的旋转网格
ROTATE	围绕基点旋转对象
ROTATE3D	绕三维轴移动对象
RPREF	显示"高级渲染设置"选项板以访问高级渲染设置
RPREFCLOSE	关闭显示的"高级渲染设置"选项板
RSCRIPT	重复执行脚本文件
RULESURF	在两条曲线之间创建直纹网格

S

SAVE	用当前或指定文件名保存图形
SAVEAS	用新文件名保存当前图形的副本
SAVEIMG	将渲染图像保存到文件中
SCALE	在 X、Y 和 Z 方向上按比例放大或缩小对象
SCALELISTEDIT	控制布局视口、页面布局和打印的可用缩放比例列表
SCALETEXT	增大或缩小选定文字对象而不改变其位置
SCRIPT	从脚本文件执行一系列命令
SECTION	用平面和实体的交集创建面域
SECTIONPLANE	以通过三维对象创建剪切平面的方式创建截面对象
SECURITYOPTIONS	使用"安全选项"对话框控制安全设置
SELECT	将选定对象置于"上一个"选择集中
SETBYLAYER	将选定对象的特性和"随块"设置更改为"随层"
SETIDROPHANDLER	为当前 Autodesk 应用程序指定 i-drop 内容的默认类型
SETVAR	列出或修改系统变量值
SHADEMODE	启动 VSCURRENT 命令
SHAPE	插入使用 LOAD 命令加载的形文件中的形
SHEETSET	打开"图纸集管理器"
SHEETSETHIDE	关闭"图纸集管理器"
SHELL	访问操作系统命令
SIGVALIDATE	显示关于附加到文件中的数字签名的信息
SKETCH	创建一系列徒手画线段
SLICE	用平面或曲面剖切实体
SNAP	规定光标按指定的间距移动
SOLDRAW	在用 SOLVIEW 命令创建的视口中生成轮廓图和剖视图
SOLID	创建实体填充的三角形和四边形
SOLIDEDIT	编辑三维实体对象的面和边
SOLPROF	在图纸空间中创建三维实体的轮廓图像
SOLVIEW	使用正投影法创建布局视口以生成三维实体及体对象的多面视图与剖视图
SPACETRANS	计算布局中等价的模型空间和图纸空间长度
SPELL	检查图形中的拼写
SPHERE	创建三维实心球体
SPLINE	在指定的公差范围内把光滑曲线拟合成一系列的点
SPLINEDIT	编辑样条曲线或样条曲线拟合多段线
SPOTLIGHT	创建聚光灯
STANDARDS	管理标准文件与图形之间的关联性
STATUS	显示图形统计信息、模式和范围

STLOUT	将实体存储到 ASCII 或二进制文件中
STRETCH	移动或拉伸对象
STYLE	创建、修改或设置命名文字样式
STYLESMANAGER	显示打印样式管理器
SUBTRACT	通过"减"操作合并选定的面域或实体
SUNPROPERTIES	打开"阳光特性"窗口并设置阳光的特性
SUNPROPERTIESCLOSE	关闭"阳光特性"窗口
SWEEP	通过沿路径扫掠二维曲线来创建三维实体或曲面
SYSWINDOWS	应用程序窗口与外部应用程序共享时,平铺窗口和图标

T

TABLE	在图形中创建空白表格对象
TABLEDIT	编辑表格单元中的文字
TABLEEXPORT	以 CSV 文件格式从表格对象输出数据
TABLESTYLE	定义新的表格样式
TABLET	校准、配置、打开和关闭已连接的数字化仪
TABSURF	沿路径曲线和方向矢量创建平移网格
TARGETPOINT	创建目标点光源
TASKBAR	控制图形在 Windows 任务栏上的显示方式
TEXT	创建单行文字对象
TEXTSCR	打开文本窗口
TEXTTOFRONT	将文字和标注置于图形中的其他所有对象之前
THICKEN	通过加厚曲面创建三维实体
TIFOUT	将选定的对象以 TIFF 文件格式保存到文件中
TIME	显示图形的日期和时间统计信息
TINSERT	在表格单元中插入块
TOLERANCE	创建形位公差
TOOLBAR	显示、隐藏和自定义工具栏
TOOLPALETTES	打开"工具选项板"窗口
TOOLPALETTESCLOSE	关闭"工具选项板"窗口
TORUS	创建三维圆环形实体
TPNAVIGATE	显示指定的工具选项板或选项板组
TRACE	创建实线
TRANSPARENCY	控制两色图像的背景像素是否透明
TRAYSETTINGS	控制图标和通知在状态栏托盘中的显示
TREESTAT	显示关于图形当前空间索引的信息
TRIM	按其他对象定义的剪切边修剪对象

U

U	撤销上一次操作
UCS	管理用户坐标系
UCSICON	控制 UCS 图标的可见性和位置
UCSMAN	管理已定义的用户坐标系
UNDEFINE	允许应用程序定义的命令替代内部命令
UNDO	撤销命令的效果
UNION	通过"加"操作合并选定面域或实体
UNITS	控制坐标和角度的显示格式和精度
UPDATEFIELD	手动更新图形中所选对象的字段
UPDATETHUMBSNOW	手动更新图纸集管理器中图纸的微缩预览、图纸视图和模型空间视图

V

VBAIDE	显示 Visual Basic 编辑器
VBALOAD	将全局 VBA 工程加载到当前工作任务中
VBAMAN	加载、卸载、保存、创建、嵌入或提取 VBA 工程
VBARUN	运行 VBA 宏
VBASTMT	在 AutoCAD 命令行执行 VBA 语句
VBAUNLOAD	卸载全局 VBA 工程
VIEW	保存和恢复命名视图、相机视图、布局视图和预设视图
VIEWPLOTDETAILS	显示关于完成的打印和发布作业的信息
VIEWRES	设置当前视口中对象的分辨率
VISUALSTYLES	创建和修改视觉样式,并将视觉样式应用到视口中
Visualstylesclose	关闭"视觉样式管理器"
VLISP	显示 Visual LISP 交互式开发环境(IDE)
VPCLIP	剪裁视口对象并调整视口边界形状
VPLAYER	设置视口中图层的可见性
VPMAX	展开当前布局视口以进行编辑
VPMIN	恢复当前布局视口
VPOINT	设置图形的三维直观观察方向
VPORTS	在模型空间或图纸空间中创建多个视口
VSCURRENT	设定当前视口的视觉样式
VSLIDE	在当前视口中显示图像幻灯文件
VSSAVE	保存视觉样式
VTOPTIONS	将视图中的改变显示为平滑过渡

W

WALKFLYSETTINGS	指定漫游和飞行设置
WBLOCK	将对象或块写入新图形文件中
WEBLIGHT	创建光域灯光
WEDGE	创建五面三维实体,并使其倾斜面沿 X 轴方向
WHOHAS	显示打开的图形文件的所有权信息
WIPEOUT	使用空白区域覆盖现有对象
WMFIN	输入 Windows 图元文件
WMFOPTS	设置 WMFIN 选项
WMFOUT	将对象保存到 Windows 图元文件中
WORKSPACE	创建、修改和保存工作空间,并将其设置为当前工作空间
WSSAVE	保存工作空间
WSSETTINGS	设置工作空间的选项

X

XATTACH	将外部参照附着到当前图形中
XBIND	将外部参照中命名对象的一个或多个定义绑定到当前图形中
XCLIP	定义外部参照或块剪裁边界,并设置前剪裁平面和后剪裁平面
XEDGES	通过从三维实体或曲面中提取边来创建线框
XLINE	创建无限长的线
XOPEN	在新窗口中打开选定的图形参照(外部参照)
XPLODE	将合成对象分解为其部件对象
XREF	启动 EXTERNALREFERENCES 命令

Z

ZOOM	放大或缩小显示当前视口中对象的外观尺寸

参 考 文 献

［1］ 曾令宜．AutoCAD 2007 应用教程．北京：电子工业出版社，2007．
［2］ 国家质量技术监督局．国家标准技术制图．北京：中国标准出版社，1999．
［3］ 中华人民共和国国家标准．机械制图．北京：中国标准出版社，2004．
［4］ 中华人民共和国国家标准．房屋建筑制图．北京：中国计划出版社，1991．
［5］ 中华人民共和国水利部．水利水电工程制图标准．北京：中国水利水电出版社，1996．